中小型网络构建与管理综合实训教程（第2版）

主　编　陈春华　陈晓峰
副主编　江　南　刘炎火
参　编　陈扬光　王玉蝉　庄子越
　　　　陈　蕊　傅　慧　窦　晨
主　审　游金水

北京理工大学出版社
BEIJING INSTITUTE OF TECHNOLOGY PRESS

内容简介

本书基于项目式引导，将技术知识融入到项目中，再将项目场景转化到教学过程中。本书将网络基础规划、基础协议、交换机工作原理、虚拟局域网、生成树、静态路由、动态路由、交换机端口安全、ACL、NAT技术等知识点融入到八个项目中，通过每个项目的实践来讲解不同的技术。在最后还基于网络的实际应用，添加了无线网络的规划与IPv6网络的相关知识。

本书内容深入浅出，实践性强，可作为计算机网络技术专业或相关专业的教材，也可作为相关培训机构的教材，还可以作为计算机网络爱好者的自学参考书。

版权专有　侵权必究

图书在版编目（CIP）数据

中小型网络构建与管理综合实训教程 / 陈春华，陈晓峰主编. -- 2版. -- 北京：北京理工大学出版社，2024.10.
ISBN 978-7-5763-4499-8

Ⅰ．TP393

中国国家版本馆CIP数据核字第2024CY5124号

责任编辑：陈莉华	文案编辑：李海燕
责任校对：周瑞红	责任印制：施胜娟

出版发行 / 北京理工大学出版社有限责任公司
社　　址 / 北京市丰台区四合庄路6号
邮　　编 / 100070
电　　话 / （010）68914026（教材售后服务热线）
（010）63726648（课件资源服务热线）
网　　址 / http://www.bitpress.com.cn

版 印 次 / 2024年10月第2版第1次印刷
印　　刷 / 定州市新华印刷有限公司
开　　本 / 889 mm×1194 mm　1/16
印　　张 / 17.75
字　　数 / 368千字
定　　价 / 90.00元

图书出现印装质量问题，请拨打售后服务热线，负责调换

前言 Preface

在信息技术飞速发展的今天，网络已成为现代社会的神经系统。无论是企业、学校还是家庭，网络的稳定性和安全性都对信息的传递、资源的共享以及业务的开展起着至关重要的作用。尤其是中小型网络，作为许多组织信息架构的核心，其构建与管理的有效性直接关系到运营效率和信息安全。因此，掌握中小型网络的构建与管理技能，对于 IT 专业人员以及相关从业者而言，显得尤为重要。

本书的目的在于为读者提供一套系统、全面的学习资源，帮助他们在实际工作中能够灵活运用网络技术。全书内容涵盖了网络基础知识、网络设备配置、网络安全策略、故障排除及网络管理工具等多个方面，力求通过理论与实践相结合的方式，培养读者的综合素质和实际操作能力。

本书的编写遵循循序渐进的原则，适合不同基础的读者。对于初学者，我们将从网络的基本概念和组成部分入手，逐步引导他们深入了解网络的构建与管理。而对于有一定基础的从业者，本书则提供了更为深入的技术细节和实用案例，帮助他们进一步提升技能。每章后附有实训案例和习题，旨在帮助读者巩固所学知识，提升实践能力。这些案例不仅涵盖了常见的网络构建场景，还包括了实际工作中可能遇到的问题和解决方案，力求让读者在真实的环境中进行练习。

在编写过程中，我们充分考虑了中小型网络的实际应用场景，结合当前网络技术的发展趋势，确保本书内容的前瞻性和实用性。我们探讨了最新的网络协议、设备配置方法以及安全防护措施，帮助读者了解并掌握前沿技术，适应不断变化的市场需求。此外，本书还特别关注网络安全问题，提供了一系列有效的安全策略和最佳实践，旨在帮助读者构建安全可靠的网络环境。

本书可以作为助理网络工程师及以上岗位的入门书籍，适用于网络技术初学者，对象可以是在校的学生、教师，也可以是准备参加网络管理员等相关职业资格认证考试的专业人士，以及希望学习更多企业网络构建知识的技术人员。

由于编者水平和编写时间所限，书中难免存在疏漏和不足之处，敬请广大读者批评指正。

编　者

目录

获取课件、
配置文档、
EVE 拓扑图

项目一	构建小型网络	1

模块一	认识局域网	2
模块二	认识 IP 地址	7
模块三	子网划分	12
模块四	认识网络设备	16
模块五	制作双绞线	22
模块六	构建小型局域网	26

项目二	优化小型网络	30

模块一	认识 VLAN	32
模块二	实现交换机划分 VLAN	39
模块三	网络中环路的预防	44
模块四	实现基于 STP 的环路预防	51
模块五	认识链路冗余概念	56
模块六	实现基于端口聚合的链路冗余	60

项目三	构建中型多区域网络	66

| 模块一 | 路由概念 | 67 |

模块二　多 VLAN 互通的实现 ………………………………………………… 73

项目四　基于 RIP 协议构建多区域动态网络 …………………………………… 82

模块一　RIP 概述与工作原理 ……………………………………………… 83
模块二　RIP 环路解决方法 ………………………………………………… 92
模块三　多区域动态网络实现 ……………………………………………… 99

项目五　基于 OSPF 协议构建动态网络 ………………………………………… 107

模块一　OSPF 概述 ………………………………………………………… 109
模块二　OSPF 工作流程 …………………………………………………… 115
模块三　单区域 OSPF 动态网络实现 ……………………………………… 126

项目六　构建常用网络服务 ……………………………………………………… 135

模块一　DHCP 概述 ………………………………………………………… 136
模块二　DHCP 工作原理 …………………………………………………… 141
模块三　DHCP 配置 ………………………………………………………… 147
模块四　DHCP 中继 ………………………………………………………… 153

项目七　网络安全防护 …………………………………………………………… 158

模块一　二层网络安全 ……………………………………………………… 159
模块二　三层网络安全 ……………………………………………………… 168
模块三　ACL 配置概述 ……………………………………………………… 176
模块四　IP 标准 ACL 配置 ………………………………………………… 181
模块五　IP 扩展 ACL 配置 ………………………………………………… 188

项目八　互联网接入配置 ………………………………………………………… 196

模块一　家用以及企业互联网接入认知 …………………………………… 198
模块二　认识 NAT …………………………………………………………… 204
模块三　企业互联网接入（实现静态 NAT 的配置）……………………… 208
模块四　企业互联网接入（实现 NAPT 以及动态 NAT 的配置）………… 214

项目九　构建无线局域网 ………………………………………………………… 219

模块一　无线网络特点及应用场景 ………………………………………… 220

模块二	无线射频技术及协议标准	225
模块三	胖 AP 与瘦 AP	230
模块四	使用胖 AP 实现基础无线网络设计部署	236
模块五	使用 AC+AP 实现基础无线网络设计部署	240

项目十 构建 IPv6 网络 245

模块一	IPv6 协议简介	246
模块二	IPv6 无状态地址分配	257
模块三	IPv6 静态路由	263
模块四	实现 IPv6 企业网设计部署	265

项目一

构建小型网络

项目描述

EA 公司需要部署小型办公局域网，公司内部存在两个部门，分别是市场部和技术部。其中，市场部的主机数为 10 台，技术部的主机数为 50 台。预览图如图 1-1 所示。

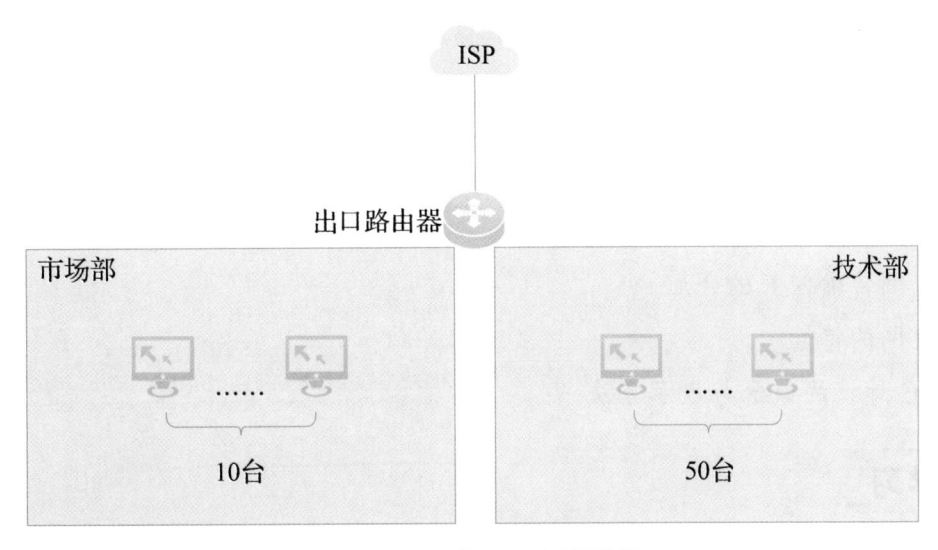

图 1-1　EA 公司部门预览图

为了将网络风险降低，不同部门的主机应该处于不同广播域中，即使其中一个部门被黑客攻击，也不会影响其他部门。

客户需求如下：

1. 合理构建局域网，使网络架构具有安全性、稳定性等。

2. 公司内部全部使用 192.168.1.0/24 网段，但不同部门之间的 IP 地址网段不能相同（进行 VLSM）。每个业务网段都需要预留至少 10 个备用地址以便扩展部门规模。

3. 设备选购，尽可能减少设备采购的成本。

4. 为了减少成本，需要手动制作双绞线。

5. 对设备进行命名，要求通过设备名能够轻易知道该设备工作在哪一层、哪个部门等。

项目目标

学习局域网相关概念后，能复述出常见的网络类型，并能说明其特点。

掌握 IP 地址的格式以及规划方式，能使用 VLSM 划分子网。

能认识集线器、交换机、路由器等各种设备，知道各种设备特点与用途。

通过介绍了解各种线缆特点，知道双绞线的制作方式。

能使用交换概念解决项目提出的问题，完成简单网络的规划与搭建。

通过子网划分等技术，培养良好的 IP 地址规划与使用习惯。

模块一　认识局域网

学习目标

了解局域网的概念及特点。

了解局域网的拓扑结构。

了解局域网传输依托的介质。

了解以太网的特性。

了解 MAC 地址的概念与表示方法。

知识学习

1.1.1　局域网的概念及特点

局域网（Local Area Network）：简称 LAN，是指在某一区域内由多台计算机互联成的计算机组，使用广播信道。

特点1：覆盖的地理范围较小，只在一个相对独立的局部范围内联，如一座或集中的建筑群内。

特点2：使用专门铺设的传输介质（双绞线、同轴电缆）进行联网，数据传输速率高（10 Mbit/s～10 Gbit/s）。

特点3：通信延迟时间短，误码率低，可靠性较高。

特点4：各站为平等关系，共享传输信道。

特点5：多采用分布式控制和广播式通信，能进行广播和组播。

1.1.2 局域网的拓扑结构

1. 星型拓扑

中心节点是控制中心，任意两个节点间的通信最多只需两步，传输速度快，并且网络构形简单、建网容易、便于控制和管理，但这种网络系统的可靠性低、共享能力差，有单点故障问题，如图1-2所示。

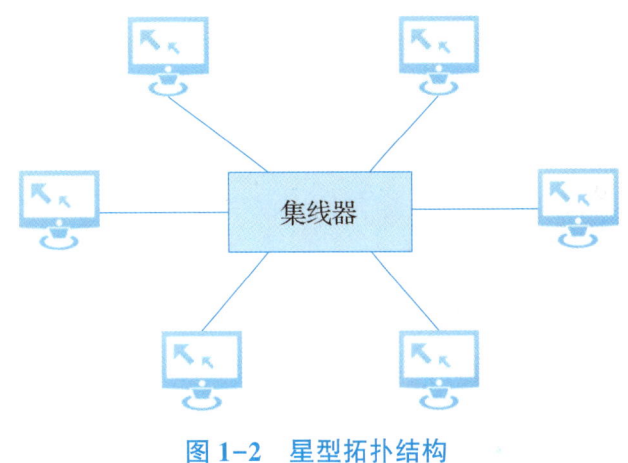

2. 总线型拓扑

网络可靠性高、网络节点间响应速度快、共享资源能力强、设备投入量少、成本低、安装使用方便。当某个工作站节点出现故障时，对整个网络系统影响小，如图1-3所示。

图1-2 星型拓扑结构

3. 环型拓扑

系统中通信设备和线路比较节省。有单点故障问题：由于环路是封闭的，所以不便于扩充，系统响应延时长，且信息传输效率相对较低，如图1-4所示。

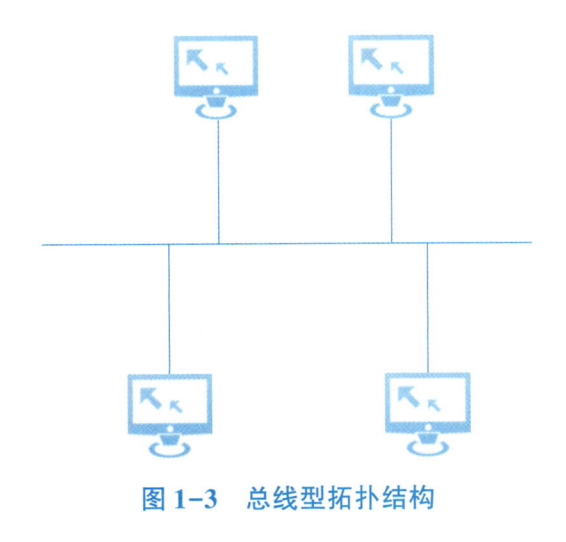

图1-3 总线型拓扑结构

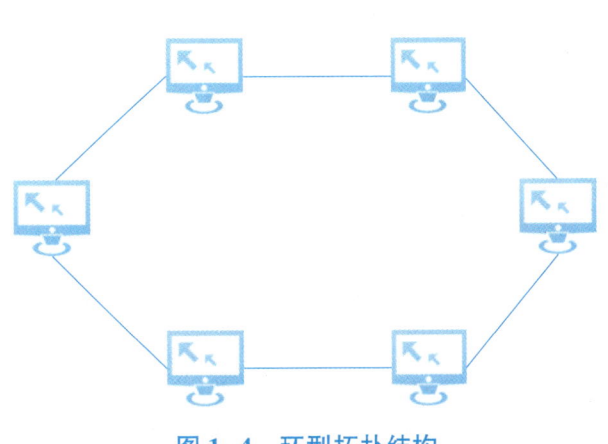

图1-4 环型拓扑结构

4. 树型拓扑

易于拓展，易于脱离故障，也容易有单点故障，如图 1-5 所示。

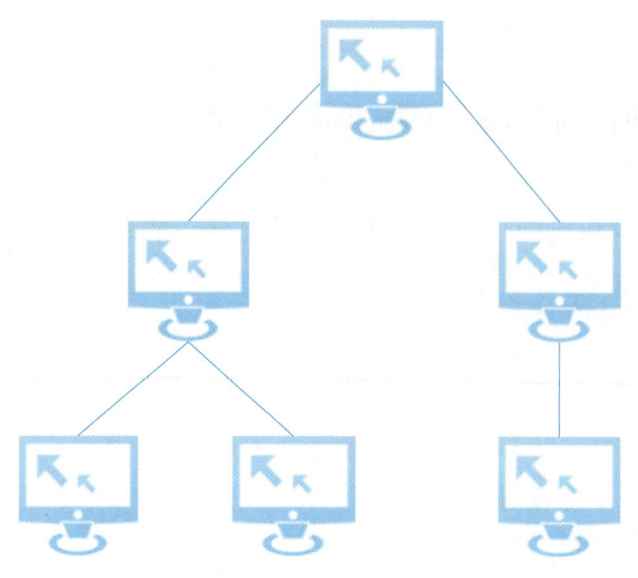

图 1-5　树型拓扑结构

1.1.3　局域网的分类

1. 以太网

应用最广泛的局域网，包括标准以太网（10 Mbit/s）、快速以太网（100 Mbit/s）、千兆以太网（1 Gbit/s）、万兆以太网（10 Gbit/s）。它们都符合 IEEE 802.3 标准，逻辑拓扑为总线型，物理拓扑为星型，MAC 方式是 CSMA/CD 协议。

2. 令牌环网

采用 IEEE 802.5 标准，逻辑拓扑为环型，物理拓扑为星型。

3. FDDI 网（Fiber Distributed Data Interface）

采用 IEEE 802.8 标准，逻辑拓扑为环型，物理拓扑为双环型。

4. ATM 网（Asynchronous Transfer Mode）

较新型的单元交换技术，使用 53 字节固定长度的单元进行交换。

5. 无线局域网（Wireles Local Area Network）

采用 IEEE 802.11 标准。

1.1.4　以太网

以太网的传输介质

以太网中存在多种传输介质，常见的有粗缆、细缆、双绞线、光纤以太网等，这里对各种线缆的特征进行了总结，如表 1-1 所示。

表1-1　以太网的传输介质

参数/以太网标准	粗缆以太网（10BASE5）	细缆以太网（10BASE2）	双绞线以太网（10BASE-T）	光纤以太网（10BASE-FL）
传输媒体	基带同轴电缆（粗缆）	基带同轴电缆（细缆）	非屏蔽双绞线	光纤对（850nm）
编码	曼彻斯特编码	曼彻斯特编码	曼彻斯特编码	曼彻斯特编码
物理拓扑结构	总线型	总线型	星型	点对点
最大段长/m	500	185	100	2000
最多结点数目	100	30	2	2

1.1.5　以太网的MAC地址

1. MAC地址的概念

MAC地址，全称为媒体访问控制地址（Media Access Control Address），是网络设备在OSI模型的数据链路层的唯一标识。

当多个主机连接在同一个广播信道上时，要想实现两个主机之间的通信，则每个主机都必须有一个唯一的标识，即一个数据链路层地址。在每个主机发送的帧的首部中，都携带有发送主机（源主机）和接收主机（目的主机）的数据链路层地址。由于这类地址是用于媒体接入控制的，因此被称为MAC地址。

MAC地址一般被固化在网卡的EEPROM中，因此MAC地址也被称为硬件地址，有时也被称为物理地址。每块网卡都有一个全球唯一的MAC地址。但严格来说，MAC地址是对网络上各接口的唯一标识，而不是对网络上各设备的唯一标识。

2. MAC地址的表示方法：使用十六进制

MAC地址通常被写成十六进制的形式，每两个十六进制数字之间用冒号（:）或者连接号（-）分隔。例如：00:0a:95:9d:68:16或00-0a-95-9d-68-16。每个字节可以表示为00到FF之间的任何值，这意味着在MAC地址中可能的值的范围是从00:00:00:00:00:00到FF:FF:FF:FF:FF:FF。

MAC地址的前三个字节通常是制造商的组织唯一标识符（OUI），后三个字节是由制造商分配的设备唯一标识符。

3. MAC地址的第1字节（b7~b0）决定了MAC地址类型

G/L位的作用：IEEE还考虑可能有人并不愿意向IEEE的注册管理机构RA购买OUI。为此，IEEE把地址字段第1字节的最低第二位规定为G/L位，表示Global/Local。厂商向IEEE购买的OUI都属于全球管理，可保证在全球没有相同的地址。当地址字段的G/L位为1时本地管理，这时用户可任意分配网络上的地址。

MAC 地址的类型如表 1-2 所示。

表 1-2 MAC 地址的类型

b1（Global/Local，G/L）	b0（Individual/Group，I/P）	MAC 地址类型
0	0	全球、单播（由厂商生产网络设备时固化在设备中）
0	1	全球、多播（交换机、路由器等标准网络设备所支持的多播地址）
1	0	本地、单播（由网络管理员分配，优先级高于网络接口的全球单播地址）
1	1	本地、多播（可由用户对网卡编程实现，以表明其属于哪些多播组）

当 MAC 地址为"全 1"时，就是广播地址 FF-FF-FF-FF-FF-FF。

网卡从网络上每收到一个帧，就检查帧首部中的目的 MAC 地址。表 1-3 列出了不同目的 MAC 地址时的操作。

表 1-3 不同目的 MAC 地址时的操作

目的 MAC 地址	处理方式
广播地址（FF-FF-FF-FF-FF-FF）	接收
网卡上固化的全球单播 MAC 地址（即自身地址）	接收
网卡支持的多播地址	接收

练习与思考

1. 下列具有单点故障的拓扑结构是（　　）。

A. 星型拓扑　　　B. 总线型拓扑　　　C. 环型拓扑　　　D. 树型拓扑

2. 有线局域网的传输介质有（　　）。

A. 双绞线　　　B. 同轴电缆　　　C. 光纤　　　D. 电磁波

3. MAC 地址有（　　）位。

A. 24　　　B. 32　　　C. 48　　　D. 128

4. 以下属于单播 MAC 地址的是（　　）。

A. FF：FF：FF：FF：FF：FF　　　B. 01：80：C2：00：00：02

C. 01：00：5E：00：00：02　　　D. A4：89：7E：7F：23：12

5. 网卡收到帧的目的 MAC 地址为（　　）时会丢弃。

A. 广播地址　　　B. 自身地址

C. 网卡支持的多播地址　　　　　　D. 不符合以上三种的

6. 局域网的不同拓扑结构分别适用于什么场景？

模块二　认识 IP 地址

学习目标

了解 IP 地址概念。

掌握 IPv4 的报文节结构。

了解 IP 地址的分类。

掌握子网掩码的含义。

了解在实际情况中 IP 地址规划时需要注意的事项。

知识学习

1.2.1　IP 地址概念

1. 什么是 IP 地址

IP 地址是一种用于在 Internet 上唯一标识计算机和设备的数字地址。任何终端设备想要访问互联网，必须拥有 IP 地址才能实现，就好像我们发送快递一样，需要知道对方的收货地址，快递员才能将包裹送到。通常情况下，IP 地址是唯一的。

2. 为什么需要 IP 地址

在单个局域网网段中，计算机与计算机之间可以使用 MAC 地址进行通信。如果是不同局域网中的计算机想要互访，就不能利用 MAC 地址实现数据传输了；因为 MAC 地址不能跨路由接口运行；即使强行实现跨越，使用 MAC 地址传输数据也是非常麻烦的。

现今社会无法离开互联网，也就离不开 IP 地址。几乎所有智能设备都需要 IP 地址，如手机、电脑、智能家电等。

3. IP 地址的组成

IP 地址是一个 32 位的二进制数，它由网络位和主机位两部分组成，用来在网络中唯一的标识一台计算机。网络 ID 用来标识计算机所处的网段，主机 ID 用来标识计算机在网段中的位置。写法为"点分十进制"，即 4 组十进制数使用小数点分隔开，比如 192.168.1.1。

以上所说的 32 位地址称为 IPv4 地址，除此之外，还有 IPv6 地址，IPv6 地址一共有 128

位,使用的是"冒号分十六进制"方式表示出来,如 AB32：33ea：89dc：cc47：abcd：ef12：abcd：ef12。本章内容主要以认识 IPv4 地址为主。

一个完整的 IP 地址是由网络位和主机位组合而成的,因此,为了表示一个 IPv4 地址哪部分为网络位,哪部分为主机位,就需要使用子网掩码来确定。

4. 子网掩码

子网掩码的长度也是 32 位,和 IP 地址一一对应,子网掩码必须是由连续的 1 和连续的 0 组成,其中 1 的部分表示的是网络位,0 的部分表示的是主机位。比如,对于同一个 IP 地址 192.168.1.1 来说,如果掩码是 255.255.255.0,那么它的网络位就是 192.168.1.0,如果它的掩码是 255.255.0.0,那么它的网络位就是 192.168.0.0。

掩码不可能是 0.255.0.0 这种类型的,因为 1 和 0 都必须是连续的。

1.2.2 IPv4 报文结构

IPv4 报文(也被称为 IPv4 数据包或 IPv4 分组)的结构由以下几个部分组成:

Version(版本):4 bit,表示 IP 的版本号,默认值 0100 为 IPv4,0110 表示 IPv6。

Header Length(头部长度):4 bit,表示 IP 头部长度,默认值 0101=5,5×4 字节=20 字节,表示头部长度为 20 字节,最大值为 1111=15,15×4=60,因此 IP 包头长度最短为 20 字节,最长为 60 字节。

Type of Service(服务类型):8 bit,也叫 ToS,对数据流进行标记,标记后,可以对流量进行过滤、限速等操作,也叫做 QoS(服务质量)。

Total Length(总长度):16 bit,表示整个 IP 数据包的长度,IP 头部+数据,最长为 65 535 字节。

TTL(生存时间):8 bit,IP 报文所允许通过的路由器的最大数量。

Protocol(协议):8 bit,指出 IP 报文携带的数据使用的协议。

Source Address(源地址):32 bit,表示 IP 数据报的源端设备地址。

Destination Address(目的地址):32 bit,表示 IP 数据报的目的地址。

IPv4 报文结构如图 1-6 所示:

0	7	15	23	31
Version 版本	Header length	Type of service 服务类型	Total length 总长度	
Identify 标识符			Flag	Fragment offset 分片偏移
TTL 生存时间		Protocol 协议	Head checksum 报头校验	
Source Address 源地址				
Destination 目的地址				
Option 选项				

图 1-6 IPv4 报文结构

1.2.3 IP 地址的分类

通过划分网络位和主机位,我们将所有 IP 地址分为 5 类,如图 1-7 所示,主要是根据网络的规模(即网络中的主机数量)来划分的。这五类分别是 A 类、B 类、C 类、D 类和 E 类。

A 类:A 类地址的第一位是 0,后面跟着 7 位网络号和 24 位主机号。A 类地址范围是 1.0.0.1 到 126.255.255.254,通常用于大型网络。

B 类:B 类地址的前两位是 10,后面跟着 14 位网络号和 16 位主机号。B 类地址范围是 128.1.0.1 到 191.255.255.254,通常用于中等规模的网络。

C 类:C 类地址的前三位是 110,后面跟着 21 位网络号和 8 位主机号。C 类地址范围是 192.0.1.1 到 223.255.254.254,通常用于小型网络。

D 类:D 类地址的前四位是 1110,后面跟着 28 位用于组播地址。D 类地址范围是 224.0.0.0 到 239.255.255.255,主要用于组播。

E 类:E 类地址的前四位是 1111,后面跟着 28 位保留地址。E 类地址范围是 240.0.0.0 到 255.255.255.254,目前保留用于未来使用。

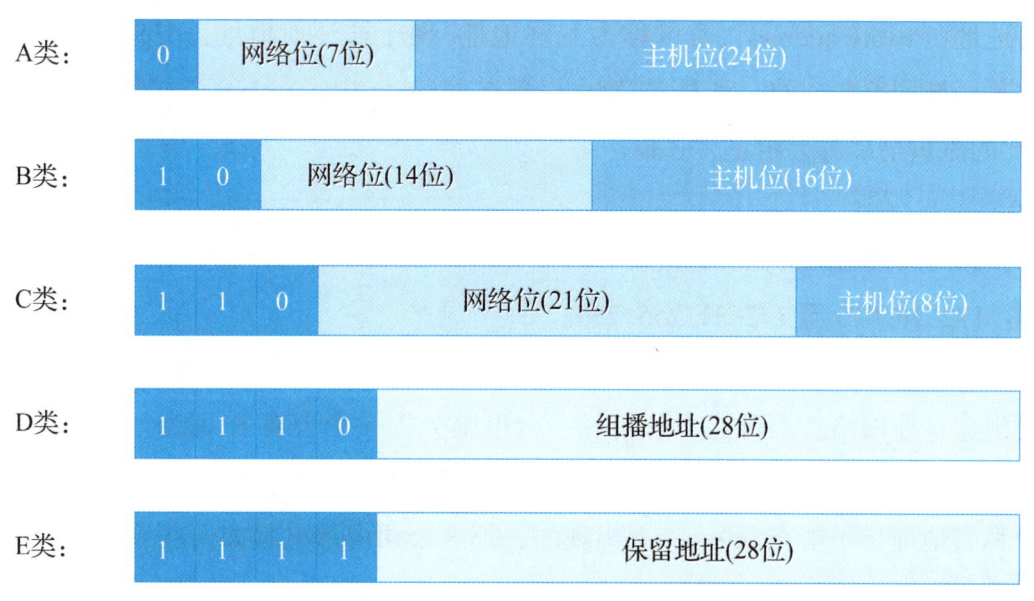

图 1-7 IP 地址分类

各类地址范围如表 1-4 所示。

表 1-4 各类地址范围

分类	范围	主机地址个数
A 类	0.0.0.0~127.255.255.255	$2^{24}-2$
B 类	128.0.0.0~191.255.255.255	$2^{16}-2$
C 类	192.0.0.0~223.255.255.255	$2^{8}-2$

续表

分类	范围	主机地址个数
D 类	224.0.0.0~239.255.255.255	—
E 类	240.0.0.0~247.255.255.255	—

虽然 IPv4 地址理论上有 2^{32}，大约 43 亿个，但世界人口有 70 多亿，每个人还分配不到一个 IP 地址。随着互联网的不断发展，IPv4 地址一定会消耗殆尽的。为了缓解这个问题，IPv4 地址被分成了两大块：公有地址和私有地址。其中私有地址是可以任意使用的。

1. 公有 IP 地址

公有地址（Public address，也可称为公网地址）由因特网信息中心（Internet Network Information Center，Internet NIC）负责。这些 IP 地址分配给注册并向 Internet NIC 提出申请的组织机构。通过它直接访问因特网，它是广域网范畴内的。

想要组建一个企业级网络，需要向电信运营商 ISP 申请一个接入 Internet 的宽带，同时 ISP 还会给我们分配一个或多个 IP 地址，这些 IP 地址可以供企业内部上网，这些 ISP 分配给我们的 IP，就是公有 IP。

2. 私有 IP 地址

私有地址（Private address，也可称为专网地址）属于非注册地址，专门为组织机构内部使用，它是局域网范畴内的，私有 IP 禁止出现在 Internet 中，在 ISP 连接用户的地方，将来自私有 IP 的流量全部都会阻止并丢掉。

3. 私有地址范围

A 类：10.0.0.0 至 10.255.255.255。

B 类：172.16.0.0 至 172.31.255.255。

C 类：192.168.0.0 至 192.168.255.255。

想要组建企业网络，不可能为公司每一台电脑分配一个公有 IP 地址，因为需要大量成本，因此组建公司内部的局域网，一般使用的都是私有 IP 地址。

由于私有地址是不能在 Internet 上出现的，那么公司内部电脑如何使用私有 IP 地址访问互联网呢？

使用 NAT 技术能够实现，这里仅作了解即可。

4. 特殊 IP

将 IP 地址中的主机地址全部设为 0，就成了网络号，代表这个局域网。

将 IP 地址中的主机地址全部设为 1，就成了子网广播地址，用于给同一子网的所有主机发送数据包。

127.×.×.×用于本机环回（Loopback）测试，通常是 127.0.0.1。

32 位全为 1，也就是 255.255.255.255 为本地广播地址。

32位全为0，也就是0.0.0.0表示未知地址。

1.2.4 子网掩码

IP地址是以网络号和主机号来标示网络上的主机的，我们把网络号相同的主机称之为本地网络，网络号不相同的主机称之为远程网络主机，本地网络中的主机可以直接相互通信；远程网络中的主机要相互通信必须通过本地网关(Gateway)来传递转发数据。

格式

子网掩码的长度也是32位，和IP地址一一对应，用来区分网络位和主机位，其中1的部分表示的是网络位，0的部分表示的是主机位。比如，对于同一个IP地址192.168.1.1来说，如果掩码是255.255.255.0，那么它的网络位就是192.168.1.0，如果它的掩码是255.255.0.0，那么它的网络位就是192.168.0.0。

子网掩码必须由连续的1和0组成，不可能是0.255.0.0这种类型的。

1.2.5 IP地址规划原则

1. IP地址规划主要遵从4个原则

分层原则：IP地址应按照网络的层次结构进行分配，即先分配给大的网络，然后再分配给该网络下的小网络。这样可以保证路由的效率和可扩展性。

聚合原则：尽可能地将连续的IP地址分配给同一网络，以减少路由表的大小和复杂性。

稀疏原则：在分配IP地址时，应预留一些地址空间以便未来的扩展。

保留原则：某些特殊的IP地址(如回环地址、广播地址等)应被保留，不用于常规的地址分配。

2. 节约IP地址的技巧

在分配IP地址时，如需要节约IP地址，注意以下几点：

配置Loopback地址时，使用的子网掩码为32。

配置互联地址时，使用的子网掩码为30。

对业务网关进行统一设定，比如将所有网关设置为×.×.×.254。

练习与思考

1. IPv4地址是由(　　)位组成的。

A. 24　　　　　　　　B. 32　　　　　　　　C. 48　　　　　　　　D. 128

2. B类私有地址范围是(　　)。

A. 172.16.0.0~172.16.31.255.255　　　　　B. 172.16.0.0~172.16.255.255

C. 192.168.0.0~192.168.255.255　　　　　D. 172.16.0.0.~172.255.255.255

3. 下面可以配置为主机地址的是（　　）。

A. 192.168.1.1/32　　　　　　　　B. 192.168.1.0/24

C. 192.168.1.127/25　　　　　　　D. 以上都不是

4. 172.16.255.1/18 的网络号是（　　）。

A. 172.16.255.0　　　　　　　　　B. 172.16.0.0

C. 172.16.192.0　　　　　　　　　D. 以上都不是

5. 10.1.1.1/16，该地址的网络号是多少？该网段的广播地址是多少？有几个可用 IP 地址？

模块三　子网划分

学习目标

了解什么是 VLSM。

通过实例掌握划分网络的方式。

了解 CIDR 概念。

知识学习

1.3.1　什么是子网划分

1. IP 地址浪费的问题

公司在部署局域网时，可能会使用 A 类地址或者是 B 类地址。其中，A 类地址的可用地址数为 $2^{24}-2=16777214$ 个，B 类地址数为 65534 个，但实际网络架设时，连接的主机数量远远小于这个数字，多出来的地址就造成 IP 地址浪费。

当一个部门申请了一个网络号。他想将该网络能表示的 IP 地址再分给它下属的几个小单位时，如果再申请新的网络就会造成浪费。

为了解决以上问题，可以使用 VLSM 技术实现。

2. VLSM：可变长的子网掩码

通过将一个地址的掩码变长，也可以理解为从主机位那里"借"几位到网络位上。使 IP 地址得到更有效的利用。这里使用示例说明：

172.16.0.0/16 这个网段，主机位有 16 位，我们可以从主机位上"借"8 位给网络位使用。也就是将掩码变成 24 位，如此一来，主机位就变成了 8 位，所容纳的主机数就只有 254 个。子网划分后就增加了 256 个子网：

172.16.0.0/24、172.16.1.0/24、172.16.2.0/24 …… 172.16.255.0/24 共 256 个网络地址。

每个子网能够继续划分，比如将 172.16.0.0/24 划分为 172.16.0.0/25、172.16.128.0/25，以此类推。

VLSM 原理如图 1-8 所示。

子网划分前的两级IP地址：

| 网络位 | 主机位 |

子网划分后的两级IP地址：

| 网络位 | 子网位 | 主机位 |

图 1-8 VLSM 原理

通过改变子网掩码的长度，把一个大的网络划分为若干个小的网络，能够有效提高 IP 地址的利用率。

子网的个数：2^x（x 表示子网位数）

每个子网内的有效主机个数：2^y-2（y 表示主机位数）

3. 子网划分示例

一个 C 类网段：192.168.10.0/24，掩码为 24 位，IP 地址数为 $2^8=256$ 个，减去主机位全为 1 的广播地址和主机位全为 0 的网络地址，还剩 254 个。

掩码就像一把"刀"，将网段进行"切割"，如图 1-9 所示。

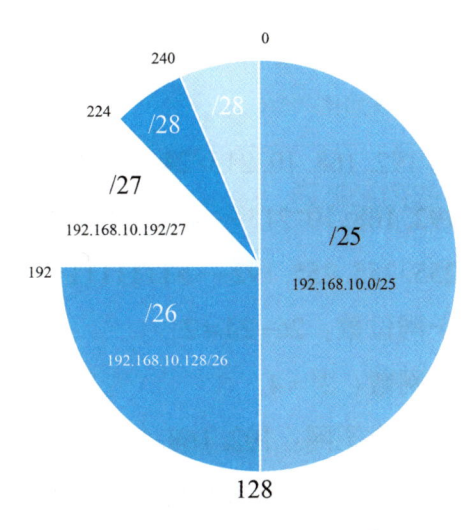

图 1-9 子网地址划分示意图

1.3.2 子网划分实例

1. A 类网络

将 10.1.1.1/8 划分为 30 位掩码的地址：

10.1.1.1--------->00001010 00000001 00000001 000000 01
255.255.255.252--->11111111 11111111 11111111 111111 00

IP 地址的最后两位(主机位)有 4 种情况,分别是 00、01、10、11,其中 00 和 11 分别表示网络地址和广播地址,无法配置给终端使用,因此排除这两个地址,就剩 01 和 10 两个可用地址,也就是 10.1.1.1/30 和 10.1.1.2/30,成功将一个 8 位掩码的地址划分成 30 位掩码的地址。

2. B 类网络

将 172.16.0.0/16 进行划分,可以将这个 B 类地址划分为多个 C 类地址,子网划分前可用 IP 地址数为 $2^{16}-2=65534$,这些地址属于同一网段。子网划分后 172.16.0.0 被划分为 2^8 个 C 类地址,每个子网地址可用 IP 地址数为 254 个,如图 1-10 所示。

	网络位		子网位	主机位
十进制表示	172	16	0	0
二进制表示	10101100	00010000	00000000	00000000
	128 0 32 0 8 4 0 0	0 0 0 16 0 0 0 0	0 0 0 0 0 0 0 0	0 0 0 0 0 0 0 0
子网掩码	11111111	11111111	00000000	00000000

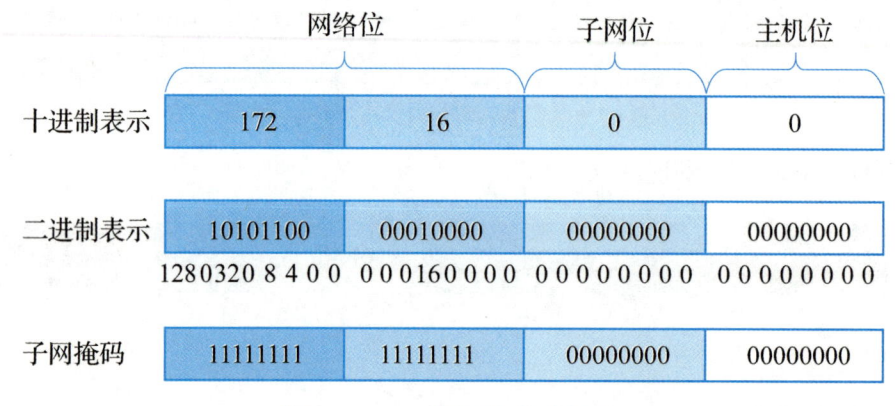

图 1-10 B 类网络地址划分

3. C 类网络

将 192.168.10.213/24 划分为 192.168.10.213/26:

192.168.10.213--->11000000   10101000   00001010   11   010101

255.255.255.192-->11111111   11111111   11111111   11   000000

子网位数:26-24=2

子网数:$2^2=4$

第一个子网:192.168.10.0/26

第二个子网:192.168.10.64/26

第三个子网:192.168.10.128/26

第四个子网:192.168.10.192/26

1.3.3 CIDR 子网聚合

CIDR(Classless Inter-Domain Routing):无类域间路由

CIDR 是一种用于对 IP 地址和其路由进行分配的方法,它使路由信息的数量大大减少,从而解决了因特网的可扩展性问题。VLSM 是将掩码变长以此来缩小网络号,而 CIDR 就是将掩码变短,以此来扩大网络号。

在 CIDR 中，IP 地址被表示为一个前缀和一个斜线后面的前缀长度。例如，192.0.2.0/24 表示前缀是 192.0.2.0，前缀长度是 24。这意味着网络包括从 192.0.2.0 到 192.0.2.255 的所有 IP 地址。

CIDR 可以将多个"有类"的子网合并成一个，以减少路由表中的路由条目。不受制于 A、B、C 类地址空间，消除了自然分类地址和子网划分的界限。

CIDR 的一个主要优点是它允许更细粒度的 IP 地址分配，从而更有效地使用 IP 地址空间。此外，CIDR 也简化了路由表，因为多个连续的网络可以被聚合成一个单一的路由表条目。

案例：

如图 1-11 所示，将多个 24 位掩码的网络号聚合成一个 22 位掩码的网络号。

地址	二进制表示				
192.168.0.0/24	11000000	10101000	000000 00	00000000	
192.168.1.0/24	10101100	00010000	000000 01	00000000	192.168.0.0/22
192.168.2.0/24	11000000	10101000	000000 10	00000000	
192.168.3.0/24	11000000	10101000	000000 11	00000000	

图 1-11 子网聚合案例

路由聚合的计算方式：

第一步：将地址转换位二进制格式，将它们对齐。

第二步：从左往右找到所有地址第一位不同的部分，用竖线隔开。

第三步：竖线左边的位数为子网掩码位数。

第四步：竖线右边全部置 0，计算出网络地址，如图 1-12 所示。

```
172.16.12.0/24 =172.16. (000011|00) . (00000000)
172.16.13.0/24 =172.16. (000011|01) . (00000000)
172.16.14.0/24 =172.16. (000011|10) . (00000000)
172.16.15.0/24 =172.16. (000011|11) . (00000000)
                        共22位

路由聚合地址  172.16.12.0/22 =172.16. (000011|00) . (00000000)
```

图 1-12 子网聚合计算方式

练习与思考

1. 将 192.168.1.0/24 地址划分成 192.168.1.0/27 网段的地址，可以划分出（   ）个网段。

A. 2　　　　　　　B. 4　　　　　　　C. 6　　　　　　　D. 8

2. 将 192.168.1.0/24 地址划分成 192.168.1.0/27 网段的地址，每个子网有(　　)个可用 IP 地址。

  A. 62   B. 64   C. 30   D. 32

3. 10.1.2.62/23 这个 IP 地址的广播地址是(　　)。

  A. 10.1.2.255   B. 10.1.2.63   C. 10.1.3.255   D. 10.1.3.63

4. 将 172.16.0.1/24、172.16.1.1/24、172.16.2.1/24、172.16.3.1/24 进行子网聚合，可以汇聚成以下(　　)。

  A. 172.16.0.0/16   B. 172.16.0.0/22   C. 172.0.0.0/8   D. 172.16.0.0/23

5. 将 192.168.70.1/24、192.168.80/1/24、192.168.90.1/24、192.168.100.1/24 进行子网聚合，子网掩码最长能汇聚成以下(　　)。

  A. 192.168.0.0/16   B. 192.168.64.0/17

  C. 192.168.64.0/18   D. 192.168.64.0/19

6. 假设你有一个 IPv4 地址段为 192.168.0.0/24 的网络，并且需要将其划分为多个子网以支持不同的部门，完成以下要求。

（1）将该网络划分为 4 个子网，每个子网至少支持 25 个主机。

（2）划分后的子网应该具有最小的主机数量和最大的主机数量。

（3）计算每个子网的子网掩码、网络地址、广播地址、可用主机范围和主机数量。

模块四　认识网络设备

学习目标

认识交换机。

能复述广播域、冲突域等概念。

认识路由器，能区分家用路由与企业路由。

知识学习

1.4.1　认识交换机

1. 什么是交换机

交换机是用于电(光)信号转发的。它可以为接入交换机的任意两个端口提供独享的电信号通路。通过设备或者人工来把要传输的信息送到符合要求标准的对应的路由器上的方式，这个技术就是交换机技术。从广义上来分析，在通信系统里对于信息交换功能实现的设备，就是交换机。

交换机是局域网中最重要的设备，交换机是基于 MAC 来进行工作的。

交换机是第二层的设备，可以隔离冲突域。交换机是基于收到的数据帧中的源 MAC 地址和目的 MAC 地址来进行工作的。

2. 交换机的作用

交换机主要用于连接和管理局域网中的各种设备，如计算机、打印机、服务器等。以下是交换机的主要作用：

数据转发：交换机可以接收来自一个端口的数据包，并将其转发到正确的目标端口。这是通过查看数据包的目标 MAC 地址并与交换机的地址表进行匹配来实现的。

隔离冲突域：每个交换机端口都是一个单独的冲突域，这意味着在一个端口上发生的数据包冲突不会影响其他端口，这大大提高了网络的总体性能。

建立虚拟局域网（VLAN）：交换机可以用来创建虚拟局域网，从而将一个物理网络分割成多个逻辑网络。这可以提高网络的安全性和效率。

支持全双工通信：交换机支持全双工通信，这意味着设备可以同时发送和接收数据，从而提高了网络的带宽利用率。

交换机示意图如图 1-13 所示。

图 1-13　交换机示意图

3. 广播域和冲突域

广播域：广播是一种信息的传播方式，指网络中的某一设备同时向网络中所有的其他设备发送数据，这个数据所能广播的范围即为广播域（Broadcast Domain）。简单点说，广播域就是指网络中所有能接收到同样广播消息的设备的集合。一个局域网就是一个广播域。

路由器通过 IP 地址将连接到其端口的设备划分为不同的网络（子网），每个端口下连接的网络即为一个广播域，广播数据不会扩散到该端口以外，因此我们说路由器隔离了广播域。

冲突域：在同一个冲突域中的每一个节点都能收到所有被发送的帧。一个站点向另一个站点发出信号，除目的站点外，有多少站点能收到这个信号，这些站点就构成一个冲突域。

4. 交换机的工作原理

二层交换机根据 MAC 地址表，选择性地将帧从接收端口转发到连接目的节点的端口。

学习记录：记录源 MAC 地址和接收端口的对应关系，构建 MAC 地址表。

查表转发：交换机收到一个数据帧后，读取该数据帧的目的 MAC，并查看 MAC 地址表，根据查表结果，交换机总共有三种转发行为：

转发：MAC 地址表中有该 MAC 地址的记录，则按照其对应的端口进行转发。

泛洪：MAC 地址表中没有该 MAC 地址的记录，则将该数据帧从除接收端口外的所有其他端口发送出去。

丢弃：如果数据帧的目的 MAC 地址=接收端口记录的 MAC 地址，则丢弃该帧。

5. MAC 地址表建立过程

交换机刚启动时，MAC 地址表内无内容。

接口 F0/1 收到了一个数据帧，交换机将帧中的源 MAC 与接收端口进行关联并记录到 MAC 地址表中，如图 1-14 所示。

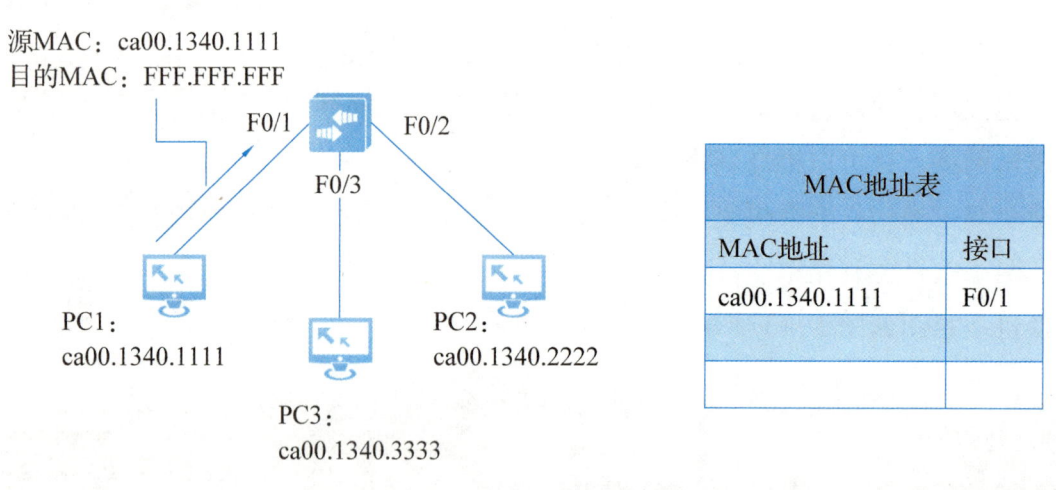

图 1-14 交换机学习记录

查表转发，交换机将 PC1 的数据帧从其他端口转发出去（接收到帧的 F0/1 口除外），如图 1-15 所示。

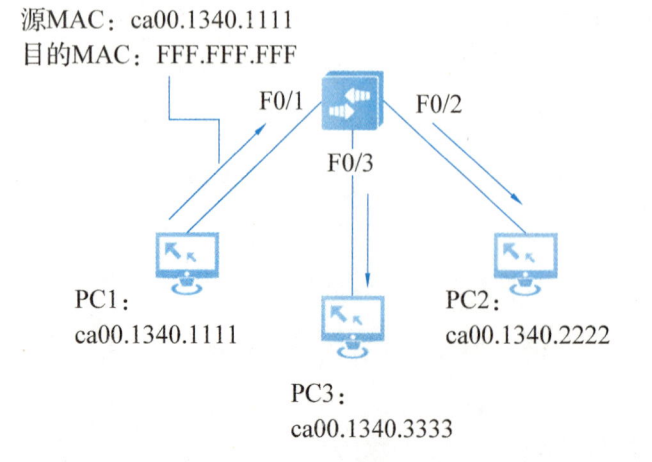

图 1-15 交换机泛洪过程

PC2、PC3 回复报文，交换机同样进行学习记录，如图 1-16 所示。

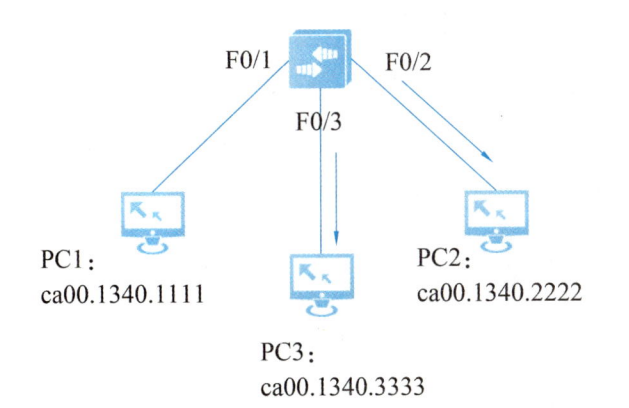

MAC地址表	
MAC地址	接口
ca00.1340.1111	F0/1
ca00.1340.2222	F0/2
ca00.1340.3333	F0/3

图 1-16　MAC 地址表建立过程

6. MAC 地址表的维护

当交换机的接口处于 DOWN 状态后，与该接口相关的 MAC 地址都会被清除。

当 PC 一段时间内（默认是 300 秒）没有发送任何报文时，交换机会将该 PC 的 MAC 地址表项自动删除，如图 1-17 所示。

300秒未收到PC2发送的报文

MAC地址表	
MAC地址	接口
ca00.1340.1111	F0/1
ca00.1340.2222	F0/2
ca00.1340.3333	F0/3

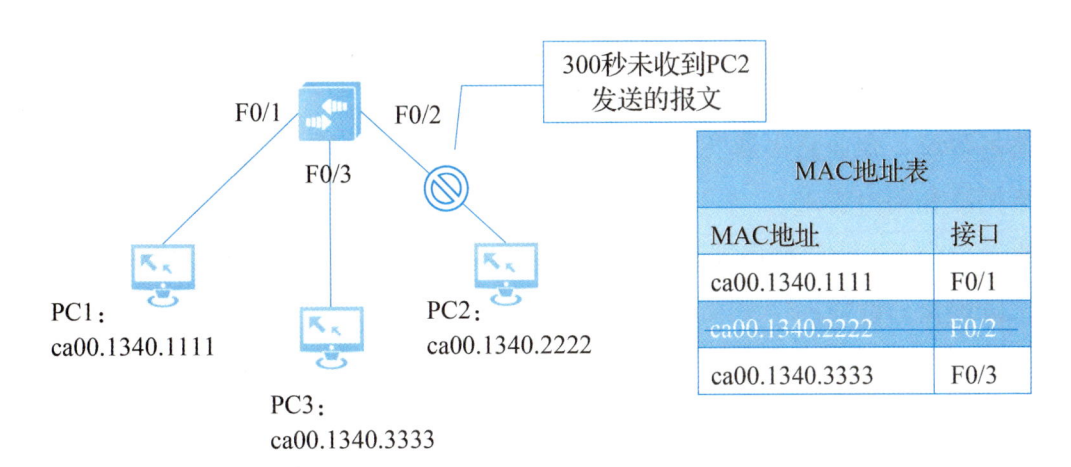

图 1-17　MAC 地址表老化

1.4.2　认识路由器

1. 家用路由器

在日常生活中，最常见的就是家用的无线路由器了，如图 1-18 所示。在早期网络环境中，主要还是有线路由器，随着无线需求的增加，市面上的路由器从有线路由器的基础上加入了无线的功能，也叫无线路由器。

2. 企业路由器

企业路由器是一种专为企业网络环境设计的网络设备，它具有一些特殊的功能和特性，以满足企业级网络的需求。以下是企业路由器的一些主要特点：

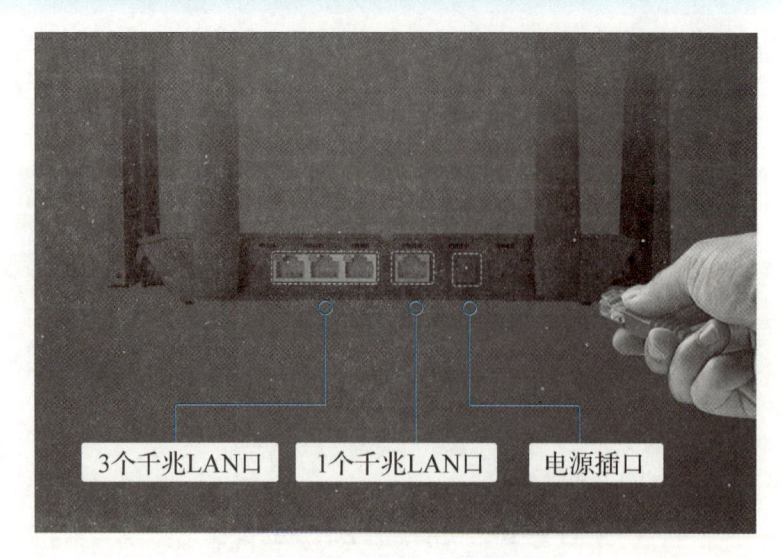

图 1-18 家用无线路由器

高性能：企业路由器通常具有高性能的硬件，包括更快的处理器、更大的内存和更多的网络接口，以处理大量的网络流量。

高可靠性：企业路由器通常具有冗余的硬件组件，如电源和风扇，以及故障转移和负载均衡功能，以确保网络的连续运行。

安全功能：企业路由器通常包含一些高级的安全功能，如防火墙、入侵检测和防止系统(IDS/IPS)、虚拟专用网络(VPN)和访问控制列表(ACL)。

高级路由协议：企业路由器支持各种高级路由协议，如 OSPF、BGP 和 EIGRP，以支持复杂的网络拓扑和路由需求。

服务质量(QoS)：企业路由器通常支持服务质量(QoS)功能，可以优先处理关键应用的网络流量，以确保其性能。

可扩展性：企业路由器通常具有模块化的设计，可以通过添加或替换模块来增加更多的网络接口或增加新的功能。

以锐捷路由器为例，锐捷的 RSR820-T 路由器，如图 1-19 所示。

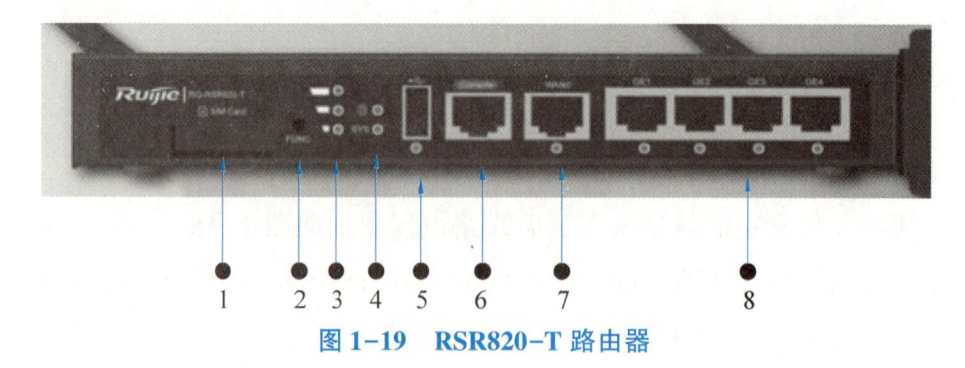

图 1-19 RSR820-T 路由器

3. 路由器的工作原理

路由器是网络中的关键设备，它的主要功能是在多个网络之间转发数据包，路由器工作基本按照以下流程。

接收数据包：当路由器的一个接口(例如，以太网端口)收到一个数据包时，它会读取数据包的头部信息，包括源 IP 地址和目标 IP 地址。

查找路由表：路由器有一个路由表，其中列出了所有已知网络的信息，包括网络的 IP 地址范围和下一跳路由器的地址。路由器会查找路由表，找到与目标 IP 地址最匹配的条目。

转发数据包：一旦找到了匹配的路由表条目，路由器就会将数据包发送到对应的下一跳路由器，或者如果目标就在直接连接的网络中，就直接发送到目标主机。

更新路由表：路由器会定期与其他路由器交换路由信息，以更新其路由表。这使路由器能够学习到新的网络，或者当网络拓扑发生变化时，能够找到新的最佳路径。

4. 路由器特点

路由器总结主要有以下特点：

数据包转发：路由器能够接收并转发网络数据包，根据数据包的目标 IP 地址，将其发送到正确的目标网络或设备。

路由决策：路由器具有路由表，可以根据路由算法和协议，如 RIP、OSPF 或 BGP，决定数据包的最佳路径。

性能：企业级路由器通常具有高性能，能够处理大量的网络流量，并支持高速的网络接口，如 Gigabit Ethernet 或 10 Gigabit Ethernet。

安全性：路由器通常具有防火墙和 VPN 功能，可以提供网络安全和数据加密。

可扩展性：路由器通常支持模块化的硬件和软件，可以根据需要添加或升级网络接口、内存、处理器等。

连通性：路由器可以连接不同类型(如以太网、DSL、光纤等)和不同协议(如 IPv4、IPv6)的网络。

练习与思考

1. 交换机收到一个未知单播帧(目的 MAC 不在 MAC 地址表中)任何处理？(　　)

A. 单播　　　　B. 组播　　　　C. 广播　　　　D. 泛洪

2. 交换机收到一个广播帧(目的 MAC 为全 f)会任何处理？(　　)

A. 从其中一个接口转发　　　　B. 泛洪

C. 丢弃　　　　D. 以上都不对

3. MAC 地址表条目老化的时间是(　　)。

A. 30 秒　　　　B. 60 秒　　　　C. 90 秒　　　　D. 300 秒

4. 路由器的哪种接口是用来连接运营商的？(　　)

A. WAN 口　　　　B. LAN 口　　　　C. Console 口　　　　D. 管理接口

5. 路由器的哪种接口是用来连接局域网内设备的？（　　）

A. WAN 口　　　　　B. LAN 口　　　　　C. Console 口　　　　　D. 管理接口

6. 假设你有一个企业网络，其中包含一个交换机(Switch)和多个主机。在某种情况下，交换机的一个接口开始发生泛洪(Flood)现象。请回答以下问题：

（1）解释交换机接口泛洪的原因。

（2）列出可能导致泛洪的常见原因。

模块五　制作双绞线

学习目标

认识什么是双绞线。

掌握双绞线的线序排布方式。

学会如何制作双绞线。

知识学习

1.5.1　认识双绞线

双绞线是综合布线中最常用的传输介质。通过4对相互绝缘的导线两两互绞，抵消电磁干扰。

双绞线分类

线缆根据屏蔽性分类，可以将线缆分为屏蔽双绞线 STP（见图 1-20）与非屏蔽双绞线 UTP（见图 1-21），其中屏蔽双绞线可以减少辐射，具有防窃听、防干扰等特点。而非屏蔽双绞线具有成本低、直径小、易安装的特点。

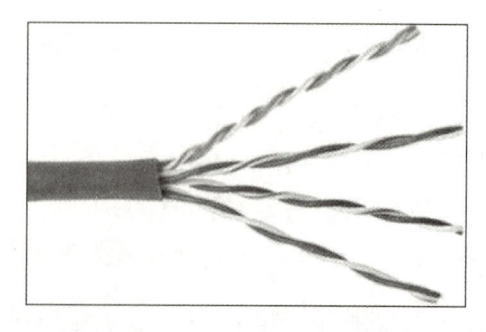

图 1-20　STP 双绞线（屏蔽）　　　　图 1-21　UTP 双绞线（非屏蔽）

如果按照频率和信噪比分类可以将线缆分为五类、超五类、六类、超六类等类型，如图 1-22 和图 1-23 所示。

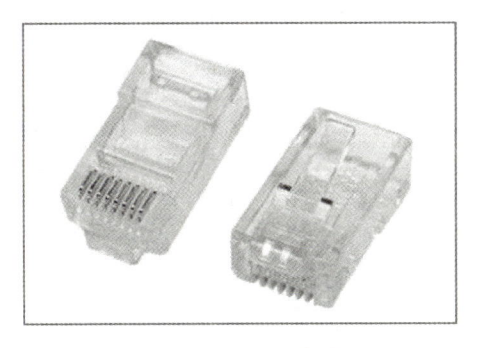

图 1-22　RJ45 五类水晶头

图 1-23　两件式，RJ45 六类水晶头

1.5.2　双绞线线序

双绞线的制作方式有两种国际标准，分别为 EIA/TIA568A 以及 IA/TIA568B。

EIA/TIA568A 标准：绿白、绿、橙白、蓝、蓝白、橙、棕白、棕。

IA/TIA568B 标准：橙白、橙、绿白、蓝、蓝白、绿、棕白、棕。

双绞线的连接方法也有两种，分别是直通线和交叉线。

直通线：线的两端采用同一种线序标准，如图 1-24 所示。

交叉线：一端采用 A 标准，另一端采用 B 标准，如图 1-25 所示。

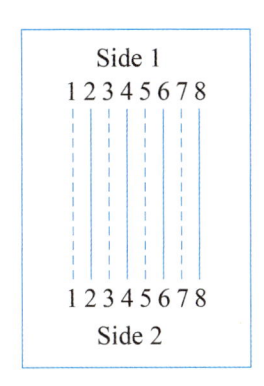

图 1-24　直通线线序

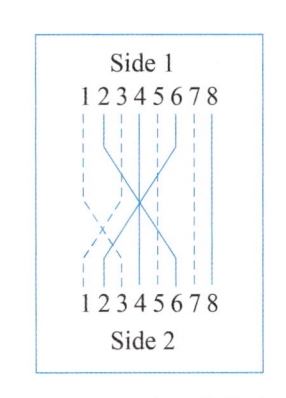

图 1-25　交叉线线序

1.5.3　制作双绞线

首先利用压线钳的剪线刀口剪裁出计划需要使用的双绞线长度，如图 1-26 所示。

剥除双绞线外绝缘护套。可以利用压线钳的剪线刀口将线头剪齐，再将线头放入剥线专用的刀口，稍微用力握紧压线钳慢慢旋转，让刀口划开双绞线的护套，如图 1-27 所示。

把每对都是相互缠绕在一起的线缆逐一解开。解开后根据需要，按照 EIA/TIA568A 或者 IA/TIA568B 的标准将线缆依次地排列好并理顺，排列的时候应该注意尽量避免线路的缠绕和重叠，如图 1-28 所示。

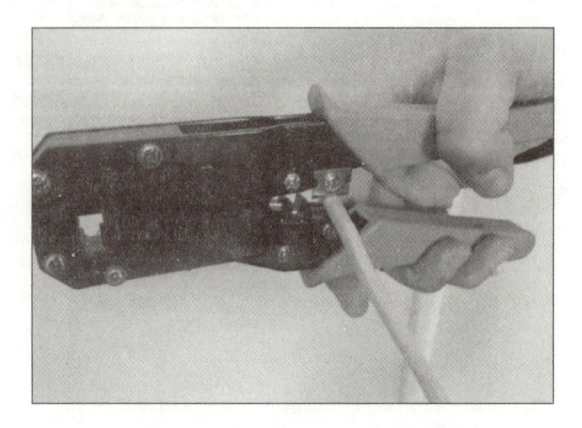

图 1-26　确定双绞线长度　　　　　图 1-27　剥除双绞线外绝缘防护套

把线缆依次排列好并理顺压直之后，利用压线钳的剪线刀口把线缆顶部裁剪整齐，保留的去掉外绝缘护套的部分约为 15 mm，如图 1-29 所示。

图 1-28　根据 B 线序排线　　　　　图 1-29　将线缆剪平

把整理好的线缆插入水晶头内。需要注意的是要将水晶头有塑料弹簧片的一面向下，有针脚的一面向上，使有针脚的一端指向远离自己的方向，有方型孔的一端对着自己。插入的时候需要注意缓缓地用力把 8 条线缆同时沿 RJ45 头内的 8 个线槽插入，一直插到线槽的顶端，如图 1-30 所示。

使用压线钳压接水晶头，受力之后听到轻微"啪"的一声即可，如图 1-31 所示。

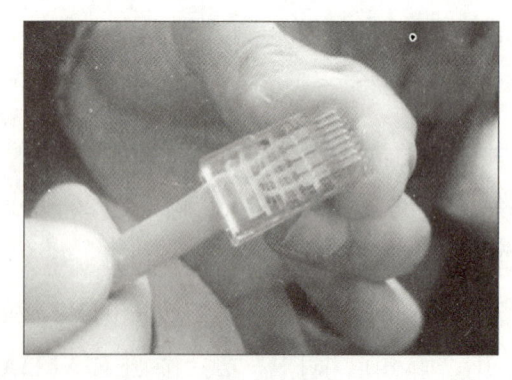

图 1-30　将线插进水晶头中　　　　　图 1-31　使用压线钳按压

制作另一端。如果另一端使用 A 的线序，那么这条双绞线就是交叉线，如果另一端使用 B 的线序，那么这条双绞线就是直通线。

1.5.4 常见问题

第二步剪开绝缘防护套时，经常出现将内部线缆也剪断的情况，所以剪完后需要仔细查看是否剪断了内部线缆。

第五步将线插入水晶头中，需要注意水晶头朝向，不要插反。

练习与思考

1. 双绞线的两种主要类型是（　　）。

A. 屏蔽双绞线和非屏蔽双绞线　　B. 交叉线和直通线

C. 网络线和电话线　　D. 光纤和同轴电缆

2. 以下不是双绞线颜色编码标准的是（　　）。

A. T568A　　B. T568B　　C. T568C　　D. 都是

3. 交叉线主要用于连接（　　）。

A. 计算机和交换机　　B. 路由器和调制解调器

C. 计算机和计算机　　D. 所有设备

4. 双绞线之所以双绞，主要的原因是（　　）。

A. 提高电缆的强度　　B. 减少电磁干扰

C. 使电缆看起来更美观　　D. 降低制造成本

5. 双绞线通过哪种方式减少电磁干扰？（　　）

A. 通过增加电缆的厚度

B. 通过在电缆外部添加屏蔽层

C. 通过使两根线以特定的方式相互绕在一起

D. 通过改变电缆的颜色

模块六　构建小型局域网

学习目标

使用 VLSM 对网络完成精确划分。
使用交换机实现市场部以及技术部两个部门内网的联通。

知识学习

1.6.1　网络规划

1. 设备选择

交换机选用 RG-S5310-24GT4XS 型号，该型号接口数量为 24 个，因此市场部只需要 1 台即可，技术部则需要 3 台才能将主机全部接入。路由器选用 RG-RSR20，作为出口路由器。设备清单如表 1-5 所示。

表 1-5　设备清单

设备型号	数量	备注
RG-S5310-24GT4XS	4	接入\汇聚交换机
RG-RSR20	1	出口路由器

2. 主机命名

本项目中设备命名规划如表 1-10 所示。其中代号 EA 表示公司名，JR 表示接入层设备，SCB 表示市场部，JSB 表示技术部，S5310 指明设备型号，01 指明设备编号。

表 1-6　设备主机名表

设备型号	设备主机名	备注
RG-S5310-24GT4XS	EA-HJ-SCB-S5310-01	市场部汇聚交换机
RG-S5310-24GT4XS	EA-HJ-JSB-S5310-01	技术部汇聚交换机
RG-S5310-24GT4XS	EA-JR-JSB-S5310-02	技术部接入交换机
RG-S5310-24GT4XS	EA-JR-JSB-S5310-03	技术部接入交换机
RG-RSR20	EA-CK-RSR20-01	出口路由器

3. 地址规划

设备互联地址规划表如表 1-7 所示。

表 1-7 设备互联地址规划表

序号	本端设备	接口	本端地址	对端设备	接口	对端地址
1	RG-RSR20	G0/1	192.168.1.1/30	EA-HJ-SCB-S5310-01	G0/0	192.168.1.2/30
2	RG-RSR20	G0/2	192.168.1.5/30	EA-HJ-JSB-S5310-01	G0/0	192.168.1.6/30

设备业务地址规划表如表 1-8 所示。

市场部主机数为 10 台，需要富余 10 个地址，就算作 20 个地址，因此掩码应该用 27 位的，可用主机地址为 30 个。

技术部需要 IP 地址为 60 个，掩码使用 26 位，可用主机地址为 62 个。

表 1-8 设备业务地址规划表

序号	部门名	主机地址范围	网关
1	市场部	192.168.1.33/27～192.168.1.62/27	192.168.1.62/27
2	技术部	192.168.1.65/26～192.168.1.126/26	192.168.1.126/26

1.6.2 网络拓扑

网络拓扑图如图 1-32 所示。

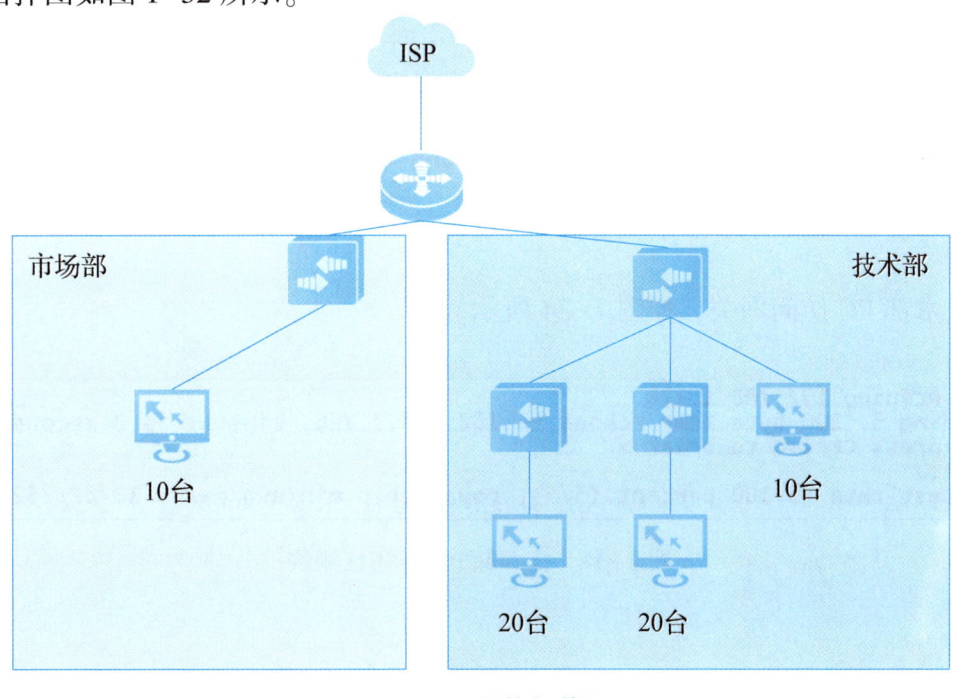

图 1-32 网络拓扑图

1.6.3 基础配置

1. 配置设备基础信息

配置设备主机名，因重复性较高，这里使用 EA-CK-RSR20-01 进行演示。

```
Ruijie(config)#hostname EA-CK-RSR20-01
```

2. 配置接口信息

配置设备的互联地址，以及配置业务网段的网关地址。

注：网关地址需要配置在接入交换机的 vlan 1 虚拟接口上。

EA-HJ-SCB-S5310-01

```
EA-HJ-SCB-S5310-01(config)#interface vlan 1
EA-HJ-SCB-S5310-01(config-if-VLAN 1)#ip address 192.168.1.62 27
```

EA-HJ-JSB-S5310-01

```
EA-HJ-JSB-S5310-01(config)#interface vlan 1
EA-HJ-JSB-S5310-01(config-if-VLAN 1)#ip address 192.168.1.126 26
```

1.6.4 任务验证

本步骤可以使用 ping 命令进行测试，由于还未学习路由概念，因此只需要业务 PC 能够访问各自的网关即可。

使用市场部 PC 访问网关，如图 1-33 所示。

```
SCB-PC#ping 192.168.1.62
Sending 5, 100-byte ICMP Echoes to 192.168.1.62, timeout is 2 seconds:
  < press Ctrl+C to break >
!!!!!
Success_rate is 100 percent (5/5), round-trip min/avg/max = 3/8/19 ms.
```

图 1-33 市场部 PC 连通性测试

使用技术部 PC 访问网关，如图 1-34 所示。

```
JSB-PC#ping 192.168.1.126
Sending 5, 100-byte ICMP Echoes to 192.168.1.126, timeout is 2 seconds:
  < press Ctrl+C to break >
!!!!!
Success_rate is 100 percent (5/5), round-trip min/avg/max = 13/62/252 ms.
```

图 1-34 技术部 PC 连通性测试

练习与思考

1. 10Base-T 网络的标准电缆最大有效传输距离是(　　)。

    A. 10 米　　　　　B. 100 米　　　　　C. 185 米　　　　　D. 200 米

2. 以下设备工作在 OSI 参考模型中的网络层的设备是(　　)。

    A. 服务器　　　　B. 中继器　　　　　C. 集线器　　　　　D. 路由器

3. 下列网络拓扑结构中，(　　)拓扑结构的网络中间有一个中心节点，如交换机设备，其他所有的节点都连到该中心节点上。

    A. 环型　　　　　B. 星型　　　　　　C. 总线型　　　　　D. 以上都不是

4. 配置锐捷路由器后，通过(　　)命令将当前运行的配置保存。

    A. copy startup-config current-config　　　B. copy current-config startup-config

    C. copy startup-config running-config　　　D. copy running-config startup-configD

5. OSI 参考模型中的(　　)负责产生和检测电压，以便收发承载数据的信号。

    A. 传输层　　　　B. 网络层　　　　　C. 数据链路层　　　D. 物理层

项目二

优化小型网络

📍 项目描述

土豆公司是刚刚成立的中小型企业，拥有两层办公楼，分别运行着不同的业务，本来两个楼层的网络是分开的，但都是一家公司难免会有业务往来，公司要求可以打通两楼层之间的网络，使具有相互联系的部门之间高速通信，并且需要有效地提高设备之间链路的可靠性。现在需要进行公司内网建设，根据网络规划，公司选用 C 类地址段。另外公司还提出了以下要求：

为了保证公司业务的独立和安全，需要实现部门之间数据的隔离。

现阶段公司业务大量依靠网络，需要在较为重要的部分进行冗余设计，防止网络故障，并且需要防止环路的发生。

另外现场已经预埋了线缆，规划如图 2-1 所示。

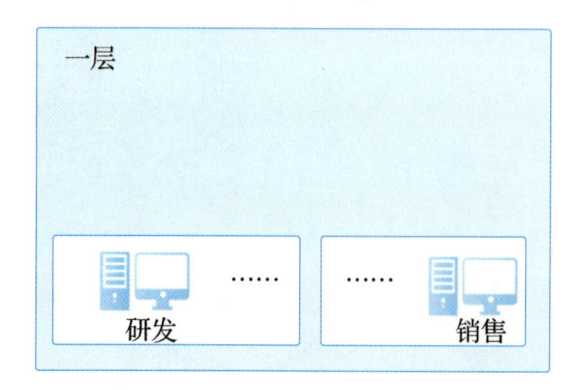

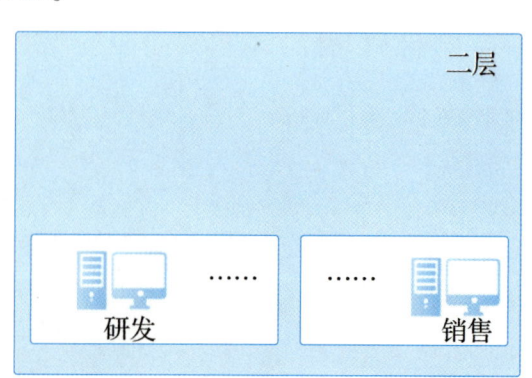

图 2-1 现场规划图

项目二　优化小型网络

现需要对公司部门规划网络覆盖，为各部门分配网段，为了安全考虑，还需要对各部门划分 VLAN，实现二层隔离。SwitchA 和 SwitchB 通过以太网链路分别都连接各业务部门网络，网关设在设备 Switch C 上，楼层之间业务的通信将会有较大的数据流量。公司希望 SwitchA 和 SwitchB 之间能够提供较大的链路带宽来使相同 VLAN 间二层通信；同时也希望能够提供一定的冗余性，保证数据传输和链路的可靠性并预防环路的发生。逻辑拓扑如图 2-2 所示，现阶段你需要完成主机命名，VLAN、接口规划，聚合链路配置和 STP 基础配置 4 个部分。

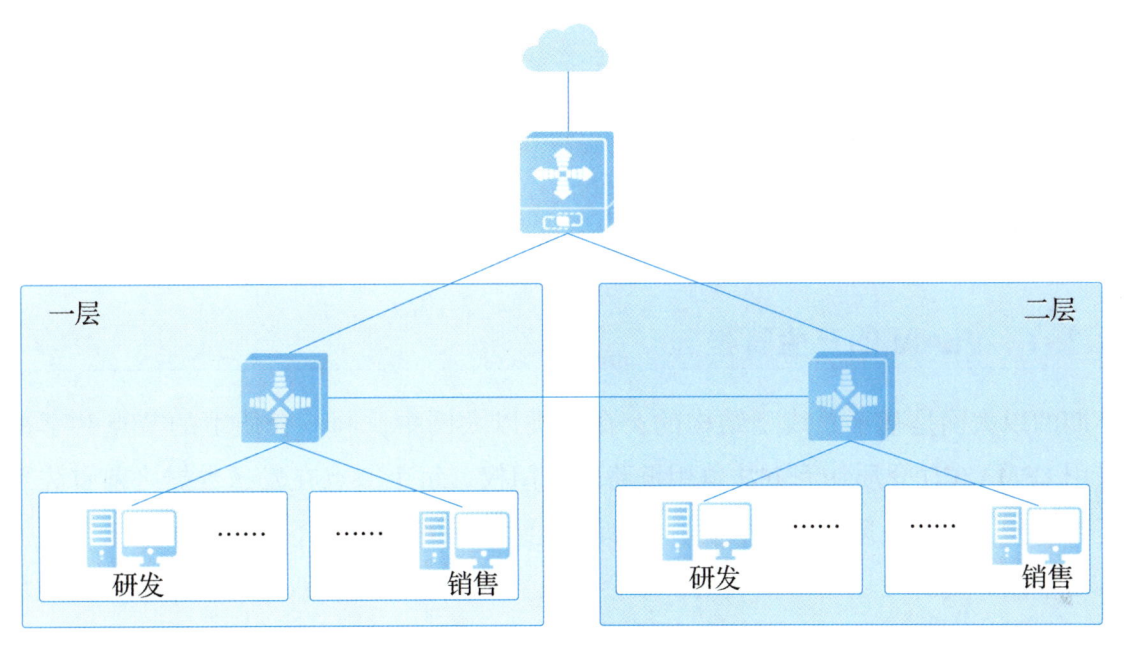

图 2-2　逻辑拓扑

项目目标

学习掌握 VLAN 知识后，结合实际能使用的 VLAN 技术对网络进行设计，规划出设备名称、接口信息、VLAN 等内容。

学习掌握 STP 知识后，能在之前的网络基础上完成链路的冗余，增加设备冗余性。

能使用链路聚合完成交换机间的链路冗余，扩展链路带宽，提供更高的连接可靠性。

经过实践，了解掌握如何使用 VLAN、STP、链路聚合等技术增加小型网络的健壮性，将经验带入网络设计过程中，增强网络设计能力。

模块一　认识 VLAN

学习目标

了解 VLAN 技术的产生背景。
了解 VLAN 技术的基本原理。
了解 VLAN 技术的配置方法。

知识学习

2.1.1　VLAN 的产生背景

早期的以太网是基于总线型结构的,在这类以太网中,同一介质上的节点共享链路带宽,采用 CSMA/CD 介质访问方法争用链路的使用权。每个节点在发送数据之前首先要侦听网络是否空闲,如果空闲就发送数据。否则,继续侦听直到网络空闲。如果两个节点同时检测到介质空闲并同时发送出一帧数据,则会导致数据帧的冲突,双方的数据帧均被破坏。这时,两个节点将等待一段随机的时间再侦听、发送。我们将连接在同一总线下的所有节点集合,称为冲突域。如果一个节点成功发送一个数据包,则接入总线的所有节点都将收到此数据包。我们称一个节点发出一个广播信息后能够收到这个信息的所有节点集合为一个广播域。而当链路上的节点越多,冲突发生的概率就会越大,无法保证通信质量。此时,总线型的网络方式就不太合适了,于是引入了二层交换机组网。

二层交换机工作在数据链路层,是基于 MAC 地址的基础对数据包进行的转发。交换机不同的接口发送和接收数据是独立的,从而可以将各端口归属于不同的冲突域,从而有效地隔离冲突。而在传输中不知道目的 MAC 时,需要在网段内广播当前子网下所有的节点,相应的广播报文以及目的 MAC 查找失败时报文会向所有端口转发,因此会消耗大量的网络带宽。而二层交换机只能隔离冲突域,不能隔离广播域。因此,引入 VLAN 技术。

VLAN(Virtual Local Area Network)即虚拟局域网,是将一个物理 LAN 从逻辑上划分成多个网段,从而实现虚拟网络结构的通信技术。IEEE 于 1999 年颁布了用以标准化 VLAN 实现方案的 802.1Q 协议标准草案。

VLAN 技术的出现,使管理员可以根据实际应用需求,把同一物理局域网内的不同用户逻辑地划分成不同的广播域,具有相同需求的主机被分配到同一 VLAN 内,处于同一 VLAN

的主机能直接互通，而处于不同 VLAN 的主机则不能直接互通，这样广播报文被限制在同一个 VLAN 内，有效地限制了广播域的范围，从而增强了局域网的安全性。通过 VLAN 可以将不同的主机划分到不同的工作组，同一工作组的主机可以位于不同的物理位置，网络构建和维护更方便灵活。

如图 2-3 所示，在一个只有终端和交换机的交换网络中，未划分 VLAN 前，交换机端口连接下的所有主机都处于一个 LAN 中，即一个广播域，任何一台主机发送的广播报文都能传送整个广播域，广播的报文会占用很多带宽，更甚者若出现了环路将会引起广播风暴；另外若某台主机感染了 arp 攻击病毒、dhcp 攻击病毒，这些病毒影响的范围将是整个广播域，广播域的规模越大，可能产生的网络安全问题越多。

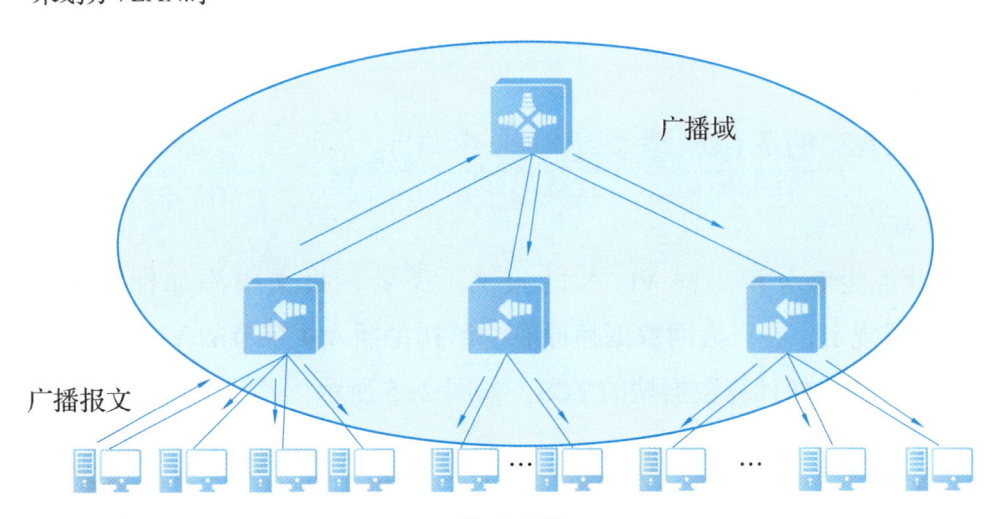

图 2-3 典型交换组网图

如图 2-4 所示，在交换机上部署 VLAN 之后，将一个规模较大的广播域在逻辑上划分成若干个不同的、规模较小的广播域，由此把广播报文限制在一个 VLAN 内，无须收到太多无关的广播包，可以有效地节约网络资源；当某台主机受到针对数据链路层的非法攻击或感染病毒时，影响的范围也只限于所属 VLAN 内，不会影响其他 VLAN，以此将故障限制在较小的范围内。

因此 VLAN 技术具有以下优点：

（1）限制广播域：广播域被限制在一个 VLAN 内，节省了带宽，提高了网络处理能力。

（2）增强局域网的安全性：不同 VLAN 内的报文在传输时是相互隔离的，即 VLAN 内的用户不能和其他 VLAN 内的用户直接通信。

（3）便于故障排查：故障被限制在一个 VLAN 内，本 VLAN 内的故障不会影响其他 VLAN 的正常工作。

已划分VLAN后

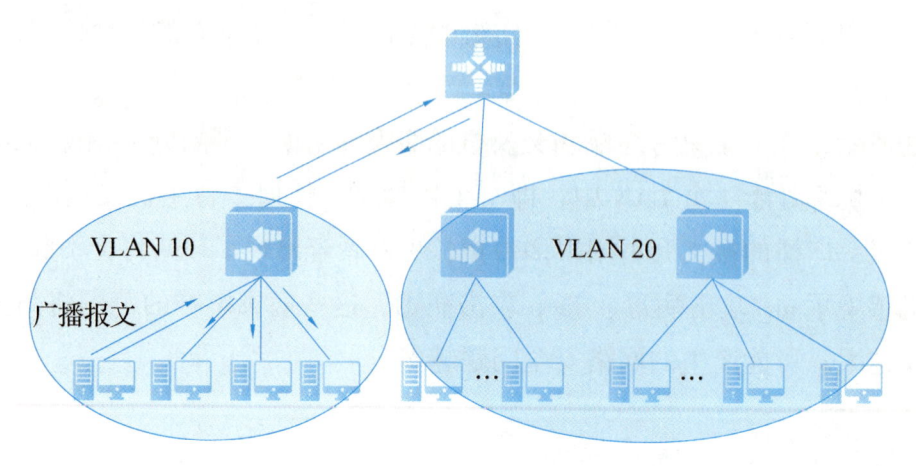

图 2-4　VLAN 应用组网图

2.1.2　VLAN 的工作原理

1. VLAN TAG 标签

要使网络设备能够分辨不同 VLAN 的报文，需要在报文中添加标识 VLAN 的字段。IEEE 802.1Q 协议规定，在以太网数据帧原有的结构中插入 4 字节的 VLAN TAG 标签，用以标识 VLAN 信息，并重新计算数据帧的 FCS，如图 2-5 所示。

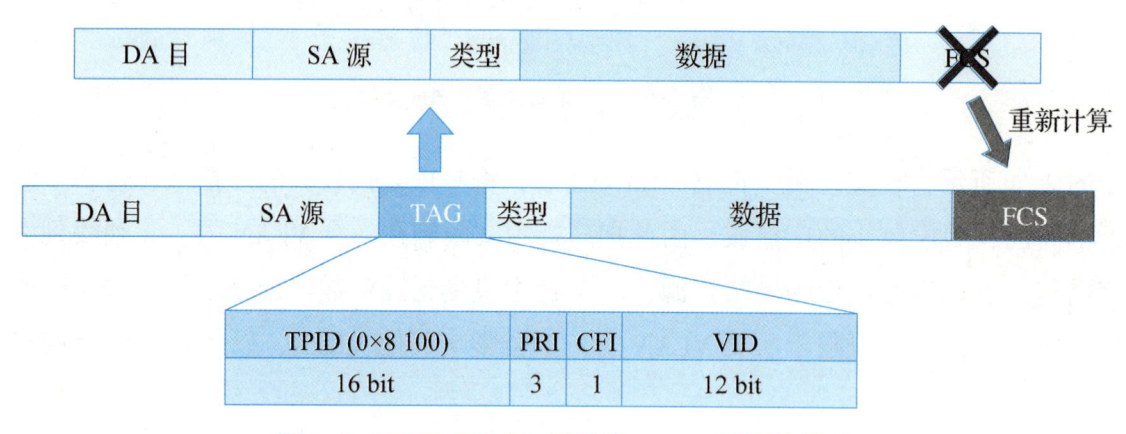

图 2-5　IEEE 802.1Q 封装的 VLAN 数据帧格式

数据帧中的 TPID 字段取值为 0×8100 时表示 802.1Q 帧。如果不支持 802.1Q 的设备收到会将其丢弃；VID 字段标识了该数据帧所属的 VLAN，数据帧只能在其所属 VLAN 内进行传输。VID 字段代表 VLAN ID，VLAN ID 取值范围是 0～4095。

网络设备根据报文是否携带 VLAN Tag 以及携带的 VLAN Tag 信息，来对报文进行处理，利用 VLAN ID 来识别报文所属的 VLAN。

2. VLAN 的划分方式

VLAN 在交换机上的实现方法，可以大致划分为 5 类。

（1）基于端口划分 VLAN：这是最常用的一种 VLAN 划分方法，应用也最为广泛、最有效，目前绝大多数 VLAN 协议的交换机都提供这种 VLAN 配置方法。这种划分 VLAN 的方法是根据以太网交换机的交换端口来划分的，即明确指定各端口属于哪个 VLAN。

这种划分方法的优点是定义 VLAN 成员时非常简单，只要将所有的端口都定义为相应的 VLAN 组即可，适合于任何大小的网络。它的缺点是如果某用户离开了原来的端口，到了一个新的交换机的某个端口，必须重新定义；不适合那些需要频繁改变拓扑结构的网络，并且当网络中的计算机数目超过一定数量（比如数百台）后，设定操作就会变得繁杂无比。

（2）基于 MAC 地址划分 VLAN：这种划分 VLAN 的方法是根据每个主机的 MAC 地址来划分，即对每个 MAC 地址的主机都配置所属的组，它实现的机制就是每一块网卡都对应唯一的 MAC 地址，VLAN 交换机跟踪属于 VLAN MAC 的地址。这种方式的 VLAN 允许网络用户从一个物理位置移动到另一个物理位置时，自动保留其所属 VLAN 的成员身份。

从这种划分的机制可以看出，其最大的优点就是当用户物理位置移动时，即从一个交换机换到其他的交换机时，VLAN 不用重新配置，因为它是基于用户而不是基于交换机的端口。这种方法的缺点是，在设定时必须调查所有连接的计算机的 MAC 地址并加以记录，如果计算机交换了网卡，还需要更改设定。

（3）基于网络层划分 VLAN：这种划分 VLAN 的方法是根据每个主机的网络层地址或协议类型（如果支持多协议）划分的。例如，用 IP 地址分组的用户形成一个 VLAN。

这种方法的优点是用户的物理位置改变了，不需要重新配置所属的 VLAN，而且可以根据协议类型来划分 VLAN，这对网络管理者来说很重要，另外，这种方法不需要附加的帧标签来识别 VLAN，这样可以减少网络的通信量。这种方法的缺点是效率低，因为检查每一个数据包的网络层地址是需要消耗处理时间的。

（4）根据 IP 组播划分 VLAN：IP 组播实际上也是一种 VLAN 的定义，即认为一个 IP 组播组就是一个 VLAN。这种划分的方法将 VLAN 扩大到了广域网，因此这种方法具有更大的灵活性，主要适合于不在同一地理范围的局域网用户组成一个 VLAN，不适合局域网，主要是效率不高。

（5）按策略划分 VLAN：根据配置的策略划分 VLAN，能实现多种组合的划分方式，包括接口、MAC 地址、IP 地址、网络层协议等。网络管理人员可根据自己的管理模式和本单位的需求来决定选择哪种类型的 VLAN。

3. VLAN 的接口类型

现网中属于同一个 VLAN 的用户可能会被连接在不同的交换机上，且跨越交换机的 VLAN 可能不止一个，如果需要用户间的互通，就需要交换机间的接口能够同时识别和发送多个 VLAN 的数据帧。根据接口连接对象以及对收发数据帧处理的不同，VLAN 的接口类型有 4 种，Access 接口、Trunk 接口、Hybrid 接口和 SVI 接口（不同厂商对 VLAN 接口类型的定义可能不同），以适应不同的连接和组网；其中，Access 接口、Trunk 接口和 Hybrid 接口属于以太网二层接口，SVI 接口属于逻辑三层接口。

（1）Access 接口：一般用于连接不能识别 Tag 的用户终端，承载标准的以太网帧，只能关联一个 VLAN。

（2）Trunk 接口：一般用于交换机互联，承载 802.1Q 帧，缺省关联交换机上配置的所有 VLAN。

（3）Hybrid 接口：混合模式，可以接终端和带 VLAN 的设备，需要设置默认 VLAN，否则转发不带 VLAN 信息时会丢包。

（4）SVI 接口（Switch Virtual Interface）：交换机虚拟接口，一个 SVI 接口对应一个 VLAN，一般用于 VLAN 间提供通信路由。

4. VLAN 下交换机接口出入数据处理过程

在交换机的内部，为了快速高效的处理，报文都是带 Tag 标签转发的，因为交换机上很可能会配置多个 VLAN，而不同 VLAN 流量区分只有依靠 Tag 标签。

（1）Access 端口接收报文：收到一个报文，判断是否有 VLAN Tag 标签；如果没有则打上标签，并进行交换转发，如果有则直接丢弃。

（2）Access 端口发送报文：将报文的 VLAN Tag 标签剥离再发送。

（3）Trunk 端口接收报文：收到一个报文，判断是否有 VLAN Tag 标签；如果没有则打上标签，并进行交换转发，如果有则判断该 Trunk 口是否允许该 VLAN 的数据通过，允许通过则转发，否则丢弃。

（4）Trunk 端口发送报文：比较端口的 Native VLAN 和将要发送报文的 VLAN Tag 标签，如果二者相同则剥离标签再发送，如果不同则直接转发。

5. VLAN 间的通信

在实际使用 VLAN 的场景中，同一 VLAN 或不同 VLAN 间的用户都可能存在互访需求，处于同一 VLAN 的用户能够直接互通，但不同 VLAN 间的用户不能直接通信，需通过在设备上创建并配置 VLAN 接口，实现 VLAN 间的三层互通，VLAN 接口是一种三层的虚拟接口，它不作为物理实体存在于设备上。

2.1.3 VLAN 的基础配置

1. 创建 VLAN

【命令格式】vlan｛vlan-id｜range vlan-range｝

【参数说明】vlan-id：指定 VLAN ID，取值范围是 1～4096。vlan-range：可以指定一个

或多个 VLAN，当配置多个 VLAN 时，VLAN ID 间用逗号隔开，无大小顺序要求，连续的 VLAN ID 还可使用"-"头尾连接。

【命令模式】全局模式。

【使用指导】本命令用来创建 VLAN，并进入 VLAN 配置模式。

2. 命名 VLAN

【命令格式】name vlan-name

【参数说明】vlan-name：VLAN 名称。

【命令模式】VLAN 配置模式。

【使用指导】本命令用来配置 VLAN 名称。

3. 配置端口类型

【命令格式】switchport mode {access | trunk}

【参数说明】无。

【命令模式】二层以太网接口配置模式／二层聚合接口配置模式。

【使用指导】本命令配置二层接口为 Access | Trunk 口。交换机如果没有配置，那么默认所有端口都是 Access 口。如果端口被配置为 Trunk 口，需要改为 Access 口，需要先在接口下敲 switchport mode access，否则不生效。

4. 将接口添加到指定 VLAN

【命令格式】switchport access vlan vlan-id

【参数说明】vlan-id：指定的 VLAN ID。

【命令模式】接口配置模式。

【使用指导】本命令用来将接口添加到指定 VLAN，指定 VLAN 前需先创建 VLAN。

5. Trunk 口默认许可所用 vlan

【命令格式】switchport trunk allowed vlan all

【参数说明】all：标识所有 VLAN。

【命令模式】接口配置模式。

【使用指导】配置 Trunk 口的许可 VLAN 列表包含所有 VLAN，默认 native vlan 是 1。

6. Trunk 口 VLAN 裁剪

【命令格式】switchport trunk allowed vlan {add vlan-list | except vlan-list | only vlan-list | remove vlan-list}

【参数说明】vlan-list：一个或多个 VLAN ID。

【命令模式】接口配置模式。

【使用指导】此命令根据所需的情况配置 Trunk 口只允许指定 VLAN 的流量通过。add vlan-list：用于增加指定 VLAN 到许可 VLAN 中；except vlan-list：除了指定 VLAN，其他

VLAN 增加到许可 VLAN 中；only vlan-list：只许可指定 VLAN 通过，其他 VLAN 从许可 VLAN 中移除；remove vlan-list：从许可 VLAN 中移除指定 VLAN。

7. 配置 VLAN 接口下的 IP 地址

【命令格式】interface vlan vlan-id

【参数说明】vlan-id：指定的 VLAN ID。

【命令模式】全局模式。

【使用指导】本命令用来进入 SVI 接口配置模式，可在该模式下配置 VLAN 接口的 IP 地址。

练习与思考

1. 一般情况下，交换机和交换机连接的接口模式及交换机和主机连接的接口模式分别是（　　）。

  A. access，trunk   B. access，access

  C. trunk，trunk   D. trunk，access

2. 为了 VLAN 环境的安全和可靠，在配置 Trunk 时要确保交换机的 Native VLAN 的一致性。在默认情况下，锐捷交换机的 Native VLAN 是（　　）。

  A. VLAN 1   B. VLAN 10

  C. 默认情况下，不存在 Native VLAN   D. 当前 VLAN 中，ID 最大的一个

3. 在锐捷交换机上，Trunk 端口叙述正确的是（　　）。

  A. 默认不传递 VLAN 1 的信息

  B. 该接口默认传输所有的 VLAN

  C. 该接口一般不仅可以连接交换机，还主要用来连接主机

  D. 交换机接口默认模式为 Trunk

4. 在配置交换机 Trunk 接口的 VLAN 许可列表时，使用 remove 选项的含义是（　　）。

  A. 将指定 VLAN 移出许可 VLAN 列表

  B. 将指定主机的 MAC 地址移出许可 VLAN 列表

  C. 将指定的成员接口移出某个许可 VLAN

  D. 将某个成员接口转移到另一个许可 VLAN 中

5. VLAN 的划分方式有哪几种？

项目二　优化小型网络

模块二　实现交换机划分 VLAN

学习目标

完成公司部门网络的 IP 地址规划。

完成公司部门网络的 VLAN 规划，实现二层隔离。

知识学习

2.2.1　网络规划

在本项目中因为公司业务的独立性，不同业务中需要配置相应的 VLAN 进行隔离，网关设在核心设备上。最终需要完成主机命名，VLAN、接口、地址规划 4 个部分。

1. 主机命名

本项目中设备命名规划表如表 2-1 所示。其中代号 F1 代表公司楼层 1，S5310 指明设备型号，01 指明设备编号。

表 2-1　设备命名规划表

设备型号	设备主机名	备注
RG-S5310-24GT4XS	F1-HX-S5310-01	楼层 1 汇聚交换机
RG-S5310-24GT4XS	F2-HX-S5310-02	楼层 2 汇聚交换机
RG-S5310-24GT4XS	GW-HX-S5310-03	核心设备

2. VLAN 规划

本项目中根据业务进行 VLAN 的划分，分别是研发、售前两个业务，这里规划两个 VLAN 编号（VLAN ID），具体如表 2-2 所示。

表 2-2　VLAN 规划表

序号	业务区	VLAN ID	VLAN Name
1	销售	10	Sales
2	研发	20	RD

39

3. 接口规划

该项目中网络设备之间的端口互连规划规范为：Con_To_对端设备名称_对端接口名。本项目中只针对网络设备互连接口进行描述，默认采用靠前的接口承担接入工作，靠后的接口负责设备互连，具体如表2-3所示。

表2-3 端口互连规划表

本端设备	接口	接口描述	对端设备	互连接口	VLAN
F1-HX-S5310-01	Gi0/1-2	—	PC	—	10
F1-HX-S5310-01	Gi0/3-4	—	PC	—	20
F1-HX-S5310-01	Gi0/8	Con_To_GW-HX-S5310-03_Gi0/1	GW-HX-S5310-03	Gi0/1	—
F2-HX-S5310-02	Gi0/1-2	—	PC	—	10
F2-HX-S5310-02	Gi0/3-4	—	PC	—	20
F2-HX-S5310-02	Gi0/8	Con_To_GW-HX-S5310-03_Gi0/2	GW-HX-S5310-03	Gi0/2	—
GW-HX-S5310-03	Gi0/1	Con_To_F1-HX-S5310-01_Gi0/6	F1-HX-S5310-01	Gi0/8	—
GW-HX-S5310-03	Gi0/2	Con_To_F2-HX-S5310-02_Gi0/6	F2-HX-S5310-02	Gi0/8	—

4. 地址规划

设备互连地址规划表如表2-4所示，对各个VLAN的内的网段与网关进行规划，我们选用SVI接口作为网关接口，且网关地址为网段中最后一个可用地址。

表2-4 设备互连地址规划表

序号	业务	VLAN	网关	子网掩码
1	销售	10	192.168.10.254	255.255.255.0
2	研发	20	192.168.20.254	255.255.255.0

2.2.2 网络拓扑

完成接口规划后，得到最终拓扑图，如图2-6所示。

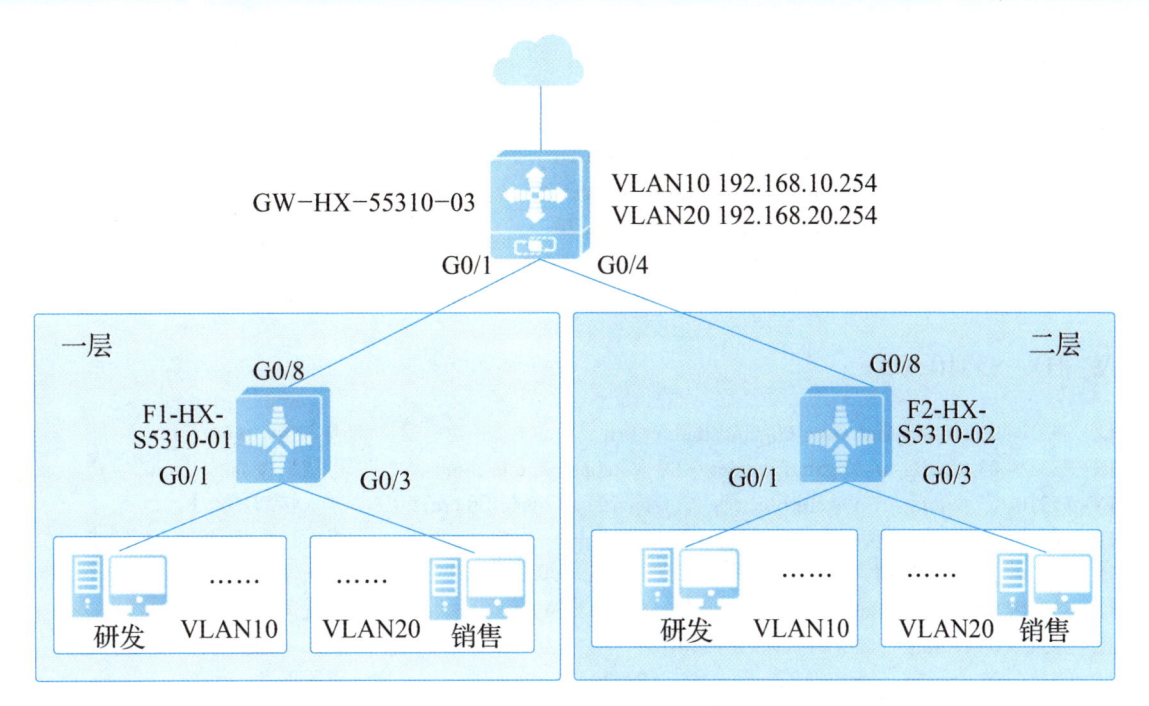

图 2-6　网络拓扑图

2.2.3　基础配置

1. 配置设备基础信息

配置设备的基础信息，包括设备名称、接口描述等内容，因重复性较高，这里使用 F1-HX-S5310-01 进行演示。

Ruijie(config)#hostname F1- HX- S5310- 01	
F1- HX- S5310- 01 (config)#vlan 10	//创建 VLAN 10,并进入 VLAN 配置视图
F1- HX- S5310- 01 (config- vlan)#name Sales	//VLAN 命名
F1- HX- S5310- 01 (config)#vlan 20	//创建 VLAN 20,并进入 VLAN 配置视图
F1- HX- S5310- 01 (config- vlan)#name RD	//VLAN 命名
F1- HX- S5310- 01 (config)#interface gigabitEthernet 0/8	//进入接口列表 Gi 0/8
F1- HX- S5310- 01 (config- if)#description Con_To_GW- HX- S5310- 03_Gi0/1	//配置接口描述

2. 配置接口信息

本步骤为设备配置所规划的 VLAN，将接口划分至对应的 VLAN 中。这里分别为 3 台设备配置相应内容。

F1-HX-S5310-01

F1- HX- S5310- 01 (config)#interface range GigabitEthernet 0/1- 2	//进入接口 Gi0/1- 2
F1- HX- S5310- 01 (config- if- range)#switchport access vlan 10	//将接口划分到 VLAN 10
F1- HX- S5310- 01 (config- if- range)#interface GigabitEthernet 0/3- 4	//进入接口 Gi0/3- 4
F1- HX- S5310- 01 (config- if- range)#switchport access vlan 20	//将接口划分到 VLAN 20
F1- HX- S5310- 01 (config- if- range)#interface GigabitEthernet 0/8	//进入上联接口 Gi0/6
F1- HX- S5310- 01 (config- if- GigabitEthernet 0/8)#switchport mode trunk	//将接口模式设置为 Trunk

F2-HX-S5310-02

F2- HX- S5310- 02 (config)#interface range GigabitEthernet 0/1- 2	//进入接口 Gi0/1- 2
F2- HX- S5310- 02 (config- if- range)#switchport access vlan 10	//将接口划分到 VLAN 10
F2- HX- S5310- 02 (config- if- range)#interface GigabitEthernet 0/3- 4	//进入接口 Gi0/3- 4
F2- HX- S5310- 02 (config- if- range)#switchport access vlan 20	//将接口划分到 VLAN 20
F2- HX- S5310- 02 (config- if- range)#interface GigabitEthernet 0/8	//进入上联接口 Gi0/6
F2- HX- S5310- 02 (config- if- GigabitEthernet 0/8)#switchport mode trunk	//将接口模式设置为 Trunk

GW-HX-S5310-03

GW- HX- S5310- 03 (config)#interface GigabitEthernet 0/1	//进入接口 Gi0/1
GW- HX- S5310- 03 (config- if- GigabitEthernet 0/1)#switchport mode trunk	//将接口配置为 Trunk 模式
GW- HX- S5310- 03 (config- if- GigabitEthernet 0/1)#interface GigabitEthernet 0/2	//进入接口 Gi0/8
GW- HX- S5310- 03 (config- if- GigabitEthernet 0/2)#switchport mode trunk	//将接口配置为 Trunk 模式
GW- HX- S5310- 03 (config- if- GigabitEthernet 0/2)#interface vlanif 10	//进入 vlan10 的 SVI 接口
GW- HX- S5310- 03 (config- vlanif)#ip address 192. 168. 10. 254 24	//配置网关
GW- HX- S5310- 03 (config- vlanif)#interface vlanif 20	//进入 vlan20 的 SVI 接口
GW- HX- S5310- 03 (config- vlanif)#ip address 192. 168. 20. 254 24	//配置网关

2.2.4 任务验证

本步骤可以使用 show interfaces switchport 命令进行接口配置结果查看，这里在 F1-HX-S5310-01 上使用 show interfaces switchport 命令查看接口模式的相关信息，如图 2-7 所示为交换机接口信息。

```
F1-HX-S5310-01(config)#show interfaces switchport
Interface              Switchport Mode   Access Native Protected VLAN lists
----------             ---------- ----   ------ ------ --------- ----------
GigabitEthernet 0/0    enabled    ACCESS  1      1     Disabled  ALL
GigabitEthernet 0/1    enabled    ACCESS  10     1     Disabled  ALL
GigabitEthernet 0/2    enabled    ACCESS  10     1     Disabled  ALL
GigabitEthernet 0/3    enabled    ACCESS  20     1     Disabled  ALL
GigabitEthernet 0/4    enabled    ACCESS  20     1     Disabled  ALL
GigabitEthernet 0/5    enabled    ACCESS  1      1     Disabled  ALL
GigabitEthernet 0/6    enabled    ACCESS  1      1     Disabled  ALL
GigabitEthernet 0/7    enabled    ACCESS  1      1     Disabled  ALL
GigabitEthernet 0/8    enabled    TRUNK   1      1     Disabled  ALL
```

图 2-7 交换机接口信息

本步骤可以使用 show vlan 命令进行配置结果查看，这里在 F1-HX-S5310-01 上使用 show vlan 命令查看 VLAN 的相关信息，如图 2-8 所示为交换机接口划分的 VLAN。

```
F1-HX-S5310-01(config)#show vlan
VLAN  Name       Status  Ports
----  ---------  ------  ------------------------------
   1  VLAN0001   STATIC  Gi0/0, Gi0/5, Gi0/6, Gi0/7
                         Gi0/8
  10  VLAN0010   STATIC  Gi0/1, Gi0/2, Gi0/8
  20  VLAN0020   STATIC  Gi0/3, Gi0/4, Gi0/8
```

图 2-8 VLAN 配置信息

本步骤为可以使用 show ip interface brief 对接口状态信息进行输出,可以看到设备创建了 SVI 接口并成功配置网关地址,这里在 GW-HX-S5310-03 上进行验证,结果如图 2-9 所示。

```
GW-HX-S5310-03#show ip interface brief
Interface              IP-Address(Pri)      IP-Address(Sec)    Status      Protocol
VLAN 1                 no address           no address         up          down
VLAN 10                192.168.10.254/24    no address         up          up
VLAN 20                192.168.20.254/24    no address         up          up
```

图 2-9　GW-HX-S5310-03 的接口状态信息

本步骤可以使用 ping 命令进行测试,这里在销售部的一台 PC 上使用 ping 192.168.10.254 命令测试本机与网关的连通性,如图 2-10 所示连通性正常。

```
Sales1> show ip

NAME        : Sales1[1]
IP/MASK     : 192.168.10.1/24
GATEWAY     : 192.168.10.254
DNS         :
MAC         : 00:50:79:66:68:03
LPORT       : 20000
RHOST:PORT  : 127.0.0.1:30000
MTU         : 1500

Sales1> ping 192.168.10.254

84 bytes from 192.168.10.254 icmp_seq=1 ttl=64 time=2.315 ms
84 bytes from 192.168.10.254 icmp_seq=2 ttl=64 time=1.664 ms
84 bytes from 192.168.10.254 icmp_seq=3 ttl=64 time=1.982 ms
84 bytes from 192.168.10.254 icmp_seq=4 ttl=64 time=2.063 ms
84 bytes from 192.168.10.254 icmp_seq=5 ttl=64 time=2.533 ms
```

图 2-10　PC 与网关的连通性

2.2.5　常见问题

VLAN 是否创建

端口是否加入指定 VLAN

端口是否 UP

交换机的互连接口是否设置为 Trunk 模式

练习与思考

1. 与传统的 LAN 相比,VLAN 具有以下哪些优势?(　　)

A. 减少移动和改变的代价

B. 建立虚拟工作组

C. 用户不受物理设备的限制,VLAN 用户可以处于网络中的任何地方

D. 限制广播包,提高带宽的利用率

E. 增强通信的安全性

F. 增强网络的健壮性

2. 以下关于 Trunk 端口、链路的描述正确的是(　　)。(选择一项或多项)

　　A. Trunk 端口的 native vlan 值不可以修改

　　B. Trunk 端口接收数据帧时,当检查到数据帧不带有 VLAN ID 时,数据帧在端口加上相应的 native vlan 值作为 VLAN ID

　　C. Trunk 链路可以承载带有不同 VLAN ID 的数据帧

　　D. 在 Trunk 链路上传送的数据帧都是带 VLAN ID 的

3. 在锐捷交换机上配置 Trunk 接口时,出于安全的需要,要禁止 VLAN 15 的数据帧通过,使用的命令是(　　)。

　　A. ruijie(config-if)#switchport trunk allowed remove 15

　　B. ruijie(config-if)#switchport trunk vlan remove 15

　　C. ruijie(config-if)#switchport trunk vlan allowed remove 15

　　D. ruijie(config-if)#switchport trunk allowed vlan remove 15

4. 如果拓扑已经设计完毕,作为实施工程师,你会为拓扑中哪条线缆配置 Trunk 模式?(　　)

　　A. 传输重要数据的线缆　　　　　　B. 传输 VLAN1 数据的线缆

　　C. 传输多个 VLAN 数据的线缆　　　D. 链接总裁办公室的线缆

5. 配置 VLAN 有多种方法,下面属于静态分配 VLAN 的是(　　)。

　　A. 把交换机端口指定给某个 VLAN　　B. 把 MAC 地址指定给某个 VLAN

　　C. 根据 IP 子网来划分 VLAN　　　　D. 根据上层协议来划分 VLAN

模块三　网络中环路的预防

学习目标

了解网络中环路造成的危害。

了解预防环路的手段。

了解 STP 协议基本原理。

知识学习

2.3.1　生成树协议简介

交换网络中为了提高网络的可靠性,会进行链路备份,通常会增加冗余设备和冗余链路来实现这一需求，但是存在交换网络环路的隐患。在二层交换网络中，一旦存在环路就会引发广播风暴、MAC地址震荡等故障现象，从而大量占用系统资源，导致网络通信质量差，甚至网络设备瘫痪。

如图 2-11 所示，一个缺乏冗余设计的网络易发生单点故障，导致网络连接中断；在现网中可能导致大量业务异常，造成经济损失，所以在构建基础网络中，对网络的可靠性方面需加以关注。

为了解决这个问题，工程师通常在网络中添加备用设备以提高冗余性，但是与此同时，这样的操作也造成了二层环路，如图 2-12 所示，环路会带来一系列的问题，如典型的广播风暴问题，一旦出现广播数据帧（或者组播帧、未知单播帧），这些数据帧将被交换机不断进行泛洪，对网络危害是非常大的，将严重消耗设备资源及网络带宽，继而导致通信质量下降和通信业务中断。

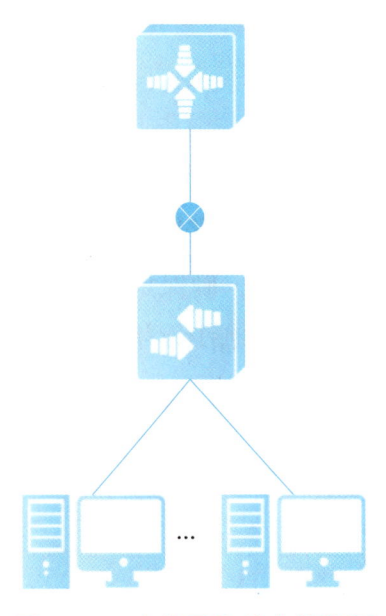

图 2-11 交换网络单点故障图

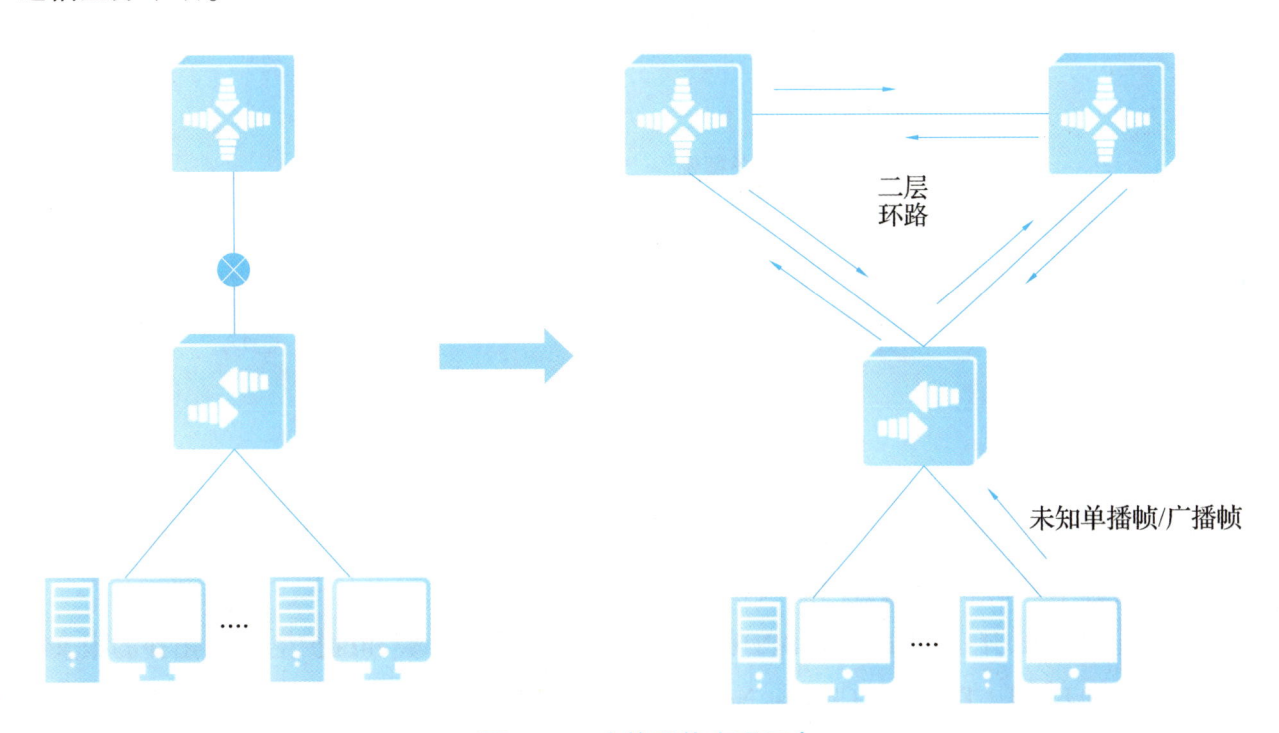

图 2-12 交换网络实现冗余

为解决交换网络中的环路问题，生成树协议（Spanning Tree Protocol，简称 STP）应运而生。运行生成树协议的设备通过彼此交互信息发现网络中的环路，并选择性地阻塞网络中的冗余链路，最终将环形网络结构修剪成无环路的树形网络结构，以此来消除二层环路；同时还具备链路备份的功能，当活动链路发生故障时，自动激活被堵塞的冗余端口，恢复数据转发，保证网络的连通性。

2.3.2 STP 的协议介绍

STP 通过构造一棵树来消除网络中的环路，具体使用 STA(Spanning Tree Algorithm，生成树算法)来决定堵塞冗余路径上的哪些端口，将环路网络修剪成无环路的树型网络，如图 2-13 所示，确保到达任何目标地址只有一条逻辑路径，从而避免了数据帧在环路网络中的增生和无穷循环。每当网络拓扑发生改变，STP 能自主感知，同时自动做出调整，重新进行计算，端口状态也会随之改变，从而适应新的拓扑结构，保证网络的可靠性。

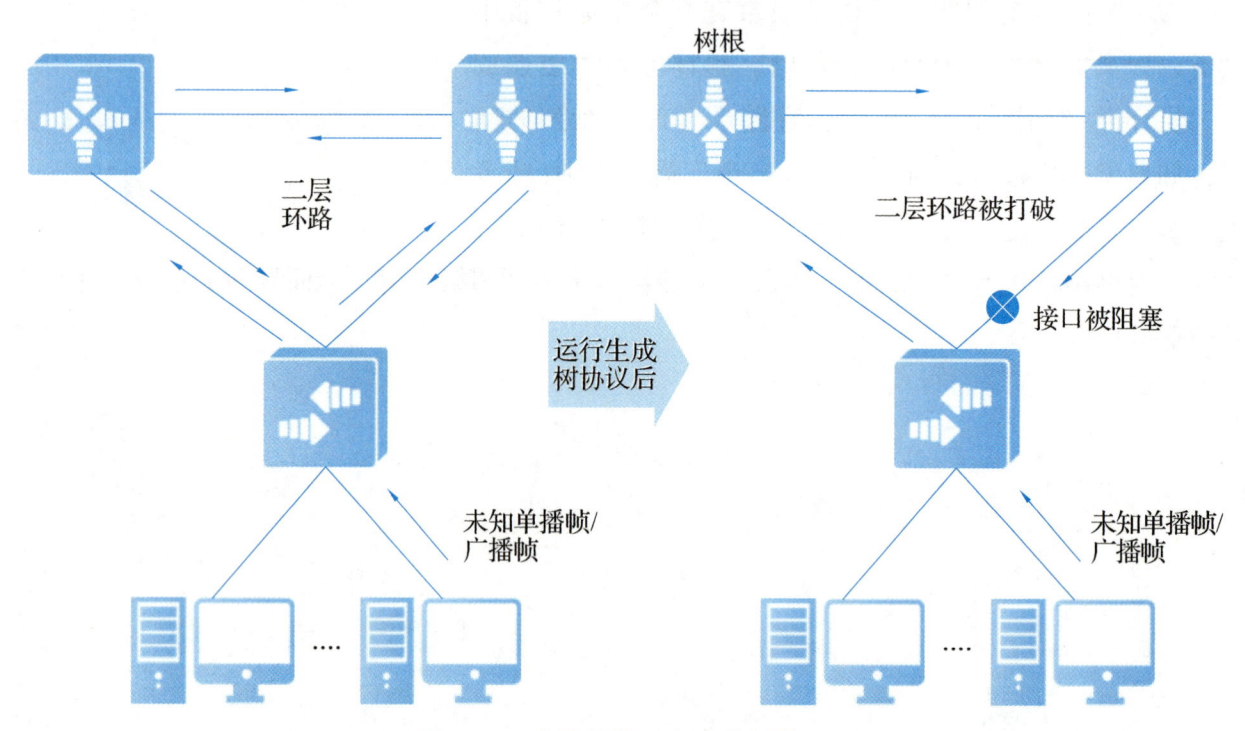

图 2-13 交换网络运行生成树协议

1. 桥协议数据单元

STP 采用的协议报文是 BPDU(Bridge Protocol Data Unit，桥协议数据单元)，BPDU 包含了足够的信息来完成生成树的计算。BPDU 分为以下两类。

(1) 配置 BPDU(Configuration BPDU)：用来进行生成树计算和维护生成树拓扑的报文。

(2) TCN BPDU(Topology Change Notification BPDU)：当拓扑结构发生变化时，用来通知相关设备网络拓扑结构发生变化的报文。

STP 协议的配置 BPDU 报文携带了以下几个重要信息。BPDU 消息格式如图 2-14 所示。

(1) 根桥 ID(Root ID)：由根桥(Root Bridge)的优先级和 MAC 地址组成。通过比较 BPDU 中的根桥 ID，STP 最终决定谁是根桥。

(2) 根路径开销(Root Path Cost)：到根桥的最小路径开销。如果是根桥，其根路径开销为 0；如果是非根桥，则为到达根桥的最短路径上所有路径开销的和。

DMA	SMA	L/T	LLC Header	Payload

BPDU数据

字段	字节
PID	2
PVI	1
BPDU TYPE	1
Flags	1
Root ID	8
RPC	4
Bridge ID	8
Port ID	2
Message Age	2
Max Age	2
Hello Time	2
Forward Delay	2

图 2-14　BPDU 消息格式

（3）指定桥 ID（Designated Bridge ID）：生成或转发 BPDU 的桥 ID，由桥优先级和桥 MAC 地址组成。

（4）指定端口 ID（Designated Port ID）：发送 BPDU 的端口 ID，由端口优先级和端口索引 MAC 组成。

各台设备的各个端口在初始时会生成以自己为根桥的配置消息，根路径开销为 0，指定桥 ID 为自身设备 ID，指定端口为本端口。各台设备都向外发送自己的配置消息，同时也会收到其他设备发送的配置消息。通过比较这些配置消息，交换机进行生成树计算，选举根桥，决定端口角色。

2. STP 的工作流程

STP 在交换网络开始工作后，先选择一台交换机作为根交换机，称为根网桥，以该交换机作为参考点计算所有路径；STP 借用交换 BPDU 报文来进行交互，通过比较报文中携带的参数，完成以下工作。

进行根网桥的选举，STP 在交换网络初次收敛时，每个交换机都会认为自己是根桥，并向网络中发送 BPDU，BPDU 中包含 BID（Bridge ID，桥 ID），桥 ID 由桥优先级（Bridge Priority）和桥 MAC 地址（Bridge Mac Address）两部分组成。因为桥 MAC 地址在网络中是唯一的，所以能够保证桥 ID 在网络中也是唯一的。在进行桥 ID 比较时，先比较优先级，优先级值小者为优；在优先级相等的情况下，再用 MAC 地址来进行比较，MAC 地址小者为优。最后 BID 最小的网桥将会成为网络中的根桥，它的所有端口都成为指定端口。

选举根端口，连接根网桥的下游设备将根据根路径开销，各自选择一条"最粗壮"的树枝作为去往根网桥的路径，相应的端口角色即根端口，接收最优的 BPDU。

选举指定端口，根端口选举出来后，非根网桥会判断接口是否为指定端口，指定端口取决于哪一个网桥离根桥近，离根桥最近的网桥负责向这个网段转发数据。最后，既不是指定端口也不是根端口的是 Aernate 端口，置于阻塞状态，不转发普通以太网数据帧。

以下为一个 STP 确认端口的示例。

首先由网桥优先级和 MAC 地址组成，网桥 ID 最小的设备会被选举为根网桥，如图 2-15 所示，最终 Switch A 被选作根桥。

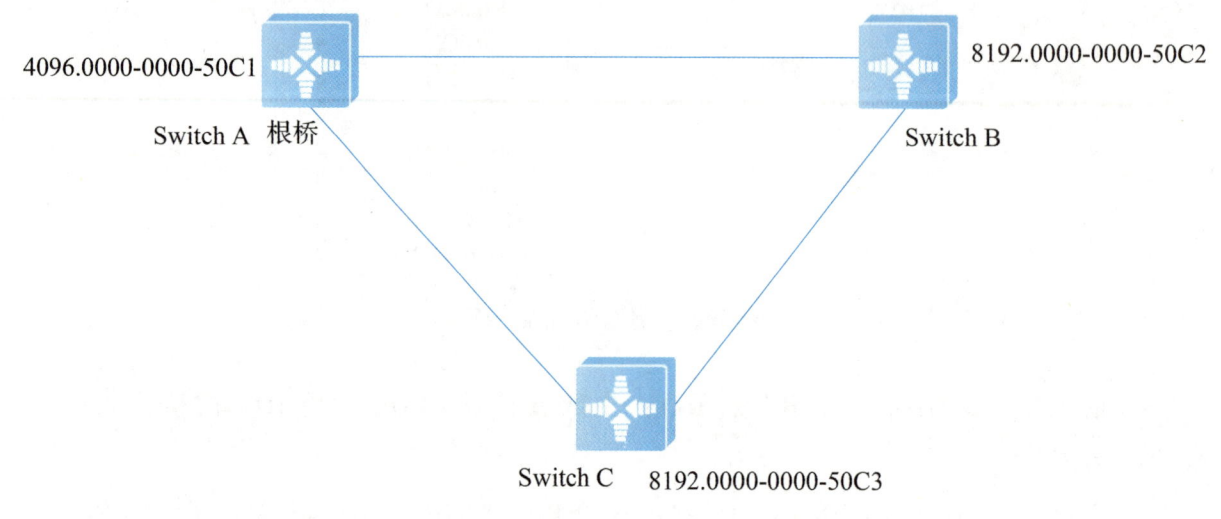

图 2-15 选举根网桥

从拓扑可知，Switch B 上有两个端口能够收到根桥 Switch A 发来的 BPDU，也就是说，Switch B 上有两个端口能够到达根桥。STP 协议必须判定哪个端口离根桥最近，它通过比较到达根桥的开销（Cost）来做到这一点。在图 2-15 中，端口 G0/1 到达根桥的开销是 10+30＝40，而端口 G0/2 到达根桥的开销是 20，很明显，端口 G0/2 到达根桥开销小，也就是端口 G0/2 离根桥最近，所以 STP 确定端口 G0/2 是 Switch B 上的根端口，端口处于转发状态。Switch C 同理，最终 G0/1 成为根端口。

另外在 Switch B 和 Switch C 之间存在着物理链路。那么是由 Switch B 还是由 Switch C 来负责向这条物理段转发数据呢？这取决于哪一个网桥离根桥近，离根桥最近的网桥负责向这个网段转发数据。所以，通过交互 BPDU，STP 发现 Switch C 离根桥近，所以 STP 确定 Switch C 是 Switch B 和 Switch C 之间物理段的指定桥，而端口 G0/2 也就是指定端口，处于转发状态。

最后是 Switch B 剩余端口角色的确定，在 STP 协议中，1 个物理段上只需要确定 1 个指定端口。如果 1 个物理段上有两个指定端口，则会在图 2-16 的拓扑环境中产生环路。由于 Switch B 与 Switch C 之间物理段已经确定好了指定端口，所以 Switch B 上端口 G0/1 不能成为指定端口，且该端口也不能成为根端口，所以 G0/1 处于阻塞状态。

图 2-16 端口选择

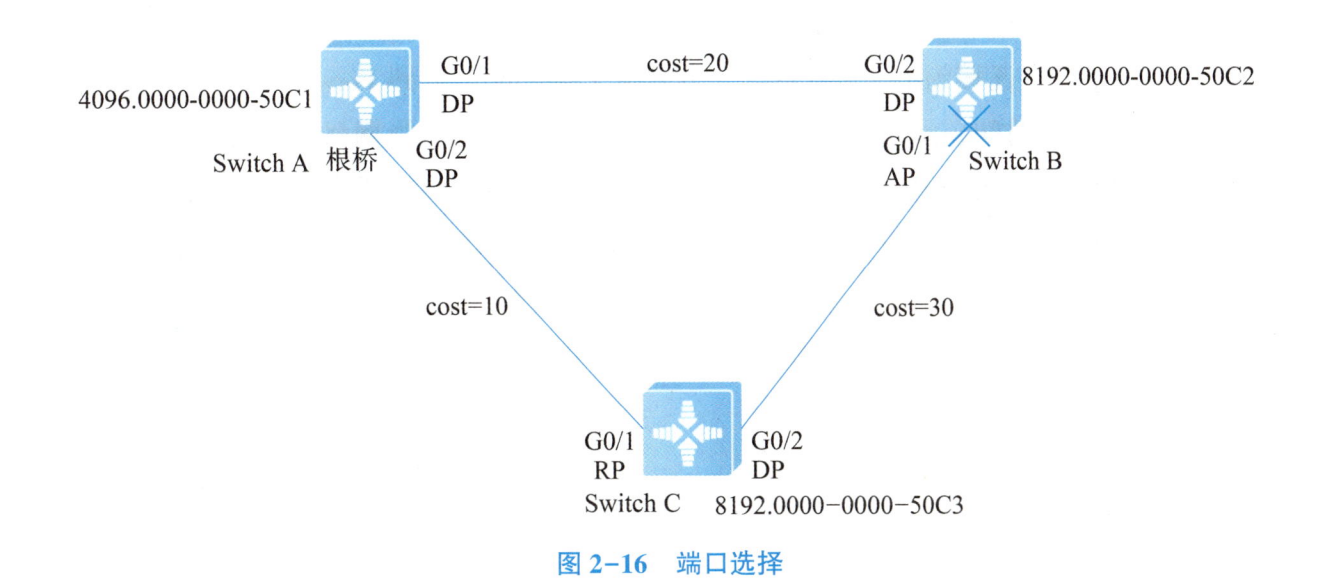

3. STP 的端口状态

前面讨论了 STP 如何确定端口角色。被确定为根端口或指定端口后，端口就可以处于转发状态，否则就是阻塞状态。事实上，在 802.1D 协议中，端口共有 5 种状态，如表 2-5 所示。

表 2-5 STP 端口状态

状态	描述
Disabled	该状态的端口没有激活，不参与 STP 的任何动作，不转发用户流量
Blocking	端口初始化后处于 Blocking 状态，持续侦听 BPDU，不能发送 BPDU，而且不能转发用户流量
Listening	该状态下的端口可以接收和发送 BPDU，但不转发用户流量
Learning	该状态下的端口收发 BPDU，并且进行 MAC 地址学习，建立无环的转发表，不转发用户流量
Forwarding	该状态下的端口可以收发 BPDU 且转发用户流量。接口的角色需是根接口或指定接口才能进入转发状态

以上 5 种状态中，Listening 和 Learning 是不稳定的中间状态，它们主要的作用是使 BPDU 消息有一个充分的时间在网络中传播，杜绝由于 BPDU 丢失而造成的 STP 计算错误，导致环路的可能。

Listening 在一定条件下，端口状态之间是可以互相迁移的，当一个端口由于拓扑发生改变不再是根端口或指定端口，就会立刻迁移到 Blocking 状态。

当一个端口被选为根端口或指定端口，就会从 Blocking 状态迁移到一个中间状态 Listening 状态；经历 Forward Delay 时间，迁移到下一个中间状态 Learning 状态；再经历一个 Forward Delay 时间，迁移到 Forwarding 状态。

从 listening 状态迁移到 Learning 状态，或者从 Learning 迁移到 Forwarding 状态，都需要经过 Forward Delay 时间，通过这种延时迁移的方式，能够保证当网络的拓扑发生改变时，新的配置消息传遍整个网络，从而避免由于网络未收敛而造成临时环路。

在 802.1D 中，默认的 Forward Delay 时间是 15 秒。所以，当一个端口被选为根端口或定端口后，至少要经过两倍的 Forward Delay 时间即 30 秒才能转发数据。

2.3.3 配置 STP

1. 开启生成树协议

【命令格式】spanning tree

【参数说明】无。

【命令模式】全局模式。

【使用指导】开启生成树协议，默认为 MSTP。

2. 指定生成树类型

【命令格式】spanning-tree mode{stp | rstp | mstp}

【参数说明】无。

【命令模式】全局模式。

【使用指导】本命令用来指定生成树类型，可选模式为 stp，rstp，mstp。

3. 设置生成树的优先级

【命令格式】spanning-tree priority priority-value

【参数说明】priority-value：优先级，范围为 0~65535，步长为 4096，优先级默认为 32768。

【命令模式】全局模式。

【使用指导】本命令用来配置 STP 优先级，优先级越小越优先。

4. 配置 STP 根桥

【命令格式】stp root{primary | secondary}

【参数说明】无。

【命令模式】全局模式。

【使用指导】本命令用来手工指定 STP 根桥，其中，primary 表示将该交换机配置为 STP 根桥的第一优先级备选项；secondary 表示将该交换机配置为 STP 根桥的第二优先级备选项。

练习与思考

1. 下面关于 STP 接口状态的说法，错误的是(　　)。

A. 处于 Blocking 状态的接口既不会侦听 BPDU，也不发送 BPDU

B. 处于 Learning 状态的接口会学习 MAC 地址，但是不会转发数据

C. 处于 Listening 状态的接口会持续侦听 BPDU

D. 处于 Forwarding 状态的接口可以转发数据报文

2. spanning-tree priority 命令用来配置生成树的优先级，缺省情况下，优先级取值默认为（ ）。

    A. 128   B. 32768   C. 65539   D. 36864

3. 下列选项中，哪种网络问题可使用生成树协议解决(　　)。

    A. 路由选择   B. 网络拓扑发现

    C. 数据传输效率提升   D. 广播风暴

4. STP 环境中根桥是如何选举的？

模块四　实现基于 STP 的环路预防

学习目标

能在已有模块二实现的网络中添加冗余链路。

完成链路冗余的同时预防环路。

知识学习

2.4.1　网络规划

在本项目中，公司业务存在规模不断扩大的可能性，两个楼层中相同业务部门互访交流更为频繁，Switch A 和 Switch B 之间的链路要有足够的可靠性，当链路发生故障时可以快速恢复，所以需要配置链路冗余，同时还需要配置 STP，防止环路的发生，当前任务进行 STP 基础配置。

1. 主机命名

设备命名规范同模块二。

2. VLAN 规划

继续沿用模块二中的规划。

3. 接口规划

网络设备之间的端口互规划继续沿用模块二：Con_To_对端设备名称_对端接口名。这里在两台设备的 G0/6 端口中添加线缆作为冗余，具体规划如表 2-6 所示。

表 2-6　端口互连规划表

本端设备	接口	接口描述	对端设备	互连接口	VLAN
F1-HX-S5310-01	Gi0/1-2	—	PC	—	10
	Gi0/3-4	—	PC	—	20
	Gi0/5	Con_To_F2-HX-S5310-02_Gi0/5	F2-HX-S5310-02	Gi0/5	—
	Gi0/8	Con_To_GW-HX-S5310-03_Gi0/1	GW-HX-S5310-03	Gi0/1	—
F2-HX-S5310-02	Gi0/1-2	—	PC	—	10
	Gi0/3-4	—	PC	—	20
	Gi0/5	Con_To_F1-HX-S5310-01_Gi0/5	F1-HX-S5310-01	Gi0/5	—
	Gi0/8	Con_To_GW-HX-S5310-03_Gi0/2	GW-HX-S5310-03	Gi0/2	—
GW-HX-S5310-03	Gi0/1	Con_To_F1-HX-S5310-01_Gi0/6	F1-HX-S5310-01	Gi0/8	—
	Gi0/2	Con_To_F2-HX-S5310-02_Gi0/6	F2-HX-S5310-02	Gi0/8	—

4. 地址规划

设备网络地址规划同模块二。

5. STP 规划

设备 STP 优先级规划表如表 2-7 所示。

表 2-7　设备 STP 优先级规划表

序号	设备	优先级
1	F1-HX-S5310-01	8192
2	F2-HX-S5310-02	32768
3	GW-HX-S5310-03	4096

2.4.2 网络拓扑

完成规划后得到最终拓扑图，如图 2-17 所示。

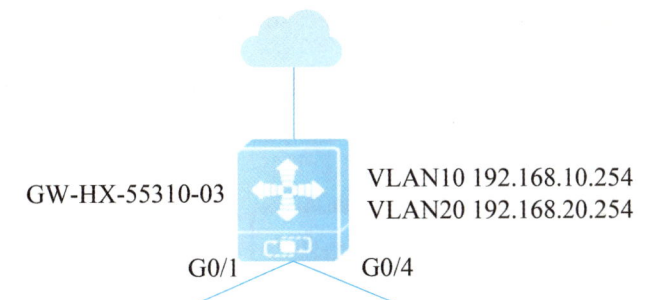

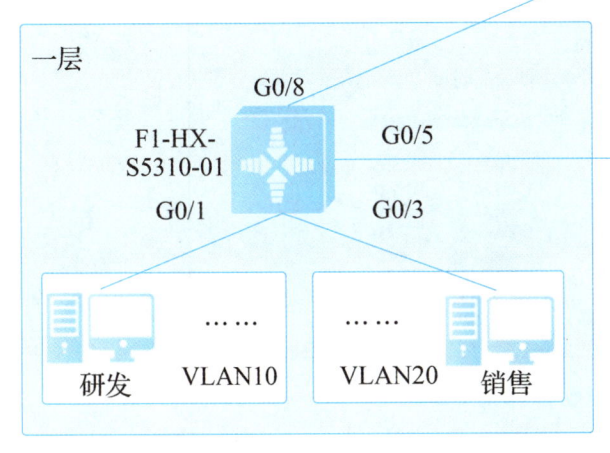

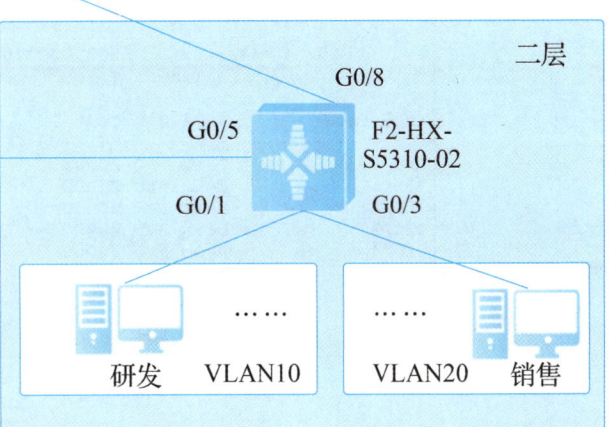

图 2-17 网络拓扑图

2.4.3 基础配置(重复配置省略)

配置 STP 信息

本步骤为设备配置 STP 基础信息，开启生成树模式，并手动指定根网桥。注意在连接线缆前需要手动将接口 shutdown，否则可能造成环路。

F1-HX-S5310-01

```
F1- HX- S5310- 01 (config)#spanning- tree                    //开启生成树协议
F1- HX- S5310- 01 (config)#spanning- tree mode stp           /指定生成树类型为 STP
F1- HX- S5310- 01 (config)#spanning- tree priority 8192      //配置生成树优先级
```

F2-HX-S5310-02

```
F2- HX- S5310- 02 (config)#spanning- tree                    //开启生成树协议
F2- HX- S5310- 02 (config)#spanning- tree mode stp           /指定生成树类型为 STP
```

GW-HX-S5310-03

```
GW- HX- S5310- 01 (config)#spanning- tree                    //开启生成树协议
GW- HX- S5310- 01 (config)#spanning- tree mode stp           /指定生成树类型为 STP
GW- HX- S5310- 01 (config)#spanning- tree priority 4096      //配置生成树优先级
```

2.4.4 任务验证

本步骤可以使用 show spanning-tree summary 命令查看设备 STP 的配置结果，这里在 GW-HX-S5310-03 上使用"show spanning-tree summary"命令查看，如图 2-18 所示，确认该设备为根网桥。

```
GW-HX-S5310-03#show spanning-tree summary
Spanning tree enabled protocol stp
  Root ID    Priority    4096
             Address     5000.0003.0001
             this bridge is root
             Hello Time   2 sec  Forward Delay 15 sec  Max Age 20 sec

  Bridge ID  Priority    4096
             Address     5000.0003.0001
             Hello Time   2 sec  Forward Delay 15 sec  Max Age 20 sec

Interface        Role Sts Cost        Prio    OperEdge  Type
----------------  ---- --- ----------  ------  --------  -----
Gi0/0            Desg FWD 20000       128     False     P2p
Gi0/1            Desg FWD 20000       128     False     P2p
Gi0/2            Desg FWD 20000       128     False     P2p
Gi0/3            Desg FWD 20000       128     False     P2p
Gi0/4            Desg FWD 20000       128     False     P2p
Gi0/5            Desg FWD 20000       128     False     P2p
Gi0/6            Desg FWD 20000       128     False     P2p
Gi0/7            Desg FWD 20000       128     False     P2p
Gi0/8            Desg FWD 20000       128     False     P2p
```

图 2-18　生成树配置结果

这里在 F2-HX-S5310-02 上使用"show spanning-tree summary"命令查看。可以看到 F2-HX-S5310-02 为根网桥，且 G0/5 口为阻断状态，G0/8 口为根端口，如图 2-19 所示。

```
Spanning tree enabled protocol stp
  Root ID    Priority    4096
             Address     5000.0003.0001
             this bridge is root
             Hello Time   2 sec  Forward Delay 15 sec  Max Age 20 sec

  Bridge ID  Priority    32768
             Address     5000.0002.0001
             Hello Time   2 sec  Forward Delay 15 sec  Max Age 20 sec

Interface        Role Sts Cost        Prio    OperEdge  Type
----------------  ---- --- ----------  ------  --------  -----
Gi0/0            Desg FWD 20000       128     False     P2p

Gi0/1            Desg FWD 20000       128     False     P2p

Gi0/2            Desg FWD 20000       128     False     P2p

Gi0/3            Desg FWD 20000       128     False     P2p

Gi0/4            Desg FWD 20000       128     False     P2p

Gi0/5            Altn BLK 20000       128     False     P2p Bound(STP)

Gi0/6            Desg FWD 20000       128     False     P2p

Gi0/7            Desg FWD 20000       128     False     P2p

Gi0/8            Root FWD 20000       128     False     P2p Bound(STP)
```

图 2-19　生成树配置结果

本步骤可以使用 ping 命令对网关进行连通测试，这里在一层的一台 PC 上使用 ping 192.168.10.254 命令测试网关之间的连通性，如图 2-20 所示为连通性正常。

```
Sales1> show ip
NAME        : Sales1[1]
IP/MASK     : 192.168.10.1/24
GATEWAY     : 192.168.10.254
DNS         :
MAC         : 00:50:79:66:68:03
LPORT       : 20000
RHOST:PORT  : 127.0.0.1:30000
MTU         : 1500

Sales1> ping 192.168.10.254

84 bytes from 192.168.10.254 icmp_seq=1 ttl=64 time=2.052 ms
84 bytes from 192.168.10.254 icmp_seq=2 ttl=64 time=1.733 ms
84 bytes from 192.168.10.254 icmp_seq=3 ttl=64 time=2.310 ms
84 bytes from 192.168.10.254 icmp_seq=4 ttl=64 time=1.791 ms
84 bytes from 192.168.10.254 icmp_seq=5 ttl=64 time=3.372 ms
```

图 2-20　PC 与网关的连通性

此时手动将 F2-HX-S5310-02 设备的 G0/8 接口 shutdown，模拟一层汇聚与核心设备链路发生故障，可以看到如图 2-21 所示，原先处于阻断状态的 G0/5 口恢复为 Des 状态。

```
F2-HX-S5310-02#show spanning-tree summary
Spanning tree enabled protocol stp
  Root ID    Priority    4096
             Address     5000.0003.0001
             this bridge is root
             Hello Time  2 sec  Forward Delay 15 sec  Max Age 20 sec

  Bridge ID  Priority    32768
             Address     5000.0002.0001
             Hello Time  2 sec  Forward Delay 15 sec  Max Age 20 sec

Interface           Role Sts Cost        Prio     OperEdge  Type
----------------    ---- --- ----------  -------- --------  ----------------
Gi0/0               Desg FWD 20000       128      False     P2p

Gi0/1               Desg FWD 20000       128      False     P2p

Gi0/2               Desg FWD 20000       128      False     P2p

Gi0/3               Desg FWD 20000       128      False     P2p

Gi0/4               Desg FWD 20000       128      False     P2p

Gi0/5               Desg FWD 20000       128      False     P2p

Gi0/6               Desg FWD 20000       128      False     P2p

Gi0/7               Desg FWD 20000       128      False     P2p

Gi0/8               Root FWD 20000       128      False     P2p Bound(STP)
```

图 2-21　生成树配置结果

2.4.5 常见问题

STP 协议是否开启。

设备所运行的生成树模式是否一致。

练习与思考

1. 生成树协议(Spanning-Tree Protocol，STP)由基于 IEEE(　　)制订的。

 A. 802.1Q　　　　B. 802.1S　　　　C. 802.1D　　　　D. 802.1W

2. 在运行生成树的交换网络中，交换机会将收到的 BPDU 缓存在本地。如果经过(　　)没有收到该 BPDU 的副本，则意味着拓扑发生了变化。

 A. 15 秒　　　　B. 20 秒　　　　C. 45 秒　　　　D. 50 秒

3. 以下哪一条命令可以正确设置交换机的 spanning-tree 优先级？(　　)

 A. ruijie(config)#spanning-tree priority 4094

 B. ruijie(config)#spanning-tree priority 4096

 C. ruijie(config-stp)#spanning-tree priority 4094

 D. ruijie(config-stp)#spanning-tree priority 4096

4. 当链路故障发生时，运行 802.1D 生成树的交换网络中，Blocking 状态的端口会因为生成树的重新计算进入转发状态。那么该端口由 Blocking 进入 Forwarding 状态的过程中，端口状态变化的顺序是(　　)。

 A. blocking→discarding→learning→forwarding

 B. blocking→discarding→listening→forwarding

 C. blocking→listening→learning→forwarding

 D. blocking→learning→listening→forwarding

模块五　认识链路冗余概念

学习目标

了解链路冗余的概念。

了解如何使用端口聚合进行链路冗余。

了解端口聚合技术的优势。

项目二 优化小型网络

知识学习

🌐 2.5.1 链路冗余概念

随着业务的发展和网络规模的不断扩大，作为终端用户，希望网络时刻运行正常，因而健壮、高效和可靠成为园区网发展的重要目的，而要保证网络可靠，就需要使用冗余技术。在上个模块中介绍了使用多台设备进行冗余。除了设备冗余，网络中还存在一种冗余方式，即链路冗余。

链路冗余也称为链路备份，多台交换机或交换机设备组建的网络环境中，单一的链路连接很容易发生单点故障；为了保持网络的稳定性，常常会在连接上增加一条或多条线路，实现链路冗余或备份，以此提高网络的健壮性和稳定性。

当设备或链路发生单点故障时，网络连接中断；在现网中可能导致大量业务异常，造成经济损失，所以在构建基础网络中，对网络的可靠性方面需加以关注。

如图 2-22 所示，为保证设备间链路的可靠性，在设备间增加链路的数量，当其中一条链路出现故障时，可以将流量转移到其他链路上。

链路冗余是为了防止单点故障，如果一条线路故障了其他线路还可以继续工作以保障通信正常。链路冗余是对物理上的线路进行备份，常用的链路备份技术有基于端口聚合的链路冗余。

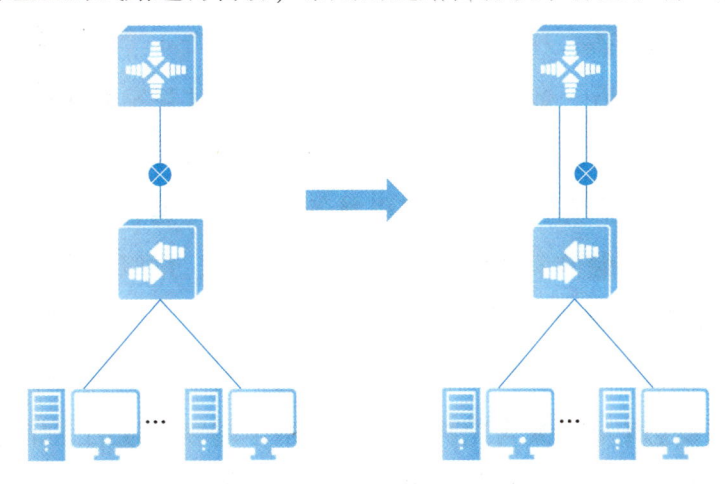

图 2-22 交换网络链路冗余图

🌐 2.5.2 链路聚合技术

链路聚合技术指将多个物理端口汇聚在一起，形成一个逻辑端口，以实现数据流量在各成员端口的负载分担。链路正常时，该技术可以增加链路带宽，当交换机检测到其中一个成员端口的链路发生故障时，就停止在此端口上发送数据包，在剩下的链路中重新选择报文的发送端口，故障端口恢复后再次担任收发端口。链路聚合在增加链路带宽、实现链路传输弹性和冗余等方面是一项很重要的技术。

如图 2-23 所示，交换机 A 与交换机 B 之间通过 3 条以太网物链路相连，将这 3 条链路捆绑在一起，就成为一条逻辑链路 Port Group 1。这条逻辑链路的带宽最大可等于 3 条以太网物理链路的带宽总和，增加了链路的带宽；比如说，这 3 条链路是千兆以太网端口链路，聚合之后，就可以获得在输入输出两个方向，每个方向上 3Gbit/s 的吞吐量。同时，这 3 条以太网物理链路相互备份，当其中某条物理链路故障时，还可以通过其他两条物理链路转发报文。

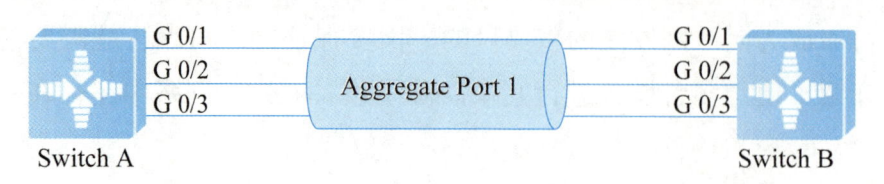

图 2-23　链路聚合图

IEEE 802.3ad 是执行链路聚合的标准方法。其中将多个物理端口汇聚在一起所形成的一个逻辑端口，叫做一个聚合组，这个逻辑端口我们又称之为 Aggregate Port，简称 AP 口。

1. 链路聚合模式

链路聚合模式分为两种，静态聚合和动态 LACP 聚合。

静态聚合模式：手工指定的方式，将端口加入或离开聚合组，聚合组内的各成员接口不启用任何协议协商，一旦配置好后，聚合组的成员端口不受网络环境的影响，比较稳定。

动态 LACP 聚合模式：聚合组内的各成员端口均启用 LACP 协议，聚合链路形成之后，通过该协议自动维护链路状态，比较灵活。

当端口启用 LACP 协议后，运行该协议的设备之间通过互发 LACPDU 协议报文来交互链路聚合的相关信息，其中包含系统优先级、系统 MAC、端口优先级、端口号和操作 Key 等，用来判断各接口相连对端是否在同一聚合组以及各接口带宽是否一致等。相连设备收到该报文后，将其中的信息与所存储的其他端口的信息进行比较，用以选择端口进行相应的聚合操作，从而使双方在端口退出或加入聚合组上达到一致。

动态 LACP 聚合模式下，端口工作模式有两种，分为主动模式（Active）和被动模式（Passive）两种。如果动态 LACP 聚合组内成员端口中本端和对端的工作模式均为 Passive 时，两端将不能发送 LACPDU 协议报文。如果两端中任何一端的 LACP 工作模式为 Active 时，两端将可以发送 LACPDU 协议报文。其中主动模式（Active）的端口会主动发起 LACP 报文协商，被动模式（Passive）的端口则只会对收到的 LACP 报文做应答，静态模式不会发出 LACP 报文进行协商。

2. 链路聚合的特性

在配置端口聚合时需要一些基础条件，即端口汇聚的成员属性必须一致，包括接口速率、双工类型、传输介质等。

另外链路聚合有以下特点：

（1）缺省情况下创建的 Aggregate Port 是二层口；二层端口只能加入二层 AP，三层端口只能加入三层 AP；包含成员口的 AP 口不允许改变二层/三层属性。

（2）AP 不能开启端口安全功能。

（3）当把端口加入一个不存在的 AP 口时，AP 口会被自动创建。

（4）端口聚合后，成员接口不能单独再进行配置，只能在 Aggregate Port 上配置。

2.5.3 配置链路聚合

1. 配置接口

【命令格式】interface GigabitEthernet number

【参数说明】number：端口号。

【命令模式】全局模式。

【使用指导】本命令用来进入接口配置模式，在所有聚合组的接口上逐一配置。

2. 配置静态聚合组

【命令格式】port group AP-ID

【参数说明】AP-ID：聚合组 ID，取值范围 1~256。

【命令模式】接口配置模式。

【使用指导】本命令用来将端口加入静态聚合组。

3. 创建聚合组

【命令格式】interface aggregateport AP-ID

【参数说明】AP-ID：聚合组 ID，取值范围为 1~256。

【命令模式】全局模式。

【使用指导】创建聚合组，在该模式下配置二层、三层聚合。

4. 配置二层静态聚合端口

【命令格式】switchport mode trunk

【参数说明】无。

【命令模式】聚合接口配置模式。

【使用指导】本命令配置二层聚合接口为 Trunk 口。

5. 配置三层静态聚合端口

【命令格式】no switchport

【参数说明】无。

【命令模式】聚合接口配置模式。

【使用指导】将聚合接口配置为三层模式，三层模式下可配置 IP 地址。

6. 配置动态 LACP 聚合组

【命令格式】port group AP-ID mode {active | passive}

【参数说明】AP-ID：聚合组 ID，取值范围 1~256；active：配置端口聚合模式为 LACP 主动模式；passive：配置端口聚合模式为 LACP 被动模式。

【命令模式】接口配置模式。

【使用指导】本命令用来将端口加入动态 LACP 聚合组。

7. 配置聚合口流量负载均衡方式

【命令格式】aggregateport load-balance {src-dst-mac｜src-dst-ip｜…}

【参数说明】src-dst-mac：流量负载方式为源 MAC+目的 MAC（默认负载均衡模式）。

【命令模式】全局模式。

【使用指导】本命令用来配置聚合口的流量负载方式，不同的场景根据用户流量的特征进行配置。

练习与思考

1. 锐捷链路聚合的条件有（　　）。

A. 接口速率相同　　　　　　　　　B. 接口光电类型相同

C. 接口双工类型一致　　　　　　　D. 接口必须相邻

2. 将一个交换机接口从聚合组中删除后，该接口的属性为（　　）。

A. Access 端口，且属于 VLAN 1

B. Trunk 端口，且 VLAN 许可列表包含了所有当前 VLAN

C. 继承聚合组的属性

D. 恢复为加入聚合组之前的属性

3. 锐捷端口聚合的负载方式不支持（　　）。

A. 源 MAC　　　　　　　　　　　B. 源 MAC +目的 MAC

C. 目的 IP　　　　　　　　　　　D. DSCP

4. 链路聚合的动态聚合方式与静态聚合两种方式各有什么优点？

模块六　实现基于端口聚合的链路冗余

学习目标

在上一模块设备冗余的基础上完成链路冗余。

完成两台交换机间的链路聚合。

项目二 优化小型网络

知识学习

2.6.1 网络规划

在本项目随着业务规模的不断扩大，两个楼层中相同业务部门互访交流更为频繁，F1、F2与出口设备之间的链路要有足够的带宽承载业务之间的互访，并且链路要具备一定的可靠性，可以在它们之间建立链路聚合，实现这个目的。

1. 主机命名

设备命名规范同模块二。

2. VLAN规划

继续沿用模块二中的规划。

3. 接口规划

网络设备之间的端口互连规划继续沿用模块二：Con_To_对端设备名称_对端接口名。这里在1F、2F与出口交换机上添加线缆，注意这里线缆接口有发生变化，具体规划如表2-8所示。

表2-8 端口互连规划表

本端设备	接口	接口描述	对端设备	互连接口	VLAN
F1-HX-S5310-01	Gi0/1-2	—	PC	—	10
	Gi0/3-4	—	PC	—	20
	Gi0/5	Con_To_F2-HX-S5310-02_Gi0/5	F2-HX-S5310-02	Gi0/5	—
	Gi0/7	Con_To_GW-HX-S5310-03_Gi0/1	GW-HX-S5310-03	Gi0/1	—
	Gi0/8	Con_To_GW-HX-S5310-03_Gi0/2	GW-HX-S5310-03	Gi0/2	—
F2-HX-S5310-02	Gi0/1-2	—	PC	—	10
	Gi0/3-4	—	PC	—	20
	Gi0/5	Con_To_F1-HX-S5310-01_Gi0/5	F1-HX-S5310-01	Gi0/5	—
	Gi0/7	Con_To_GW-HX-S5310-03_Gi0/1	GW-HX-S5310-03	Gi0/1	—
	Gi0/8	Con_To_GW-HX-S5310-03_Gi0/2	GW-HX-S5310-03	Gi0/2	—

续表

本端设备	接口	接口描述	对端设备	互连接口	VLAN
GW-HX-S5310-03	Gi0/1	Con_To_F1-HX-S5310-01_Gi0/7	F1-HX-S5310-01	Gi0/7	—
	Gi0/2	Con_To_F1-HX-S5310-01_Gi0/8	F1-HX-S5310-01	Gi0/8	—
	Gi0/3	Con_To_F2-HX-S5310-02_Gi0/7	F2-HX-S5310-02	Gi0/7	—
	Gi0/4	Con_To_F2-HX-S5310-02_Gi0/8	F2-HX-S5310-02	Gi0/8	—

4. 地址规划

设备网络地址规划同模块二。

5. STP 规划

设备 STP 优先级规划同模块四。

2.6.2 网络拓扑

完成规划后得到最终拓扑图，如图 2-24 所示。

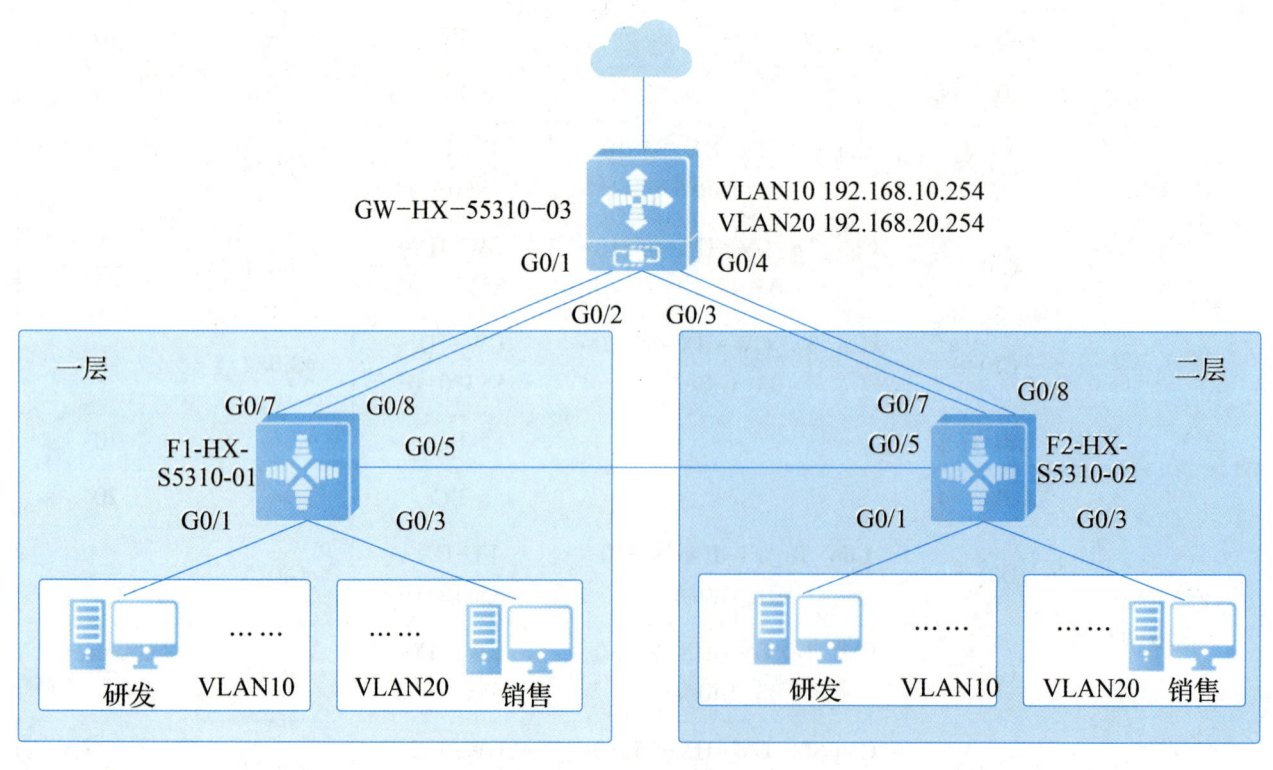

图 2-24 网络拓扑图

2.6.3 基础配置(重复配置省略)

本步骤为设备配置链路聚合信息,将接口加入相应的聚合接口组,配置二层动态 LACP 聚合。这里分别为两台汇聚设备配置相应内容。

F1-HX-S5310-01

F1-HX-S5310-01 (config)#interface range gigabitEthernet 0/7-8	//进入接口组 Gi0/1-3
F1-HX-S5310-01 (config-if-range)#port-group 1 mode active	//将接口组加入端口聚合组 1,并配置为动态 LACP 主动模式
F1-HX-S5310-01 (config)#interface aggregatePort 1	//(创建)进入聚合端口组 1
F1-HX-S5310-01 (config-if-AggregatePort 1)#switchport mode trunk	//配置二层聚合接口

F2-HX-S5310-02

F2-HX-S5310-02 (config)#interface range gigabitEthernet 0/7-8	//进入接口组 Gi0/1-3
F2-HX-S5310-02 (config-if-range)#port-group 2 mode active	//将接口组加入端口聚合组 1,并配置为动态 LACP 被动模式
F2-HX-S5310-02 (config)#interface aggregatePort 2	//(创建)进入聚合端口组 1
F2-HX-S5310-02 (config-if-AggregatePort 1)#switchport mode trunk	//配置二层聚合接口

GW-HX-S5310-03

GW-HX-S5310-03 (config)#interface range gigabitEthernet 0/1-2	//进入接口组 Gi0/1-2
GW-HX-S5310-03 (config-if-range)#port-group 1 mode passive	//将接口组加入端口聚合组 1,并配置为动态 LACP 被动模式
GW-HX-S5310-03 (config)#interface aggregatePort 1	//(创建)进入聚合端口组 1
GW-HX-S5310-03 (config-if-AggregatePort 1)#switchport mode trunk	//配置二层聚合接口
GW-HX-S5310-03 (config)#interface range gigabitEthernet 0/3-4	//进入接口组 Gi0/1-2
GW-HX-S5310-03 (config-if-range)#port-group 2 mode passive	//将接口组加入端口聚合组 2,并配置为动态 LACP 被动模式
GW-HX-S5310-03 (config)#interface aggregatePort 2	//(创建)进入聚合端口组 1
GW-HX-S5310-03 (config-if-AggregatePort 1)#switchport mode trunk	//配置二层聚合接口

2.6.4 任务验证

本步骤可以使用 show aggregateport summary 命令查看链路聚合配置,这里在 GW-HX-S5310-03 上使用 show agg summary 命令查看链路聚合配置的相关信息,如图 2-25 所示。

```
GW-HX-S5310-03#show agg summary
AggregatePort  MaxPorts  SwitchPort  Mode   Ports
-------------  --------  ----------  -----  -----
Ag1            16        Enabled     TRUNK  Gi0/1  ,Gi0/2
Ag2            16        Enabled     TRUNK  Gi0/3  ,Gi0/4
```

图 2-25 链路聚合配置结果

本步骤为可以使用 show ip interface aggregatePort AP-ID 对链路聚合组的详细信息进行输出，这里在 F1-HX-S5310-01 上使用 show interface aggregatePort 1 命令查看，结果如图 2-26 所示。

```
F1-HX-S5310-01#show interfaces aggregatePort 1
Index(dec):11 (hex):b
AggregatePort 1 is UP , line protocol is UP
  Hardware is AggregateLink AggregatePort, address is 5000.0001.0001 (bia 5000.0001.0001)
  Interface address is: no ip address
  Interface IPv6 address is:
    No IPv6 address
  MTU 1500 bytes, BW 2000000 Kbit
  Encapsulation protocol is Ethernet-II, loopback not set
  Keepalive interval is 10 sec , set
  Carrier delay is 2 sec
  Ethernet attributes:
    Last link state change time: 2024-03-13 06:35:37
    Time duration since last link state change: 0 days,  0 hours,  4 minutes, 22 seconds
    Priority is 0
    Medium-type is Copper
    Admin duplex mode is AUTO, oper duplex is Full
    Admin speed is AUTO, oper speed is 1000M
  Bridge attributes:
    Port-type: trunk
    Native vlan: 1
    Allowed vlan lists: 1-4094
    Active vlan lists: 1,10,20
  Aggregate Port Informations:
    Aggregate Number: 1
    Name: "AggregatePort 1"
    Members: (count=2)
    Lower Limit: 1
    GigabitEthernet 0/7                  Link Status: Up        Lacp Status: bndl
    GigabitEthernet 0/8                  Link Status: Up        Lacp Status: bndl
```

图 2-26　链路聚合的详细配置信息

本步骤可以使用 ping 命令对两个楼层相同业务间的互访进行测试，这里楼层一的一台 PC 上使用"ping 192.168.10.100"命令测试不同楼层业务之间的连通性，如图 2-27 所示连通性正常。

```
VPCS> ping 192.168.10.254

84 bytes from 192.168.10.254 icmp_seq=1 ttl=64 time=1.897 ms
84 bytes from 192.168.10.254 icmp_seq=2 ttl=64 time=2.393 ms
84 bytes from 192.168.10.254 icmp_seq=3 ttl=64 time=1.859 ms
84 bytes from 192.168.10.254 icmp_seq=4 ttl=64 time=2.136 ms
84 bytes from 192.168.10.254 icmp_seq=5 ttl=64 time=1.314 ms
```

图 2-27　相同 VLAN 之间的连通性

2.6.5　常见问题

相应的接口是否正确加入端口聚合组。

端口聚合组是否配置。

练习与思考

1. 安装在某楼层的一台锐捷交换机上，当前上行链路使用了一个光口，并且交换空余了一个电口。网络管理员希望获得更高的上行带宽，希望把电口和光口聚合在一起。这样的操作是否可行？（　　）

　　A. 可以　　　B. 不可以

2. 为了提高链路带宽，工程师在配置交换机时采用的聚合技术配置如下：

```
interface fa 0/23
switchport mode access
switchport access vlan 10
exit
interface fa 0/24
switchport mode trunk
exit
nterface aggretegateport 1
exit
interface range fa 0/23- 24
port- group 1
end
write
```

配置完成后，aggretegateport 1 的属性是（　　）

　　A. Access 端口，且属于 VLAN 10

　　B. Trunk 端口

　　C. Trunk 端口，且许可列表中只有 VLAN 10

　　D. Access 端口，且属于 VLAN 1

3. 在一个包含两个成员端口的聚合端口中，如果一个成员端口出现故障，会出现什么样的状况？（　　）

　　A. 当前使用该成员端口转发的流量将被丢弃

　　B. 当前所有流量的 50% 会被丢弃

　　C. 当前使用该成员端口转发的流量将切换到其他成员端口继续转发

　　D. 聚合端口将会消失，剩余的一个成员端口将会从聚合端口中释放并恢复为加入聚合端口之前的状态

4. 网络管理员想了解核心交换机的下联端口，是否启用端口聚合，聚合了哪些端口。以下哪个命令可以查看现有聚合组中的成员？（　　）

　　A. ruijie#show aggregatePort summary　　　B. ruijie#show aggregatePort 1 brief

　　C. ruijie#show aggregatePort 1 group　　　D. ruijie#show aggregatePort 1 neighgor

项目三

构建中型多区域网络

项目描述

GD 公司在福建负责光电设备研发生产，最近公司业务不断发展壮大，新建了分厂。目前，总厂位于区域 1，有技术部、市场部与财务部三个部门。分厂位于区域 2，有业务部、生产部两个部门。为了更好地满足总厂与分厂日常工作交流，本次进行信息化扩建，通过租用运营商的专用线路，来实现总厂与分厂的互联互通。现场规划图如图 3-1 所示。

图 3-1 现场规划图

总厂和分厂各自采购了一台汇聚交换机和一台核心路由器，现需要重新搭建总厂和分厂

项目三　构建中型多区域网络

的网络，并实现总厂与分厂间的数据通信，最终逻辑拓扑如图3-2所示。具体需求包括：

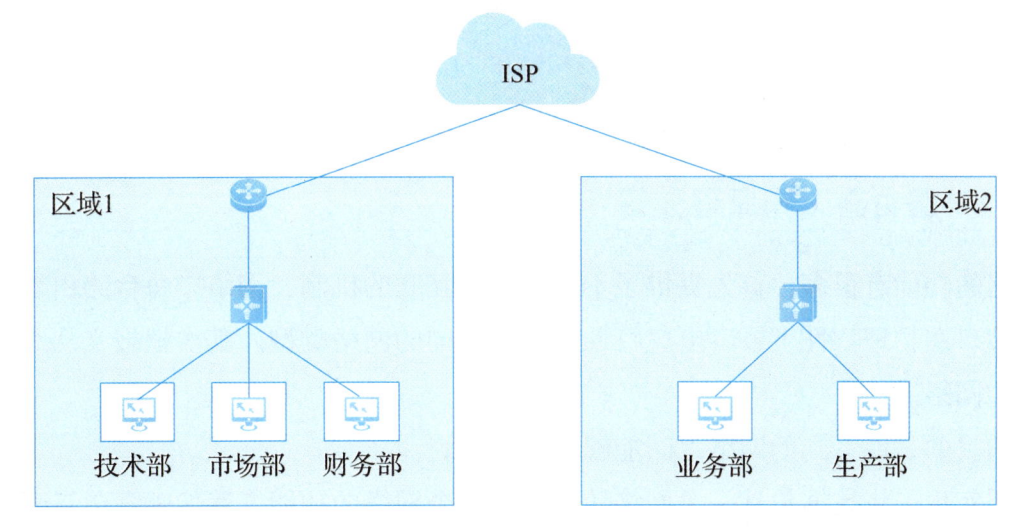

图 3-2　最终逻辑拓扑

（1）本网络不访问 Internet，只作为内部通信使用。
（2）因业务需求，本次总厂和分厂内部均使用 192.1.0.0/16 公网地址，而非私有 IP 地址。
（3）将总厂和分厂的各部门都划分到独立的广播域，从而实现不同部门间的二层隔离。
（4）本次全网使用静态路由。

项目目标

学习路由概念后，能知道各种路由的产生方式，并能理解数据在网络中的传输过程。
结合之前学习的 VLAN 等知识，能完成两个区域的网络互联并规划 VLAN 与地址。
根据本章所学的知识，能使用直连路由与静态路由完成两个区域的互联互通。
通过实践，规范明确路由的使用方式，为养成良好的配置习惯打下基础。

模块一　路由概念

学习目标

了解路由器工作的基本原理。
了解路由协议的路由表项信息。

了解路由协议的分类。

了解路由协议的优选顺序。

知识学习

3.1.1 路由器工作原理介绍

路由器的功能有很多，首先提供了不同网络间互联的机制，网络中每台路由器有多种接口，每种接口在物理特性上或者电气特性上属于不同的网络类型。其次把报文从一个网络送到另外一个网络。

互联的目的是使不同的网络之间能够相互通信。

路由器实现了将数据包从一个网络转发到另一个网络的功能，就像邮寄包裹时从寄件人发送到收件人的过程一样。每个路径中的中间节点可以是路由器，也可以是交换机，不同的快递工作站间负责"包裹"的转发工作。所以路由就是指导 IP 报文发送的路径信息。

网络中的中间节点需要进行路由选择，根据收到的数据包的报头中的目的 IP 地址选择一个合适的路径，并将数据包传送到下一台路由器，按照这种方法依次传递下去。路由转发数据流如图 3-3 所示。

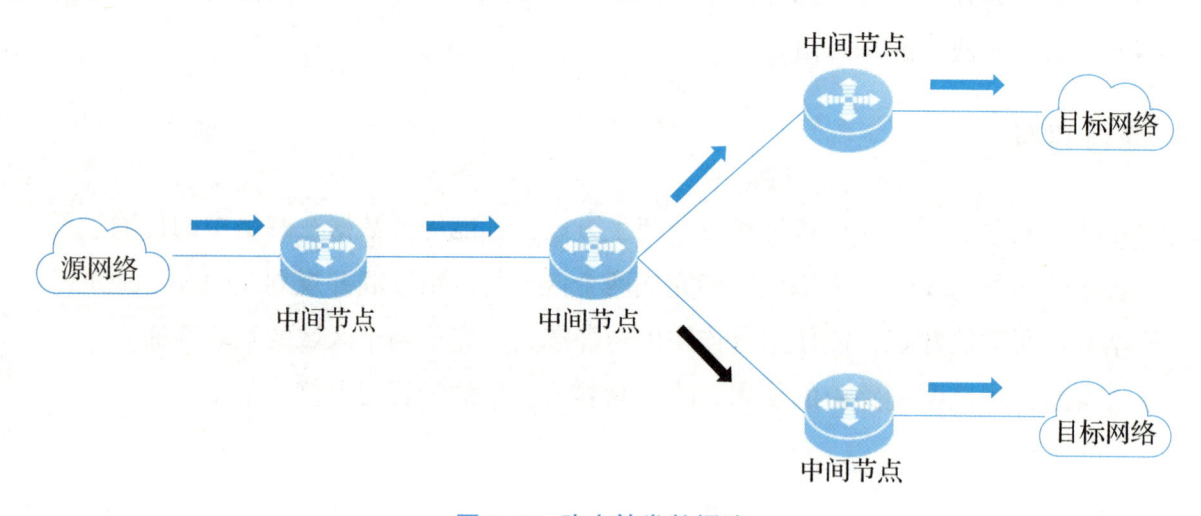

图 3-3 路由转发数据流

综上所述，路由就是指导 IP 报文发送的路径信息，为了使转发效率更高，路由器系统定义了控制平面和转发平面来将两种功能分离。

控制平面承担了路由计算和学习的部分，例如协议报文的收发、协议表项的计算、维护的功能属于控制平面范畴。控制平面不会转发数据，在控制平面计算好路由后，会生成路由表项，并下发到转发平面。此时控制平面的操作对象是协议报文，其中控制平面建立并维护一张路由表，路由表是路由器转发数据包的依据。

转发平面承担着数据报文的封装、解封装、转发工作，并根据 IP 五元组实现数据流的转发，IP 五元组包括源 IP、源端口号、目的 IP、目的端口号、协议号。此时转发平面的操作对象是数据报文。转发平面对应的是 FIB（Forwarding Information Base）表，又称转发表。FIB 转发表来源于路由表并互相同步更新，当系统的控制平面发现新的路由信息时，会根据新的路由表信息更新 IP 路由表并更新 FIB 表。

如图 3-4 所示是基于路由表的数据报文转发。

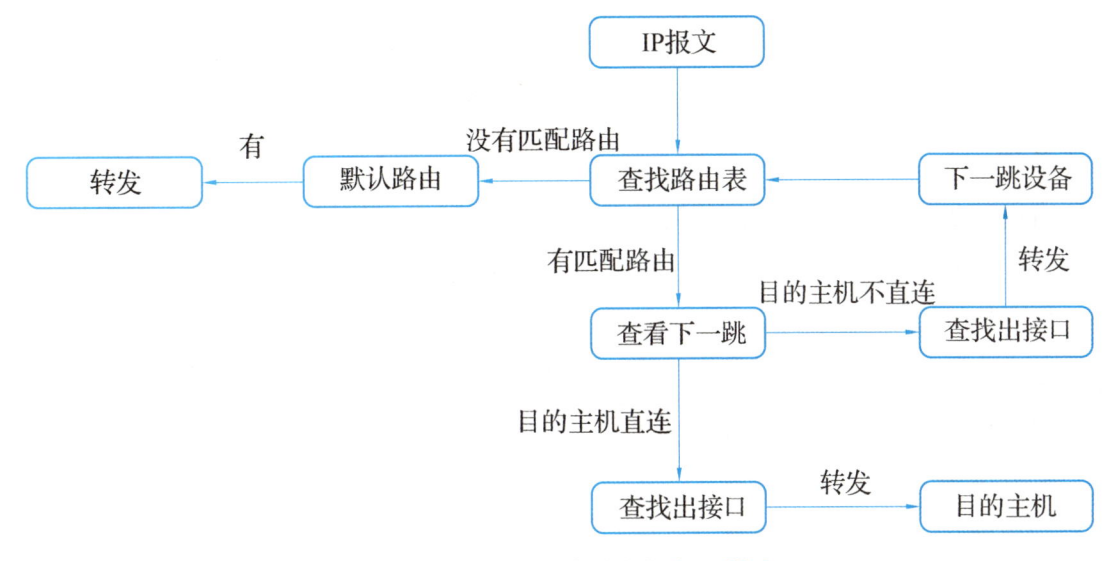

图 3-4　基于路由表的数据报文转发

3.1.2　IP 路由表的介绍

路由器转发的关键是路由表。每个路由器中都保存着一张路由表，表中每条路由项都指明到某个子网或某主机应通过路由器的哪个物理接口发送，然后就可到达该路径的下一个路由器，或者不再经过别的路由器而传送到直接相连的网络中的目的主机，如图 3-5 所示。

R1路由表

目标网络	下一跳	出接口
10.1.2.0	10.1.2.1	G10/1
10.2.1.0	10.1.2.2	G10/1
10.3.1.0	10.3.1.1	G10/0
10.4.1.0	10.1.2.2	G10/1

R2路由表

目标网络	下一跳	出接口
10.1.2.0	10.1.2.2	G10/0
10.2.1.0	10.1.2.1	G10/0
10.3.1.0	10.1.2.1	G10/0
10.4.1.0	10.2.1.2	G10/1

R3路由表

目标网络	下一跳	出接口
10.1.2.0	10.2.1.1	G10/0
10.2.1.0	10.2.1.2	G10/0
10.3.1.0	10.2.1.1	G10/0
10.4.1.0	10.4.1.1	G10/1

图 3-5　路由表

这里我们着重讲解路由表的组成，路由表中包含了下列关键项：

（1）目的地址：用来标识 IP 包的目的地址或目的网络。

（2）网络掩码：与目的地址一起来标识目的主机或路由器所在的网段的地址。

（3）输出接口：说明 IP 包将从该路由器哪个接口转发。

（4）下一跳 IP 地址：说明 IP 包所经由的下一个路由器。

（5）本条路由加入 IP 路由表的度量值：标识本地到达目的网络所花费的路径开销，代价越小，该路由条目越优先。

根据来源不同，路由表中的路由通常可以分为以下三类：

（1）链路层协议发现的路由（也称为接口路由或直连路由），无路径开销，配置简单，无须人工维护。

（2）有网络管理员手工配置的静态路由，路径开销小，配置简单，需人工维护，适合中小型网络拓扑结构。

（3）动态路由协议发现的路由，路径开销大，配置复杂，无须人工维护，适合大中型网络拓扑结构。

根据路由的目的地不同，可以划分为：

（1）子网路由：目的地为子网

（2）主机路由：目的地为主机

另外，根据目的地与该路由器是否直接相连，又可分为：

（1）直接路由：目的地所在网络与路由器直接相连

（2）间接路由：目的地所在网络与路由器不是直接相连

路由协议管理距离如表 3-1 所示。

表 3-1　路由协议管理距离

路由协议	路由标记	管理距离
直连	C	0
静态	S	1
RIP	R	120
OSPF	O	110
IS-IS	I	115
EBGP	B	20
IBGP	B	200

（1）管理距离：不同路由协议产生的路由条目管理距离也不同，对于同一条路由条目相同目的网络号/子网掩码而言，管理距离越小，该条目越优先，那么此条路由将被激活来指导报文的转发。此时 OSPF 的管理距离为 110 比 RIP 管理距离 120 的值小，会选取 OSPF 产生的路由来指导报文的转发，如图 3-6 所示。

（2）度量值：标识本地到达目的网络所花费的路径开销，代价越小，该路由条目越优先，但需要注意一点，来源于同一种路由协议才有可比性。Path1：R1→R2→R3 总度量值是 20，Path2：R1→R2→R4 总度量值是 30，此时会选取 Path1 路由加入路由表当中，如图 3-7 所示。

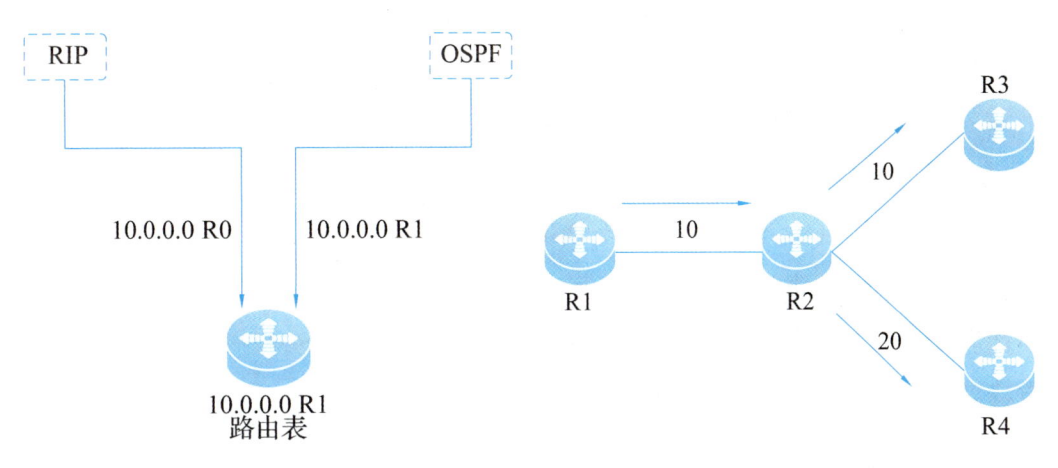

图 3-6　不同路由协议优选顺序　　　　图 3-7　度量大小路由优选顺序

3.1.3　静态路由与动态路由

路由器不仅支持静态路由，同时也支持 RIP、OSPF、IS-IS 和 BGP 等动态路由协议：

静态路由：静态路由配置方便，对系统要求低，适用于拓扑结构简单并且稳定的小型网络，缺点是不能自动适应网络拓扑的变化，需要人工干预。

静态路由可分为缺省路由与浮动路由，以下是表现形式(举例)：

（1）缺省路由：在转发路由表中，目的网段 0.0.0.0 掩码 0.0.0.0 的路由，就是缺省路由。无法被其他路由转发的报文，可以被缺省路由转发出去。缺省路由可以静态配置，也可以由动态路由协议生成，静态配置的方法为 ip route 0.0.0.0 0.0.0.0 1.1.1.1。

（2）浮动路由：在转发路由表中，目的网段 x.x.x.x 掩码 x.x.x.x 下一跳 x.x.x.x 管理距离 ×××的路由，就是浮动路由，适用在多出口的网络拓扑环境中，通过配置比主路由的管理距离更大的静态路由，可以将所有数据流指向主路径，当主路径出现故障时，流量能够自动切换到备用路径，浮动路由的配置与静态路由类似，但是不采用默认管理距离，需要设置一个比主静态路由管理距离更大的数值。一定要注意，浮动路由末尾的数值是管理距离，并不是度量值。另外，只有主路径出现故障后，浮动路由才会生效并计算进路由表中。

动态路由：动态路由协议有自己的路由算法，能够自动适应网络拓扑的变化，适用于具有一定数量三层设备的网络。缺点是配置比较复杂，对系统的要求高于静态路由，并将占用一定的网络资源。

对动态路由协议的分类可以采用以下不同标准：

（1）根据作用的范围，路由协议可分为：

1）内部网关协议（Interior Gateway Protocol，IGP）：在一个自治系统内部运行，常见的 IGP 协议包括 RIP、OSPF 和 IS-IS，此路由协议在于发现计算路由。

2）外部网关协议（Exterior Gateway Protocol，EGP）：运行于不同自治系统之间，BGP 是目前最常用的 EGP，此路由协议的特点是有丰富的路径属性用于控制的路由。

（2）根据使用的算法，路由协议可分为：

1）距离矢量协议（Distance-Vector）：包括 RIP 和 BGP。其中，BGP 也被称为路径矢量协议（Path-Vector）。

2）链接状态协议（Link-State）：包括 OSPF 和 IS-IS。

（3）根据目的地址的类型，路由协议可分为：

1）单播路由协议（Unicast Routing Protocol）：包括 RIP、OSPF、BGP 和 IS-IS 等。

2）组播路由协议（Multicast Routing Protocol）：包括 PIM-SM、PIM-DM 等。

3.1.4 路由优选

（1）管理距离：当多个路由协议产生了到达同一个目的地址的路由时，根据管理距离判断这些路由的优先级。管理距离越小，优先级越高。

（2）等价路由：到达同一个目的地址，下一跳不同，管理距离相同的多条路由，则形成等价路由。报文根据均衡转发策略在多条路由间分流，从而实现负载分担。具体设备上，对等价路由中包括的路由条目数是有限制的，超出限制的路由不会参与转发。支持等价路由的路由协议有静态路由、RIP、OSPF、IS-IS 和 BGP。

（3）浮动路由：到达同一目的地址，下一跳不同，管理距离不同的多条路由，形成浮动路由。管理距离小的优先被选择参与转发，若管理距离小的路由失效，则管理距离大的路由替代管理距离小的路由参与转发，从而达到避免网络线路故障导致的通信中断。

（4）路由递归：直连的下一跳才能作为路由器转发依据，但是在 BGP 和静态路由中，下一跳可能不是直连的。此时需要路由迭代能够根据下一跳地址查询路由表，找到一条具有直连下一跳或者出接口的路由，并将其作为转发依据。

拓展延伸

路由重发布

在大型网络中节点繁多，每个节点之间都会运行不同的路由协议，如静态路由、RIP、OSPF、IS-IS、BGP 等。为实现路由转发功能，路由器通过静态路由配置和动态路由协议两种方式来获取路由路径并维护路由表，不同的节点、不同的路由协议之间拥有着相互独立的路由表，节点之间转发数据会通过路由表，路由重发布使不同节点之间的路由表互通。

路由重发布的原则：

（1）重发布的路由必须是已经在路由表中生效的路由。

（2）重发布的路由不会改变本身的路由表。

（3）执行重发布的路由器必须是边缘路由器。

我们在做路由重发布的操作时采用 redistribute 命令，通常情况下再做路由重发布时都会搭配着路由图来使用。

练习与思考

1. 一家公司的远程分支机构使用一台路由器的 Serial 接口与总公司连接，对于这种末节网络，往往采用的是中低端路由器产品，为了节省路由器资源，提高转发效率，最佳的路由配置方式是（   ）。

  A. 配置默认路由　　　　　　　　　　B. 配置到达总公司各个子网的明细静态路由

  C. 配置动态路由　　　　　　　　　　D. 配置浮动路由

2. 在锐捷路由器上配置静态路由后，如果该路由关联的下一跳 IP 地址不可达，那么该路由（   ）。

  A. 将从路由表中消失，但配置信息不会消失

  B. 将从路由表中消失，同时删除配置信息

  C. 不会从路由表中消失，但暂时不可用

  D. 不会从路由表中消失，但管理距离变为 255

3. 静态路由的管理距离为（   ）。

  A. 0　　　　　　　B. 1　　　　　　　C. 110　　　　　　　D. 10

4. 以下不会在路由表里出现的是（   ）。

  A. 下一跳地址　　　B. 目标网络　　　C. 度量值　　　D. MAC 地址

5. 在路由表中 0.0.0.0 代表（   ）。

  A. 静态路由　　　　B. 动态路由　　　C. 默认路由　　　D. RIP 路由

模块二　多 VLAN 互通的实现

学习目标

完成两个区域的数据对接并规划 VLAN 与地址。

使用静态路由完成两个区域的互联互通。

知识学习

3.2.1 网络规划

按照项目的背景及需求，本次网络规划可以分为主机命名、VLAN 规划、接口规划和地址规划四个部分。

1. 主机命名

设备主机命名规划如表 3-2 所示。其中各字段的含义为：GD 代表公司名；HJ&HX 指明设备角色，其中 HJ 代表汇聚层设备，HX 代表核心层设备；S5310&RSR20 指明设备型号；01&02 指明设备编号，其中 01 代表总厂的设备，02 代表分厂的设备。

表 3-2　设备主机命名规划

设备型号	设备主机名	备注
RG-S5310-24GT4XS	GD-HJ-S5310-01	总厂汇聚交换机
RG-S5310-24GT4XS	GD-HJ-S5310-02	分厂汇聚交换机
RG-RSR20	GD-HX-RSR20-01	总厂核心路由器
RG-RSR20	GD-HX-RSR20-02	分厂核心路由器

2. VLAN 规划

根据场地功能进行 VLAN 的划分，总厂包括技术部、市场部与财务部三个部门，分厂包括业务部与生产部两个部门，所以本次需要规划 5 个 VLAN。并且在总厂和分厂的汇聚交换机分别使用对应 SVI 接口作为部门用户的网关。具体规划如表 3-3 所示。

表 3-3　VLAN 规划表

序号	功能区	VLAN ID	VLAN Name
1	技术部	10	JiShuBu
2	市场部	20	ShiChangBu
3	财务部	30	CaiWuBu
4	分厂业务部	40	YeWuBu
5	分厂生产部	50	ShengChanBu

提问：如果总厂和分厂使用相同 VLAN，如总厂的技术部和分厂的业务部都使用 VLAN 40，网络是否会出现故障？为什么？

3. 接口规划

网络设备之间的端口互连规划规范为：Con_To_对端设备名称_对端接口名。本项目中只针对网络设备互连接口进行描述，默认采用靠前的接口承担接入工作，靠后的接口负责设备互连，具体规划如表3-4所示。

表3-4 端口互连规划表

本端设备	接口	接口描述	对端设备	接口	VLAN
GD-HJ-S5310-01	Gi0/0	Con_To_GD-HX-RSR20-01_Gi0/0	GD-HX-RSR20-01	Gi0/0	—
	Gi0/1	Con_To_JiShuBu-PC_ETH0	JiShuBu-PC	ETH0	10
	Gi0/2	Con_To_ShiChangBu-PC_ETH0	ShiChangBu-PC	ETH0	20
	Gi0/3	Con_To_CaiWuBu-PC_ETH0	CaiWuBu-PC	ETH0	30
GD-HJ-S5310-02	Gi0/0	Con_To_GD-HX-RSR20-02_Gi0/0	GD-HX-RSR20-02	Gi0/0	—
	Gi0/1	Con_To_YeWuBu-PC_ETH0	JiShuBu-PC	ETH0	40
	Gi0/2	Con_To_ShengChanBu-PC_ETH0	ShiChangBu-PC	ETH0	50
GD-HX-RSR20-01	Gi0/0	Con_To_GD-HJ-S5310-01_Gi0/0	GD-HJ-S5310-01	Gi0/0	
	Gi0/1	Con_To_GD-HX-RSR20-02_Gi0/1	GD-HX-RSR20-02	Gi0/1	
GD-HX-RSR20-02	Gi0/0	Con_To_GD-HJ-S5310-02_Gi0/0	GD-HJ-S5310-02	Gi0/0	
	Gi0/1	Con_To_GD-HX-RSR20-01_Gi0/1	GD-HX-RSR20-01	Gi0/1	

4. 地址规划

设备互连地址规划表如表3-5所示。

表3-5 设备互连地址规划表

序号	本端设备	接口	本端地址	对端设备	接口	对端地址
1	GD-HJ-S5310-01	G0/0	11.1.1.2/30	GD-HJ-RSR20-01	G0/0	11.1.1.1/30
2	GD-HX-RSR20-01	G0/1	1.1.1.1/30	GD-HX-RSR20-02	G0/1	1.1.1.2/30
3	GD-HJ-S5310-02	G0/0	12.1.1.2/30	GD-HJ-RSR20-02	G0/0	12.1.1.1/30

另外，这里还需要对各个VLAN内的网段与网关进行规划，我们选用SVI接口作为网关接口，且网关地址为网段中最后一个可用地址，网络地址规划表如表3-6所示。

表3-6 网络地址规划表

序号	VLAN	地址段	网关
1	10	192.1.10.0/24	192.1.10.254
2	20	192.1.20.0/24	192.1.20.254

续表

序号	VLAN	地址段	网关
3	30	192.1.30.0/24	192.1.30.254
4	40	192.1.40.0/24	192.1.40.254
5	50	192.1.50.0/24	192.1.50.254

3.2.2 网络拓扑

完成规划后得到最终拓扑图，如图 3-8 所示。

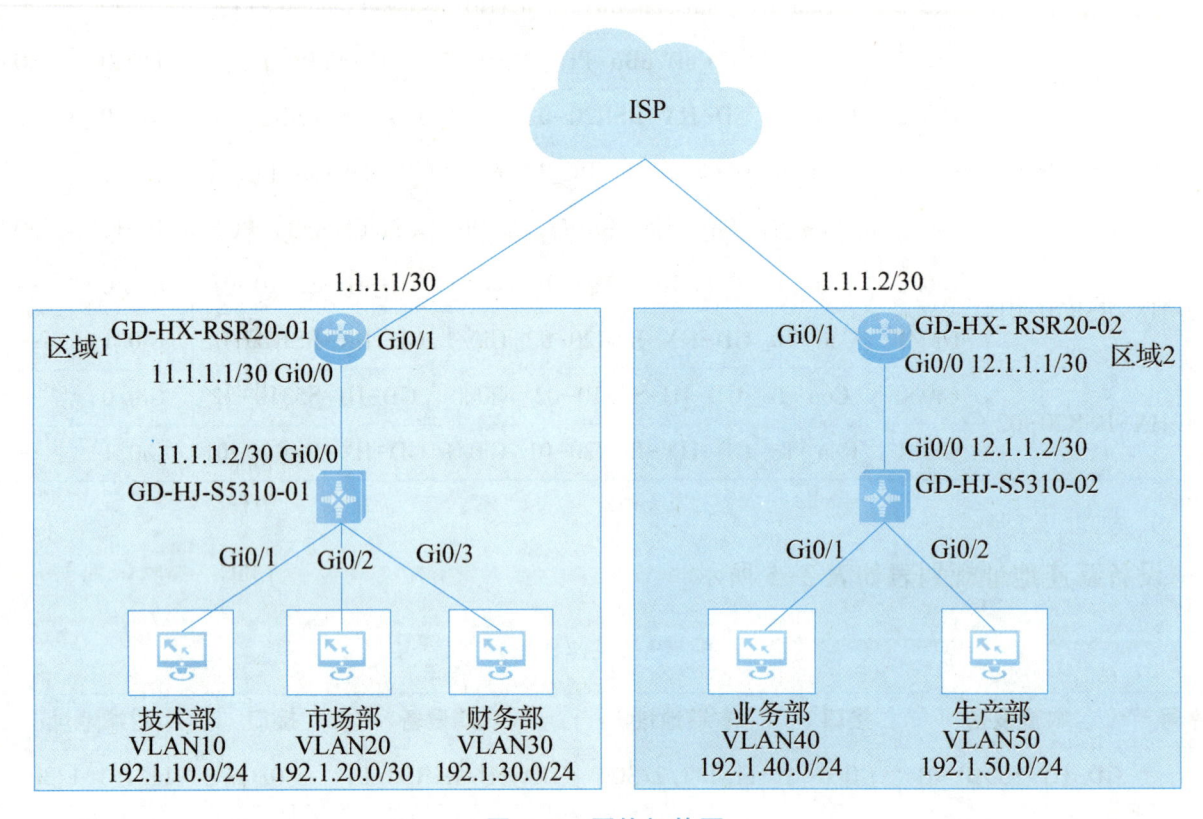

图 3-8 网络拓扑图

3.2.3 基础配置

1. 配置设备基础信息

配置设备的基础信息，包括设备名称、接口描述等内容，因重复性较高，这里使用 GD-HX-RSR20-01 进行演示。

```
Ruijie(config)#hostname GD- HX- RSR20- 01
GD- HX- RSR20- 01(config)#interface gigabitEthernet 0/0
GD- HX- RSR20- 01(config- if- GigabitEthernet 0/0)#description Con_To_GD- HJ- S5310- 01_Gi0/0
GD- HX- RSR20- 01(config- if- GigabitEthernet 0/0)#interface gigabitEthernet 0/1
```

```
GD-HX-RSR20-01(config-if-GigabitEthernet 0/1)#description Con_To_GD-HX-RSR20-02_Gi0/1
GD-HX-RSR20-01(config-if-GigabitEthernet 0/1)#exit
```

2. 配置接口信息

本步骤为配置设备的接口地址、声明规划的 VLAN、将接口划分至对应的 VLAN 当中。这里分别为 4 台设备配置相应内容。

GD-HX-RSR20-01

```
GD-HX-RSR20-01(config)#interface gigabitEthernet 0/0
GD-HX-RSR20-01(config-if-GigabitEthernet 0/0)#no switchport
GD-HX-RSR20-01(config-if-GigabitEthernet 0/0)#ip address 11.1.1.1 30
GD-HX-RSR20-01(config-if-GigabitEthernet 0/0)#interface gigabitEthernet 0/1
GD-HX-RSR20-01(config-if-GigabitEthernet 0/1)#no switchport
GD-HX-RSR20-01(config-if-GigabitEthernet 0/1)#ip address 1.1.1.1 30
```

GD-HJ-S5310-01

```
GD-HJ-S5310-01(config)#interface gigabitEthernet 0/0
GD-HJ-S5310-01(config-if-GigabitEthernet 0/0)#no switchport
GD-HJ-S5310-01(config-if-GigabitEthernet 0/0)#ip address 11.1.1.2 30
GD-HJ-S5310-01(config-if-GigabitEthernet 0/0)#exit
GD-HJ-S5310-01(config)#vlan 10
GD-HJ-S5310-01(config-vlan)#vlan 20
GD-HJ-S5310-01(config-vlan)#vlan 30
GD-HJ-S5310-01(config-vlan)#exit
GD-HJ-S5310-01(config)#interface gigabitEthernet 0/1
GD-HJ-S5310-01(config-if-GigabitEthernet 0/1)#switchport access vlan 10
GD-HJ-S5310-01(config-if-GigabitEthernet 0/1)#exit
GD-HJ-S5310-01(config)#interface gigabitEthernet 0/2
GD-HJ-S5310-01(config-if-GigabitEthernet 0/2)#switchport access vlan 20
GD-HJ-S5310-01(config-if-GigabitEthernet 0/2)#exit
GD-HJ-S5310-01(config)#interface gigabitEthernet 0/3
GD-HJ-S5310-01(config-if-GigabitEthernet 0/3)#switchport access vlan 30
GD-HJ-S5310-01(config-if-GigabitEthernet 0/3)#exit
GD-HJ-S5310-01(config)#interface vlan 10
GD-HJ-S5310-01(config-if-VLAN 10)#ip address 192.1.10.254 24
GD-HJ-S5310-01(config-if-VLAN 10)#interface vlan 20
GD-HJ-S5310-01(config-if-VLAN 20)#ip address 192.1.20.254 24
GD-HJ-S5310-01(config-if-VLAN 20)#interface vlan 30
GD-HJ-S5310-01(config-if-VLAN 30)#ip address 192.1.30.254 24
GD-HJ-S5310-01(config-if-VLAN 30)#exit
```

GD-HX-RSR20-02

```
GD-HX-RSR20-02(config)#interface gigabitEthernet 0/0
GD-HX-RSR20-02(config-if-GigabitEthernet 0/0)#no switchport
GD-HX-RSR20-02(config-if-GigabitEthernet 0/0)#ip address 12.1.1.1 30
GD-HX-RSR20-02(config-if-GigabitEthernet 0/0)#interface gigabitEthernet 0/1
GD-HX-RSR20-02(config-if-GigabitEthernet 0/1)#no switchport
GD-HX-RSR20-02(config-if-GigabitEthernet 0/1)#ip address 1.1.1.2 30
```

GD-HJ-S5310-02

```
GD- HJ- S5310- 02(config)#interface gigabitEthernet 0/0
GD- HJ- S5310- 02(config- if- GigabitEthernet 0/0)#no switchport
GD- HJ- S5310- 02(config- if- GigabitEthernet 0/0)#ip address 12.1.1.2 30
GD- HJ- S5310- 02(config- if- GigabitEthernet 0/0)#exit
GD- HJ- S5310- 02(config)#vlan 40
GD- HJ- S5310- 02(config- vlan)#vlan 50
GD- HJ- S5310- 02(config- vlan)#exit
GD- HJ- S5310- 02(config)#interface gigabitEthernet 0/1
GD- HJ- S5310- 02(config- if- GigabitEthernet 0/1)#switchport access vlan 40
GD- HJ- S5310- 02(config- if- GigabitEthernet 0/1)#exit
GD- HJ- S5310- 02(config)#interface gigabitEthernet 0/2
GD- HJ- S5310- 02(config- if- GigabitEthernet 0/2)#switchport access vlan 50
GD- HJ- S5310- 02(config- if- GigabitEthernet 0/2)#exit
GD- HJ- S5310- 02(config)#interface vlan 40
GD- HJ- S5310- 02(config- if- VLAN 40)#ip address 192.1.40.254 24
GD- HJ- S5310- 02(config- if- VLAN 40)#interface vlan 50
GD- HJ- S5310- 02(config- if- VLAN 50)#ip address 192.1.50.254 24
```

3.2.4 静态路由配置

本步骤为配置静态路由，使各个网段互联互通。

GD-HX-RSR20-01

GD- HX- RSR20- 01(config)#ip route 192.1.10.0 255.255.255.0 11.1.1.2	//配置总厂技术部的回程路由
GD- HX- RSR20- 01(config)#ip route 192.1.20.0 255.255.255.0 11.1.1.2	//配置总厂市场部的回程路由
GD- HX- RSR20- 01(config)#ip route 192.1.30.0 255.255.255.0 11.1.1.2	//配置总厂财务部的回程路由
GD- HX- RSR20- 01(config)#ip route 192.1.40.0 255.255.255.0 1.1.1.2	//配置目的至分厂业务部的路由
GD- HX- RSR20- 01(config)#ip route 192.1.50.0 255.255.255.0 1.1.1.2	//配置目的至分厂生产部的路由

GD-HX-RSR20-02

GD- HX- RSR20- 02(config)#ip route 0.0.0.0 0.0.0.0 1.1.1.1	//配置去往总厂的默认路由
GD- HX- RSR20- 02(config)#ip route 192.1.40.0 255.255.255.0 12.1.1.2	//配置分厂业务部的回程路由
GD- HX- RSR20- 02(config)#ip route 192.1.50.0 255.255.255.0 12.1.1.2	//配置分厂生产部的回程路由

GD-HJ-S5310-01

GD- HJ- S5310- 01(config)#ip route 0.0.0.0 0.0.0.0 11.1.1.1	//配置去往总厂的默认路由

GD-HJ-S5310-02

GD- HJ- S5310- 02(config)#ip route 0.0.0.0 0.0.0.0 12.1.1.1	//配置去往总厂的默认路由

3.2.5 任务验证

本步骤可以使用 ping 命令进行测试，这里在 GD－HJ－S5310－01 上使用"ping 192.1.40.254 source 192.1.10.254"命令测试从总厂技术部网关到分厂业务部网关的连通性，如图 3-9 所示连通性正常。

```
GD-HJ-S5310-01#ping 192.1.40.254 source 192.1.10.254
Sending 5, 100-byte ICMP Echoes to 192.1.40.254, timeout is 2 seconds:
  < press Ctrl+C to break >
!!!!!
Success rate is 100 percent (5/5), round-trip min/avg/max = 2/2/5 ms.
GD-HJ-S5310-01#
```

图 3-9　连通性测试

本步骤为可以使用 show ip route 对路由表进行输出，可以看到设备通过协议自动学习了对应的路由条目，这里分别在 GD-HX-RSR20-01 与 GD-HX-RSR20-02 上进行验证，结果如图 3-10 和图 3-11 所示。

```
GD-HX-RSR20-01(config)#show ip route

Codes:  C - Connected, L - Local, S - Static
        R - RIP, O - OSPF, B - BGP, I - IS-IS, V - Overflow route
        N1 - OSPF NSSA external type 1, N2 - OSPF NSSA external type 2
        E1 - OSPF external type 1, E2 - OSPF external type 2
        SU - IS-IS summary, L1 - IS-IS level-1, L2 - IS-IS level-2
        IA - Inter area, EV - BGP EVPN, A - Arp to host
        LA - Local aggregate route
        * - candidate default

Gateway of last resort is no set
C    1.1.1.0/30 is directly connected, GigabitEthernet 0/1
C    1.1.1.1/32 is local host.
C    11.1.1.0/30 is directly connected, GigabitEthernet 0/0
C    11.1.1.1/32 is local host.
S    192.1.10.0/24 [1/0] via 11.1.1.2
S    192.1.20.0/24 [1/0] via 11.1.1.2
S    192.1.30.0/24 [1/0] via 11.1.1.2
S    192.1.40.0/24 [1/0] via 1.1.1.2
S    192.1.50.0/24 [1/0] via 1.1.1.2
GD-HX-RSR20-01(config)#
```

图 3-10　GD-HX-RSR20-01 的路由表

```
GD-HX-RSR20-02(config)#show ip route

Codes:  C - Connected, L - Local, S - Static
        R - RIP, O - OSPF, B - BGP, I - IS-IS, V - Overflow route
        N1 - OSPF NSSA external type 1, N2 - OSPF NSSA external type 2
        E1 - OSPF external type 1, E2 - OSPF external type 2
        SU - IS-IS summary, L1 - IS-IS level-1, L2 - IS-IS level-2
        IA - Inter area, EV - BGP EVPN, A - Arp to host
        LA - Local aggregate route
        * - candidate default

Gateway of last resort is 1.1.1.1 to network 0.0.0.0
S*   0.0.0.0/0 [1/0] via 1.1.1.1
C    1.1.1.0/30 is directly connected, GigabitEthernet 0/1
C    1.1.1.2/32 is local host.
C    12.1.1.0/30 is directly connected, GigabitEthernet 0/0
C    12.1.1.1/32 is local host.
S    192.1.40.0/24 [1/0] via 12.1.1.2
S    192.1.50.0/24 [1/0] via 12.1.1.2
GD-HX-RSR20-02(config)#
```

图 3-11　GD-HX-RSR20-02 的路由表

3.2.6 常见问题

接口上互连 IPv4 地址配置冲突。

配置静态路由目的地址和下一跳配置有误。

拓展延伸

在一些网络中，对其中传输数据的安全性有一定的要求，这时可以使用以下几种加密技术来保障总厂与分厂之间传递的数据文件的安全性。

（1）VLAN 隔离与访问控制：在网络中使用 VLAN 隔离和访问控制列表(ACL)可以限制不同 VLAN 之间的通信。通过正确配置 VLAN 和 ACL，您可以确保只有经过授权的设备和用户可以访问研发数据文件，从而增强数据的安全性。

（2）虚拟专用网络(VPN)：可以在总厂与分厂之间部署 VPN 技术来加密数据传输。VPN 可以在公共网络上创建加密的通道，确保数据在传输过程中的机密性和完整性。您可以考虑部署 IPsec VPN 或者 SSL VPN 来保障研发数据文件的安全传输。

（3）端到端加密：在传输敏感数据文件时，您还可以使用端到端加密技术来保护数据的安全性。通过使用加密文件传输协议(如 SFTP、FTPS)或者专门的端到端加密工具，可以确保数据在传输过程中始终保持加密状态，只有授权的用户才能解密并访问数据。

（4）安全连接：确保总厂与分厂之间的连接是安全的，可以采用安全的网络连接方式，如 VPN、加密的远程访问协议(如 SSH)、安全的物理链路等，以防止未经授权的访问和数据泄露。

练习与思考

1. 到达四个网段：192.168.0.0/24、192.168.1.0/24、192.168.2.0/24、192.168.3.0/24，下一跳均为 172.16.5.1，那么静态路由配置可以是(　　)。

A. ip route 192.168.1.0 255.255.252.0 172.16.5.1

B. ip route 192.168.2.0 255.255.252.0 172.16.5.1

C. ip route 192.168.3.0 255.255.252.0 172.16.5.1

D. ip route 192.168.0.0 255.255.252.0 172.16.5.1

2. 一家公司内部网络使用静态路由，由于网络改造，其中 172.16.100.0/24 网络的位置发生了变化，因此管理员需要在网络设备中删除此路由条目并重新配置。以下哪一条命令可以正确的删除此条目？(　　)

A. clear ip route 172.16.100.0 255.255.255.0

B. delete ip route 172.16.100.0 255.255.255.0

C. flush ip route 172.16.100.0 255.255.255.0

D. no ip route 172.16.100.0 255.255.255.0

3. 在使用 next-hop 的方式配置静态路由时，该 next-hop 的 IP 地址，应该满足什么要求？（　　）

A. next-hop 必须是与路由器直接相连设备的 IP 地址

B. next-hop 必须是路由器根据当前路由表可达的 IP 地址

C. next-hop 可以是任意 IP 地址

D. next-hop 必须是一台路由器的 IP 地址

项目四

基于 RIP 协议构建多区域动态网络

项目描述

EA 公司在福建负责某汽车的销售工作,最近公司为拓展业务,需要新建一家 4S 店,经过选址,最终该 4S 店主要包含两块区域,车辆展示的展厅、客户休息处、办理缴费与保险业务的财务处均处于区域 1,负责汽车维修售后的维修区处于区域 2。另外现场已经预埋了线缆,且提供了出口的路由设备。现场规划图如图 4-1 所示。

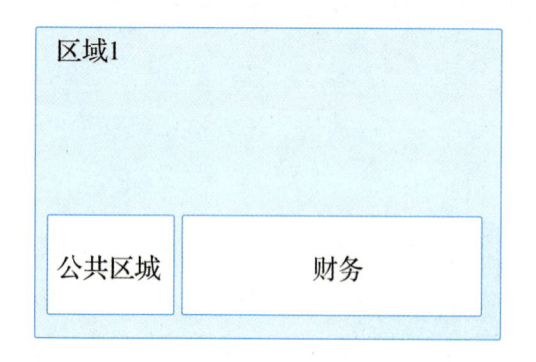

区域1		区域2
公共区域	财务	售后

图 4-1 现场规划图

现需要对 3 个区域规划网络覆盖,为方便客户,车辆展区与客户休息处需要部署无线网络,其他区域覆盖有线网络即可。同时为安全考虑,需要对无线、财务、售后 3 个区域划分网段，实现二层隔离。所以最终选择两台三层交换机分别放置在两个区域中，最终逻辑拓扑如图 4-2 所示，现阶段你需要完成除无线部署外其他基础网络的规划与配置。

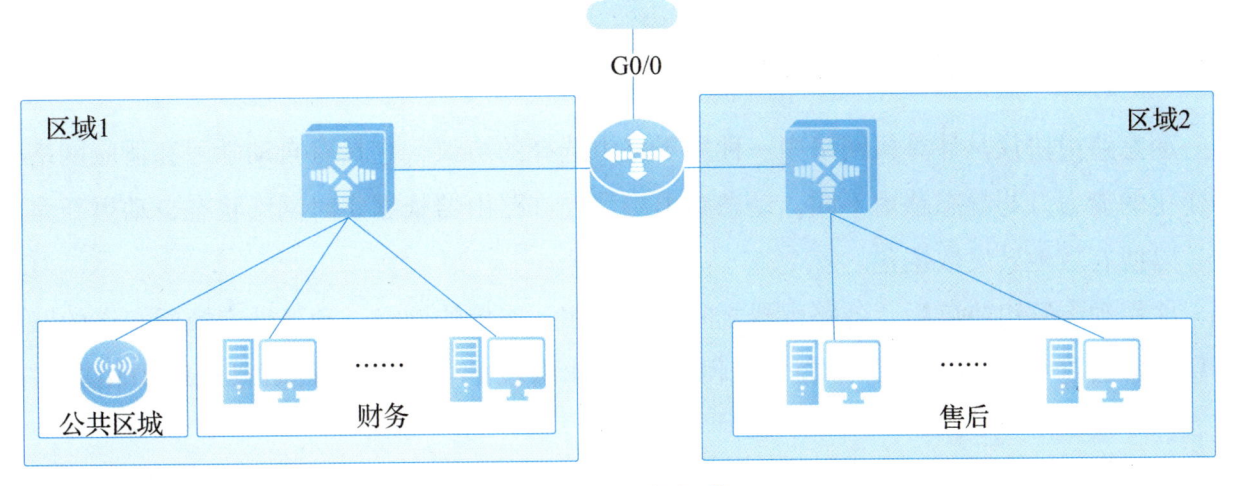

图 4-2 逻辑拓扑

项目目标

学习 RIP 路由工作原理后，能复述 RIP 协议的工作流程，知道 RIP 版本之间的差异。

结合实际，设计规划两个区域内的网络地址，并完成设备的基础配置，如设备信息、VLAN 等。

使用动态路由完成各个区域的互联互通，熟悉本章所学到的 RIP 路由相关知识。

了解生产环境中，项目实施的准备工作，准备好规划表等部署资料，养成规范操作的习惯。

模块一　RIP 概述与工作原理

学习目标

了解动态路由协议的基本原理。

了解路由协议的性能指标。

了解距离矢量路由与链路状态路由的基本原理。

了解 RIP 协议的工作过程。

了解 RIP 协议的配置方法。

知识学习

4.1.1 动态路由协议介绍

　　动态路由协议是计算机网络中一种用于路由选择的协议，它具有自动学习和适应网络拓扑变化的能力。与静态路由不同，动态路由协议允许路由器根据实时网络状态自动更新路由表，以便有效地转发数据包。

　　使用动态路由协议后，各路由器之间会通过相互连接的网络，动态地交换所知道的路由信息，通过这种机制，路由器会知道网络中其他网段的信息，从而动态地维护相应的路由表。

　　如果到目标网络有多条路径且其中的一个路由器由于故障而无法工作时，到远程网络的路由可以自动重新配置。

　　如图 4-3 所示，为了从网络 1 到达网络 2，可以在路由器 R1 上配置静态路由指向路由器 R2，通过路由器 R4 后就可以到达网络 2，但是当路由器 R2 出现了故障，就必须由网络管理员手动修改路由表，让数据通过路由器 R3 进行转发来保障网络的通畅。如果运行的是动态路由协议情况就不一样了，当路由器 R2 出现故障时，路由器之间会通过动态路由协议自动发现另一条到达网络的路径并修改路由表，使数据由路由器 R3 进行转发，最终到达目标网络 2。

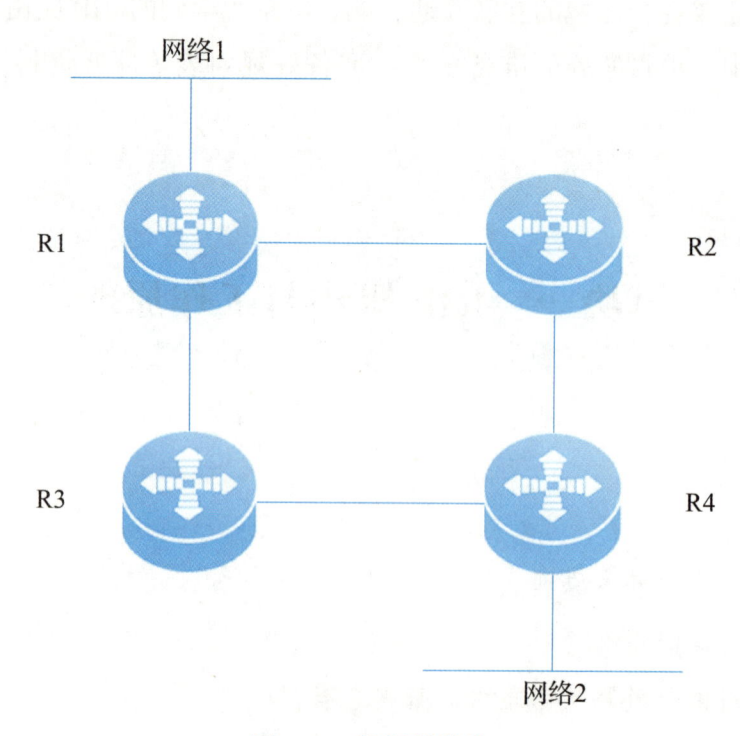

图 4-3　数据的转发

总的来说，路由表的维护不再是由管理员手动进行，而是由动态路由器协议自动管理。采用动态路由器协议管理路由表在大规模网络中是十分有效的，还可以大大减少管理员的工作量，每个路由器上的路由表都是由动态路由协议自动产生，管理员不需要去配置每台路由器上的路由表，而只需要简单地在每台路由器上运行动态路由协议，而其他的工作都由路由协议自动完成。

另外，采用路由协议后，网络对拓扑结构变化的响应速度会大大提高，无论是网络区域的增减，还是异常的网络链路损坏，相邻的路由器都会检测到它的变化，此时它们会把路由器的变化通知网络中其他的路由器，使它们的路由表也产生相应的变化。这样的过程比管理员人工对路由进行修改要快得多、精准得多。由于这些特点的存在，当今的网络中，动态路由是人们主要选择的方案。

4.1.2 动态路由协议的分类

动态路由协议种类较多，包括 RIP（Routing Information Protocol）、OSPF（Open Shortest Path First）、ISIS（Intermediate System to Intermediate System）、BGP（Border Gateway Protocol）等，这些协议可以根据多种方式来分类，常见的分类依据有：

根据工作范围可以划分为内部网关协议（Interior Gateway Protocols，IGP）与外部网关协议（Exterior Gateway Protocols，EGP）。基于网络地址可以划分为 IPv4 路由协议与 IPv6 路由协议。

这里我们主要讲解如何根据传递方式对路由协议进行划分。根据信息传递的方式可分为距离矢量动态路由协议与链路状态路由协议。

距离矢量动态路由协议（Distance Vector Dynamic Routing Protocol）是一种网络路由协议，它使用跳数（hops）和向量（vector）来确定最佳路由路径。距离矢量动态路由协议基于每个路由器从其邻居路由器那里学到的路由表信息，以计算到达目的网络的最佳路径。RIP 是距离矢量动态路由协议的一个典型代表，它使用跳数作为度量标准，最大跳数通常为 15 跳。

距离矢量动态路由协议在小型网络和简单网络拓扑中通常表现良好，但在大型网络和复杂网络中，由于其慢收敛和有限的度量标准，可能会导致性能问题。

链路状态路由协议（Link-State Routing Protocol）是一种网络路由协议，它与距离矢量路由协议不同，使用链路状态信息来维护网络拓扑和计算最佳路由路径。链路状态路由协议的工作原理基于每个路由器维护关于整个网络的链路状态信息，然后使用这些信息计算最短路径。它具有协议本身无环路、协议带宽占用小、收敛速度快等优点。

4.1.3 路由协议的性能指标

衡量路由协议性能的方法可以根据不同的需求和指标进行选择。以下是一些常见的方法和指标，用于评估路由协议的性能：

收敛速度：收敛是路由协议在网络拓扑变化后恢复到稳定状态的速度。更快的收敛速度通常被认为是更好的性能。OSPF、BGP 等协议的收敛速度要快于 RIP。

路由更新开销：路由更新是路由协议周期性广播的信息，用于更新路由表。这个操作需要消耗资源，如设备资源、网络带宽资源等。例如 OSPF 路由计算时所消耗的资源就要大于 RIP 协议。

路径稳定性：路径稳定性表示路由协议在网络中出现拓扑变化时是否能够快速选择并保持最佳路径，而不会出现频繁的路由抖动。

安全性：路由协议的安全性是衡量其抵抗路由欺骗和攻击的能力。协议应该提供机制来验证路由信息的合法性。

协议适用的网络规模：不同路由协议所使用的网络规模拓扑不同，因为 RIP 协议在设计时就有 16 跳的限制，所以只能应用在规模较小的网络当中。而 OSPF 可以应用在多达几百台路由器的大规模网络中，BGP 能够管理全世界所有的路由器，其所能管理的网络规模大小只受系统资源的限制。

4.1.4 RIP 协议概述

RIP（Routing Information Protocol）是一种简单的动态路由协议，最初设计用于小型至中型网络，特别是在互联网的早期阶段，由于 RIP 协议的实现较为简单，在配置和维护管理方面也远远比 OSPF 和 IS-IS 容易，因此在实际组网中有着较为广泛的应用。

RIP 是一种基于距离向量（Distance Vector）的内部网关协议（IGP）。RIP 使用跳数（Hop Count）来衡量到达目标网络的距离。在 RIP 中，路由器到达它直接相连的网络的跳数为零，通过与其直接相连的路由器到达下一个紧邻的网络的跳数为 1，其余以此类推。每多经过一个网络，跳数加 1，为限制收敛的时间，RIP 规定度量值取值为 0~15 的整数，大于或等于 16 的跳数会被定义为无穷大，即目标网络或主机不可达。由于这个限制，使 RIP 不适合应用于大型网络。

RIP 主要是通过 UDP 报文进行路由信息的交换，使用的端口号为 520。

RIP 有两个主要版本，RIP-1 和 RIP-2。RIP-2 是 RIP-1 的扩展版本。具体差异如表 4-1 所示。

表 4-1 RIP 不同版本的差异

差异	RIPv1	RIPv2
子网掩码支持	不支持可变长度子网掩码（VLSM）和子网化。它将所有网络视为具有相同的子网掩码	支持 VLSM 和子网掩码，允许更精细的路由控制和更高效的地址分配

续表

差异	RIPv1	RIPv2
认证	不提供任何机制来验证或认证发送的路由更新。这使它容易受到路由欺骗攻击	引入了路由更新的认证功能，通过使用 MD5 哈希算法对路由更新进行加密，提高了安全性
广播与组播	使用广播来发送路由更新，这可能导致不必要的网络流量和安全问题	支持广播和组播两种方式来发送路由更新，组播更有效，也更安全
默认路由	RIPv1 不支持默认路由的配置。所有路由必须在路由表中显式列出	允许配置默认路由，以便将所有未知目的地指向一个特定的下一跳路由器
多播支持	不支持多播地址族，只能处理 IPv4	支持多播地址族，包括 IPv4 和 IPv6

总体来说，RIPv2 相对于 RIPv1 来说更加强大、灵活且安全。它支持 VLSM、认证、多播、子网掩码、默认路由等功能，使其在更复杂的网络环境中更有用。

4.1.5 RIP 协议工作过程

下面将从路由表初始化、路由表更新、路由表维护和 RIP 协议的基础配置 4 个方面详细阐述 RIP 路由协议的工作原理。

1. RIP 路由表初始化

在启动 RIP 之前，所有的 RIP 路由器都没有关于网络拓扑的信息，路由表中仅包含一些本地路由。当 RIP 启动后，为了尽快从邻居处获取 RIP 路由信息，RIP 协议使用广播方式向各个接口发送请求报文，从而向邻居请求路由信息。

当相邻运行 RIP 的路由器接收到广播的请求报文后，就会相应改请求，将包含着本地路由表的响应报文发出，如图 4-4 所示。

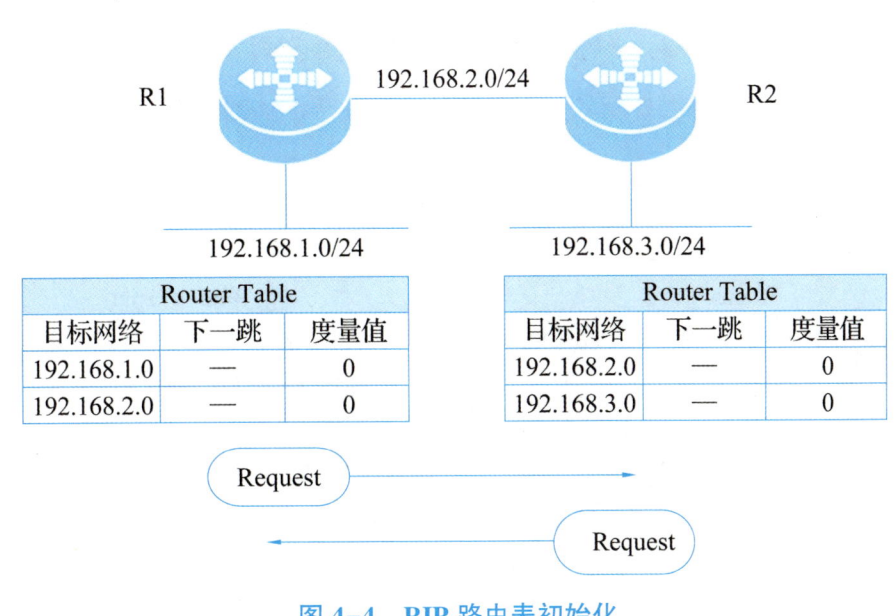

图 4-4 RIP 路由表初始化

2. RIP 路由表更新

路由表更新是 RIP 中的关键过程，用于确保路由表中的信息始终保持最新。每隔 30 秒，RIP 路由器会向相邻的路由器广播其路由表中的信息。这个信息包含了到达各个网络的跳数信息。当一个 RIP 路由器接收到邻居路由器的路由更新时，它会检查更新的信息，并比较新的路由信息与现有路由表中的信息。

如果收到的路由信息完全无变化时，设备会将该条路由老化计时器清零。

如果新的路由信息表明到达某个网络的路径更短（跳数更少），则路由器会更新自己的路由表，将更短路径的信息替代旧的路径信息。

对于本路由表中不存在的路由项，在度量值小于协议规定的最大值（16）时，就会在路由表中增加该条目。

最后更新的路由信息会继续广播给其他邻居路由器，以确保整个网络中的路由表都保持同步，如图 4-5 所示。

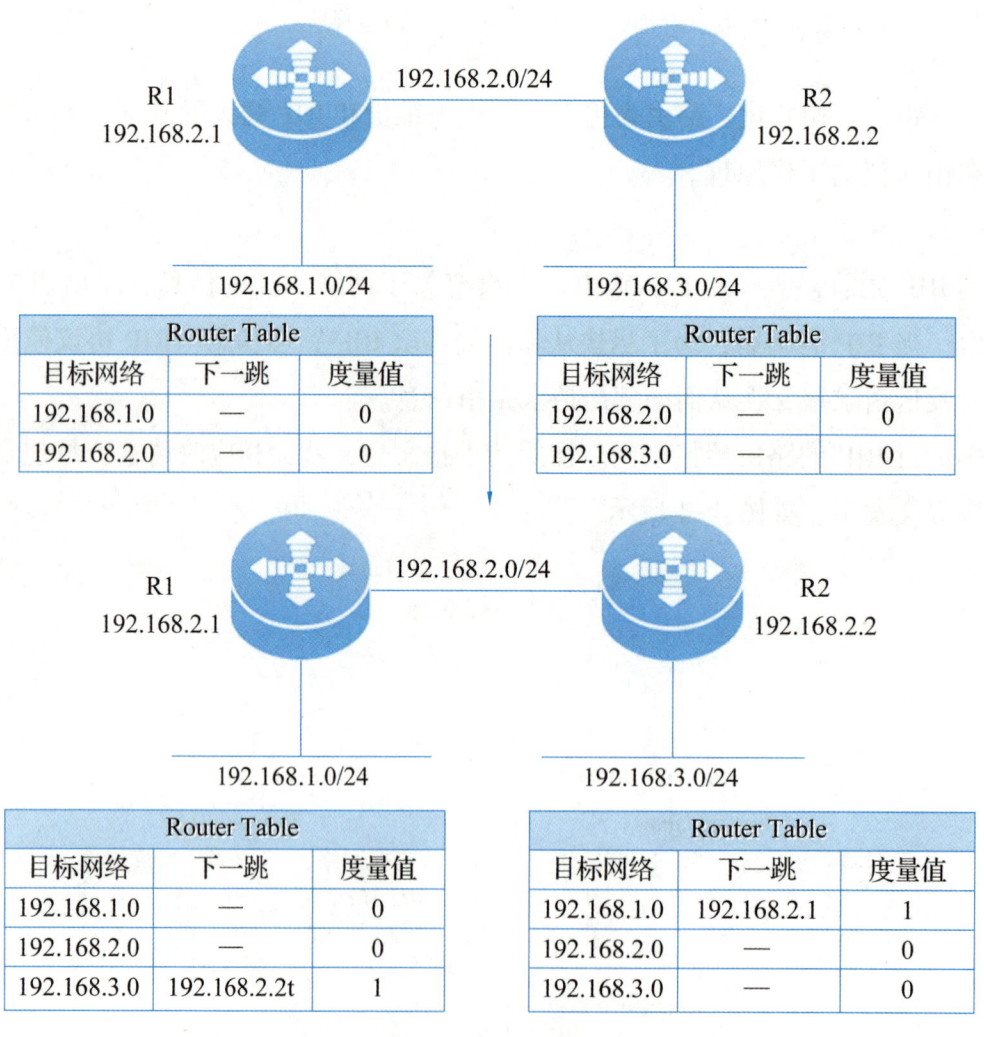

R1 192.168.2.1 —— 192.168.2.0/24 —— R2 192.168.2.2

192.168.1.0/24　　192.168.3.0/24

| Router Table |||
目标网络	下一跳	度量值
192.168.1.0	—	0
192.168.2.0	—	0

| Router Table |||
目标网络	下一跳	度量值
192.168.2.0	—	0
192.168.3.0	—	0

R1 192.168.2.1 —— 192.168.2.0/24 —— R2 192.168.2.2

192.168.1.0/24　　192.168.3.0/24

| Router Table |||
目标网络	下一跳	度量值
192.168.1.0	—	0
192.168.2.0	—	0
192.168.3.0	192.168.2.2t	1

| Router Table |||
目标网络	下一跳	度量值
192.168.1.0	192.168.2.1	1
192.168.2.0	—	0
192.168.3.0	—	0

图 4-5　RIP 路由表更新

3. RIP 路由表的维护

RIP 路由器在维护路由表时主要通过定时器来进行。RIP 路由协议中有 3 个关键的定时器,用于管理路由表的更新和维护,以确保路由信息的准确性和可靠性。这 3 个定时器分别是:

(1) 路由更新定时器(Route Update Timer):

路由更新定时器控制路由器发送路由更新的时间间隔。默认情况下,RIP 路由器每隔 30 秒发送一次路由更新,以通知邻居路由器有关网络拓扑的变化。这个定时器确保了路由表的信息能够及时地广播给其他路由器,以保持网络中的路由表同步。

(2) 路由失效定时器(Route Timeout Timer):

路由失效定时器用于标记路由表中的路由条目在多长时间内没有接收到更新信息就被视为失效。默认情况下,RIP 路由器将路由失效定时器老化时间设置为 180 秒,即如果在 180 秒内没有接收到有关某个网络的路由更新,就会将该路由标记为不可达。当路由失效定时器超时后,路由器会从路由表中删除相应的路由。

(3) 垃圾超时定时器(Garbage-Collect Timer)也可以叫刷新定时器(Flush Timer):

RIP 协议规定,在某条路由老化后,该路由表项不会立刻从路由表中删除,而是将这条路由放入 Garbage 队列,垃圾超时定时器开始启动,如果在此期间收到关于该路由器的更新报文,则会重新将这条路由放回 Age 队列重新进行老化计时。设置垃圾超时定时器的目的是防止路由震荡,默认时间是 120 秒。

这个定时器确保了即使某个网络在一段时间内无法到达,但仍然有机会恢复正常。

这 3 个定时器协同工作,帮助 RIP 路由器在网络中维护准确的路由信息。它们确保路由表的信息定期更新,同时也允许路由器在长时间内无法访问某个网络时,及时删除失效的路由信息,以保持路由表的有效性和精确性。

注意:路由器对 RIP 协议维护的一个单独的路由表也称为 RIP 路由表,这个表中的有效路由会被添加到 IP 路由表中作为转发的依据,从 IP 路由表中撤销的路由可能仍存在于 RIP 路由表中。

4. RIP 协议的基础配置

(1) 启动 RIP 路由进程。

【命令格式】router rip

【参数说明】无。

【命令模式】全局模式。

【使用指导】本命令用来创建 RIP 路由进程,并进入路由进程模式。

(2) 关联本地网络。

【命令格式】network network-number wildcard

【参数说明】network-number：网络号。wildcard：IP 地址比较比特位，0 表示精确匹配，1 表示不做比较。

【命令模式】路由进程模式。

【使用指导】只有被 network 覆盖的接口才能运行 RIP，才能被 RIP 学习直连路由，才能交互 RIP 报文，配置 network 0.0.0.0 255.255.255.255，即可覆盖所有接口。

(3) 定义 RIP 版本。

【命令格式】version {1 | 2}

【参数说明】1：RIPv1。2：RIPv2。

【命令模式】全局模式。

【使用指导】此命令对整机生效，定义所有接口上发送和接收的 RIP 报文的版本号。

小提示：如果相邻路由器上运行的 RIP 版本不一致，运行 RIPv1 的路由器会学习到错误的路由。

(4) 启用 RIP 路由自动汇总功能。

【命令格式】auto-summary

【参数说明】无。

【命令模式】路由进程配置模式。

【使用指导】RIP 路由自动汇总，就是当子网路由穿过有类网络边界时，将自动汇总成有类网络路由。RIPv1 和 RIPv2 缺省情况下将进行路由自动汇总。

拓展延伸

有类路由

"有类路由"是一个路由术语，通常指的是一种路由聚合技术，也称为"路由汇总"(Route Summarization)或"超网"(Supernetting)。有类路由用于将多个具体的路由条目合并成一个更广泛的路由表项，以减少路由表的规模，提高路由表的效率，并降低路由器的处理负担。

有类路由的主要思想是将一组具有相同前缀的 IP 地址块聚合成一个单一的路由表项。这有助于减少路由表中的条目数量，因为原本需要多个具体路由条目的地区都可以通过一个更广泛的路由来表示。这对于减少路由表的大小、降低内存使用和提高路由器性能非常有益。

以下是有类路由的一些关键特点：

路由汇总：有类路由通过将多个具体的路由表项汇总成一个更广泛的路由来实现。这个广泛的路由表项通常具有较长的网络前缀，包括多个原始路由的前缀。

减少路由表规模：通过聚合具体路由，有类路由可以大幅减少路由表的大小，特别是在大型网络中，这对于路由器的内存和处理能力非常重要。

提高路由效率：减少路由表中的条目数量可以加快路由查找速度，因为路由器需要比较较短的前缀来确定下一跳。

简化网络管理：有类路由可以使网络管理更容易，因为管理员只需维护较少数量的路由表项。

IP 地址的聚合：有类路由通常将多个连续的 IP 地址块聚合成一个超级网段，从而减少路由表的复杂性。

静态和动态路由协议支持：有类路由可以在静态路由和动态路由协议中使用，但需要注意，有些路由协议可能需要手动配置路由汇总。

总之，有类路由是一种有助于减少路由表规模、提高路由器性能和简化网络管理的重要路由技术。然而，它需要谨慎配置，以确保网络仍然能够正确地路由数据包。

练习与思考

1. 相比于距离矢量动态路由协议，链路状态路由协议的优点有(　　)。
   A. 协议算法本身无环路　　　　B. 配置维护简单
   C. 收敛速度快　　　　　　　　D. 协议交互占用带宽小

2. RIP 使用(　　)协议来承载，其端口号为(　　)。
   A. TCP，177　　B. TCP，520　　C. UDP，520　　D. UDP，177

3. RIP 中 Update 定时器的默认时间是(　　)秒。
   A. 30　　　　　B. 45　　　　　C. 60　　　　　D. 120

4. 在 RIPv2 中添加的(　　)是 RIPv1 中不存在的。
   A. 自动老化机制　　B. VLSM　　C. 组播发送报文　　D. 认证机制

5. 在设备上指定相关接口能运行 RIP 协议的命令是(　　)。
   A. R1(config)#network 10.1.0.0 0.0.255.255
   B. R1(config-router)#network 10.1.0.0 0.0.255.255
   C. R1(config)#network 0.0.0.0
   D. R1(config-router)#network 0.0.0.0

6. 使用动态路由对网络的好处有哪些？又会带来哪些问题？

7. 为什么 RIP 协议无法用于大型网络当中？

模块二 RIP 环路解决方法

学习目标

了解 RIP 路由协议产生环路的原因。

了解避免 RIP 协议中产生环路的机制。

了解 RIP 防环机制的工作流程。

知识学习

4.2.1 路由中产生环路的原因

由于 RIP 是典型的距离矢量动态路由协议，所以，在没有防环机制时，当网络中发生了故障，就有可能造成环路现象。

这里举例说明：如图 4-6 所示，R1、R2、R3 三台路由器运行了 RIP 协议，R1 通过 RIP 协议将与 R3 上的 10.2.115.0 网段传递给了 R2。这时 R1 的路由表中，去往 10.2.115.0 网段的跳数为 1，而在 R2 的路由表中，10.2.115.0 的跳数为 2。

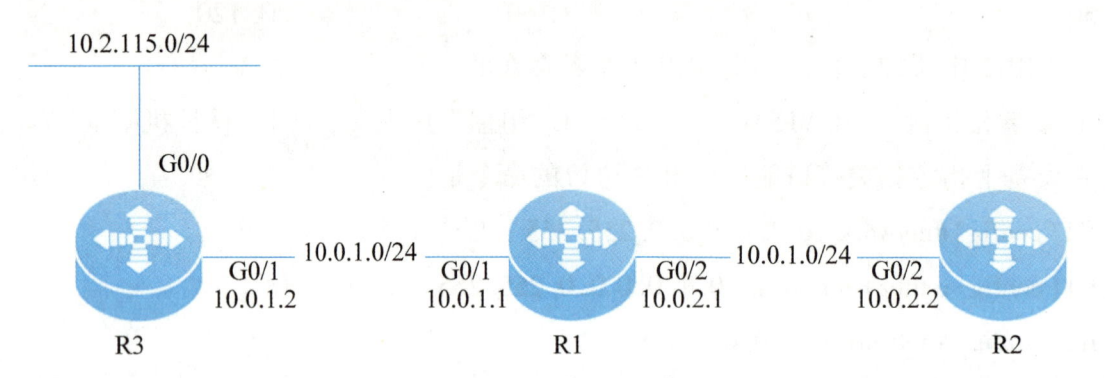

R3 Router Table

目标网络	下一跳	度量值
10.0.1.0	—	0
10.0.2.0	10.0.1.1	1
10.2.115.0	—	0

R1 Router Table

目标网络	下一跳	度量值
10.0.1.0	—	0
10.0.2.0	—	0
10.2.115.0	10.0.1.	1

R2 Router Table

目标网络	下一跳	度量值
10.0.1.0	10.0.2.1	1
10.0.2.0	—	0
10.2.115.0	10.0.2.1	2

图 4-6 正常的路由表

现在如果 R1 和 R3 之间的网络出现了故障，导致连接中断，此时对于 R1 来说，就把 10.2.115.0/24 网段的路由设为不可达。但是如果没有路由的防环机制，可能会出现以下问题。

在 R1 把 10.2.115.0/24 网段的路由不可达的消息传递给 R2 之前，R2 就向 R1 传递了一条去往 10.2.115.0/24 网段的跳数为 2 的路由，这样一来，R1 这时虽然自己无法到达 10.2.115.0/24，但是此时它认为通过 R2 的转发就可以到达 10.2.115.0/24 网段，所以 R1 会在自己的路由表中加入 10.2.115.0/24 网段的路由，并且其下一条是 R2。

如图 4-7 所示，路由环路就产生了，R1 会按照路由表把发往 10.2.115.0 网段的数据包转发至 R2，而 R2 又会把该数据包回传给 R1，这样数据包就在 R1 和 R2 之间来回传递。

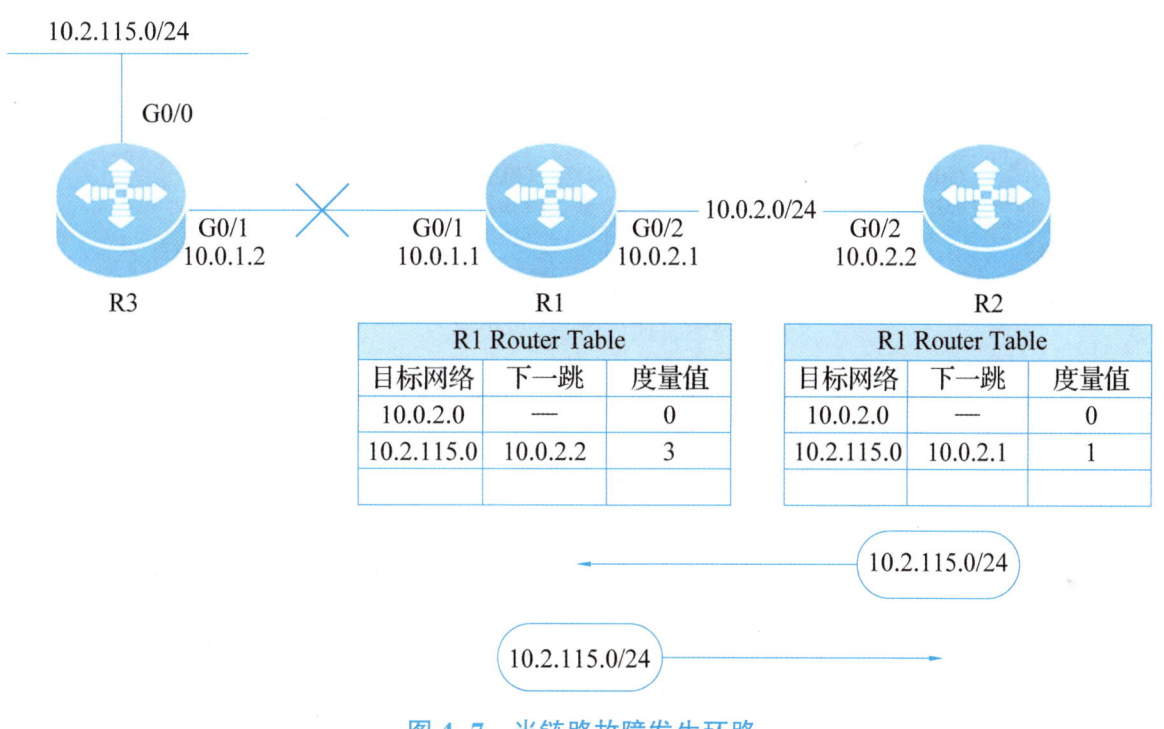

图 4-7 当链路故障发生环路

小提示：环路产生后，某个数据包是否会在两台路由器之间一直相互转发？为什么？

4.2.2 避免 RIP 中路由环路的机制

为了 RIP 协议可能产生环路的问题，其设计了一些机制来避免网络中产生环路，这些机制分别是：

1. 路由毒化（Route Poisoning）

路由毒化是一种用于防止路由环路的机制。它是一种通过告知邻居路由器某个路由不可用来避免无限循环的机制。

当一个路由器学习某个网络的路由信息后，如果它确定该网络不再可达（例如，因为链路断开或下一跳路由器状态不可用），它会使用路由毒化机制来通知其他路由器该路由的不可达状态，而不是简单地将该路由信息从路由表中删除。

路由毒化的主要思想是将不可达路由的跳数（距离）设置为一个特殊的值，通常是无穷大(16跳），以表示该路由不可达。

举个例子来说明路由毒化的工作原理：

同样是4.2.1中举的例子，如图4-8所示，路由器R1通过RIP学习R3上网络10.2.115.0的路由，然后链路断开，网络10.2.115.0不再可达。路由器R1会将路由10.2.115.0的跳数设置为无穷大，并向其邻居路由器发送更新，通知它们路由10.2.115.0不可达。

图 4-8 路由毒化

邻居路由器接收到这个更新后，会将路由10.2.115.0的跳数也设置为无穷大，并继续向其他邻居路由器传播这一信息。这样，整个网络中的路由器都能够快速了解网络10.2.115.0不可达的状态，避免了路由环路的问题。

总之，路由毒化是RIP协议中的一项重要机制，通过路由毒化机制，RIP协议能够保证与故障网络直连的路由器有正确的路由信息。

2. 水平分割（Split Horizon）

分析距离矢量动态路由协议中产生路由环路的原因，最重要的一条就是路由器将从某个邻居中学到的路由信息又告诉了这个邻居。

水平分割是在距离矢量动态路由协议中最常用的避免环路发生的解决方案之一，水平分割的思想就是将RIP路由器从某个接口学到的路由不会再从该接口发回给邻居路由器。

在如图4-9所示的网络中，如果应用水平分割，路由在接口发送路由更新的时候，就不会包含底色较深的这些路由条目。我们来看示例：

当网络10.2.215.0网络发生故障，这时假如R2还未发送更新给R1，此时R1发送了更新，因为水平分割的作用，R1发送给R2的更新就不会包含10.2.215.0网络，从而避免了路由环路的产生。

项目四　基于 RIP 协议构建多区域动态网络

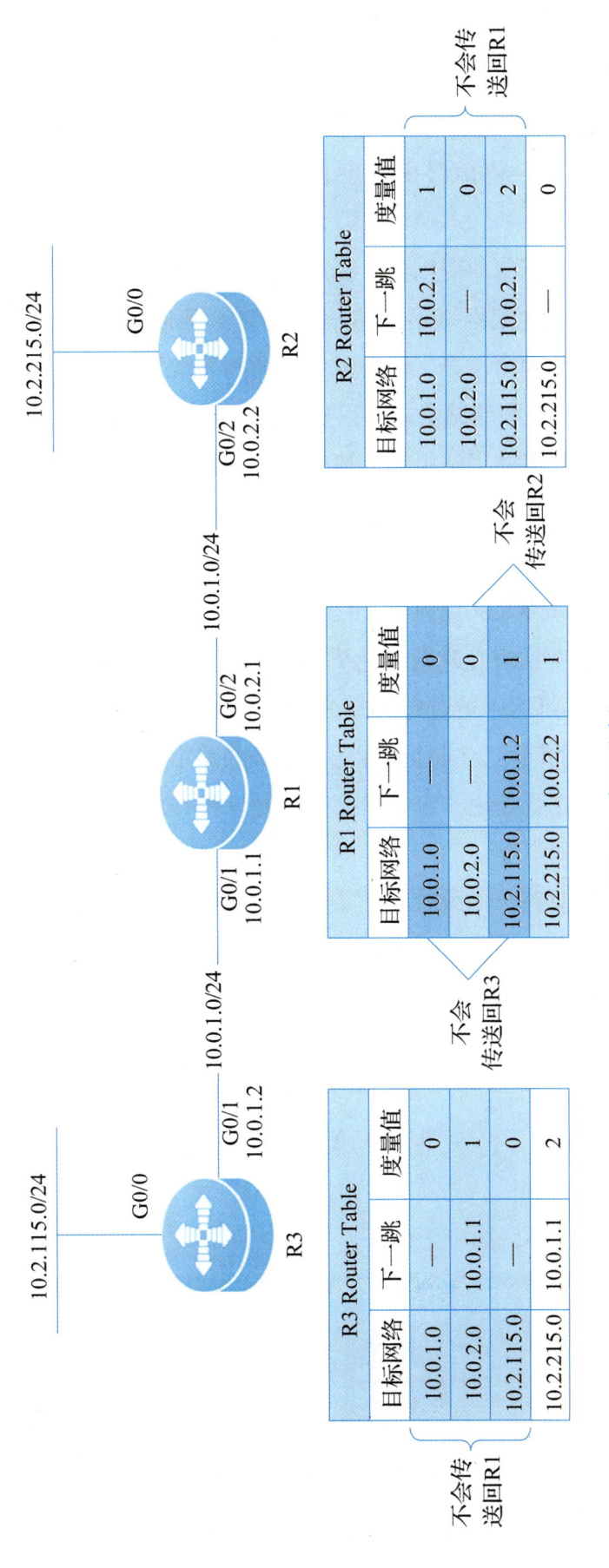

图4-9　水平分割

在 RIP 协议中，水平分割是默认开启的状态。

3. 毒性逆转（Poison Reverse）

毒性逆转是一种防止路由环路的机制，用于改进路由信息的传播和路由表的收敛。当 RIP 从某个接口学到路由后，将该路由的度量值设置为无穷大，并从原接口发回连接路由器。

毒性逆转与水平分割有相似的应用场合和功能，但与水平分割相比，毒性逆转更加健壮和安全。因为毒性逆转是主动把网络不可达信息通知给其他路由器。但是毒性逆转也有缺点，即路由更新时路由项数量会增多，浪费网络带宽与系统开销。

通过毒性逆转，RIP 协议中的路由器可以更快地通知其他路由器某个网络不可达，从而避免了无限循环的问题。这有助于路由表的快速收敛，提高了网络的稳定性。

4. 定义最大度量值

在多路径网络环境中，如果产生路由环路，会使路由器中路由项的跳数不断增大，导致网络无法收敛。通过给每种距离矢量动态路由协议的度量值设定一个最大值，能够解决上述问题。

在 RIP 协议中，规定度量值是跳数，达到的最大值默认为 16，当路由项的跳数达到最大值 16 时网络会被认为不可达，通过定义最大值距离，矢量动态路由协议可以解决发生环路时路由度量值无限增大的问题，同时也矫正了错误的路由信息，但是在最大度量值到达之前路由环路还是会存在。也就是说，定义最大值只是一种补救措施，只能减少路由环路存在的时间，并不能避免环路的产生。

当 RIP 定义了最大值且路由的跳数到达 16 后，如图 4-10 所示网络 10.2.115.0 被认为

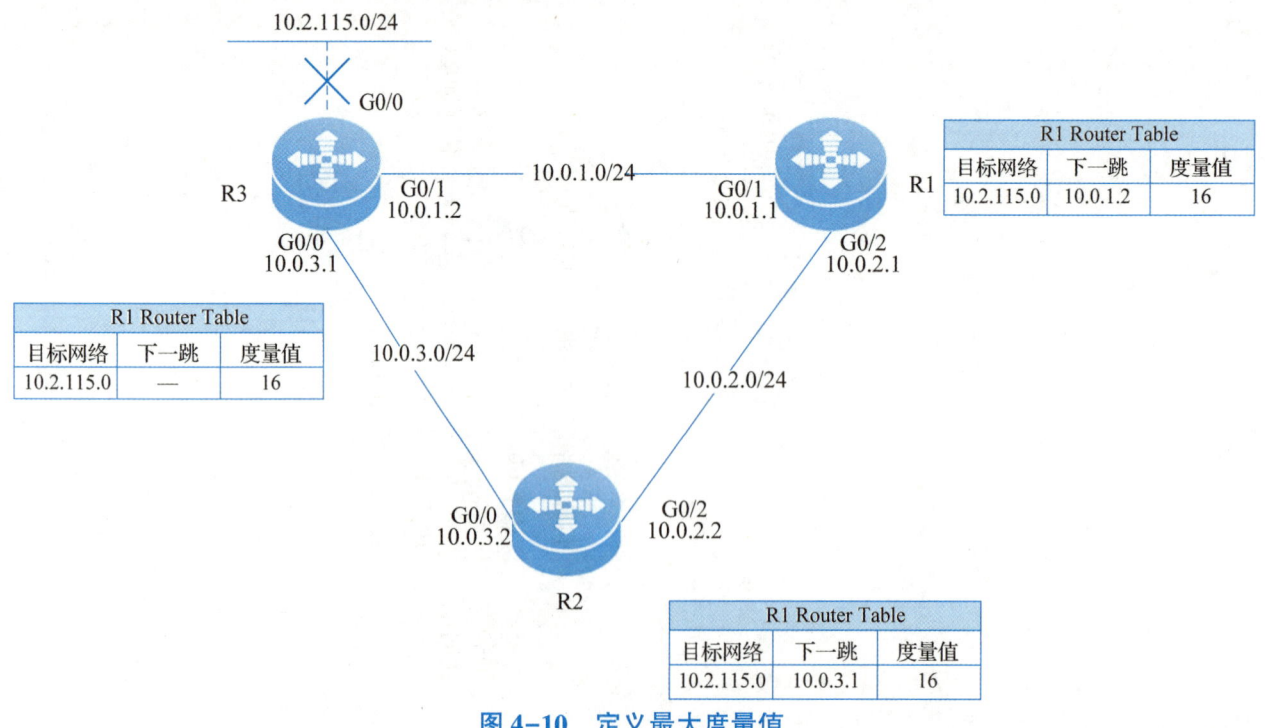

图 4-10 定义最大度量值

不可达，此时如果收到去往 10.2.115.0 网络的数据包，它将会被丢弃。

5. 抑制时间（Hold-down Timer）

抑制时间与路由毒化结合使用能够在一定程度上避免路由环路的产生，抑制时间规定当一条路由的度量值变为无穷大 16 时，该路由将会进入抑制状态，在抑制状态下只有来自同一邻居且度量值小于无穷大 16 的路由更新才会被路由器接收取代不可达路由。

抑制时间机制如图 4-11 所示，当网络 10.2.115.0 发生故障，R3 就会毒化网络 10.2.115.0 的路由表项，使其度量值变为 16 的同时还会设置一个抑制时间。

在抑制时间结束之前，假如有其他路由器给 R1 发送关于网络 10.2.115.0 的路由，R1 会忽略相关的更新。

如果 R3 在抑制时间结束之前对 R1 发送一条关于 10.2.115.0 网段的更新信息，路由器 R1 就会认为路由可达，并删除抑制时间。

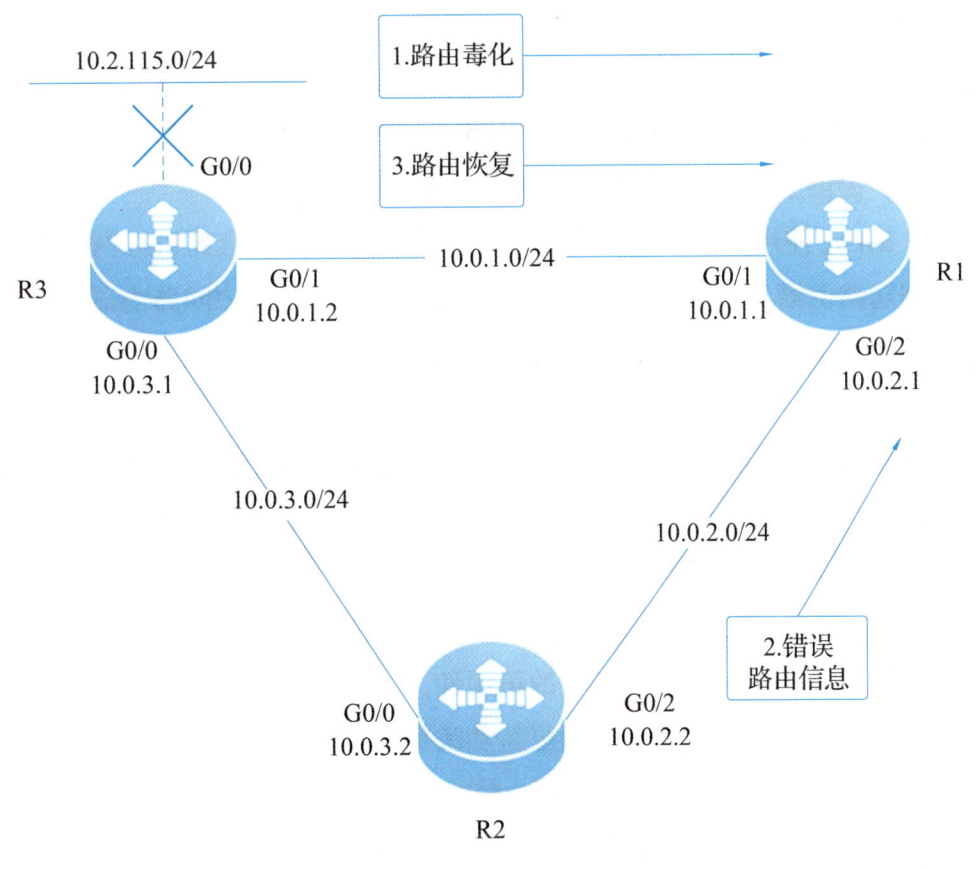

图 4-11 抑制时间机制

6. 触发更新

正常情况下，路由器会基于更新计时器每 30 秒将路由表发送给邻居路由器，而触发更新是立刻发送路由更新信息。

触发更新机制是指当路由表中路由信息产生改变时，路由器不必等到更新周期到来而立即发送路由更新给相邻路由器。触发更新主要就是让整个网络上的路由器在最短的时间内收到更新信息，从而快速了解(学习收敛)整个网络的路由变化。

使用触发更新方法能够在一定程度上避免路由环路的发生。但是，仍然存在以下两个问题。

（1）触发更新信息在传输过程中可能会被丢掉或损坏。

（2）如果触发更新信息还没有来得及发送，路由器就接收相邻路由器的周期性路由更新信息，则使路由器更新了错误的路由信息。

抑制时间和触发更新相结合，就可以解决上述问题。在抑制时间内，路由器不理会从其他路由器传来的相关路由项可达信息，相当于确保路由项的不可达信息不被错误的可达信息取代。

拓展延伸

RIPng(Routing Information Protocol next generation)是一种用于IPv6网络的路由信息协议，它是IPv6版本中的RIP协议。RIPng的主要特点包括：

适用于IPv6：RIPng是为IPv6设计的，因此可以在IPv6网络中使用。IPv6是IPv4的下一代互联网协议，提供了更多的IP地址和其他改进。

路由度量：RIPng使用跳数作为路由度量。每个路由器会记录到目标网络的跳数，并将此信息发送给邻居路由器。跳数是从源路由器到目标网络所需的中间路由器数量。虽然这种度量标准相对简单，但不适用于大型或复杂网络，因为它不能考虑路径的质量或延迟等因素。

周期性更新：RIPng路由器定期发送路由表信息给邻居路由器，以确保网络拓扑的最新状态。这些更新通常以固定的时间间隔发送，这可以导致一定的带宽开销，特别是在大型网络中。

最大跳数限制：RIPng默认最大跳数限制为15跳，这意味着RIPng最多可以处理15跳内的网络。这限制了RIPng在大型网络中的可用性。

收敛时间慢：由于RIPng使用周期性更新和跳数作为路由度量，它的网络收敛时间相对较慢。在网络拓扑发生变化时，RIPng需要一些时间才能更新路由信息。

简单配置：RIPng的配置相对简单，适用于小型或简单的IPv6网络。它不需要复杂的参数或策略。

总的来说，RIPng是专为IPv6网络设计的，采用了更适用于IPv6的数据包格式和路由度量标准。它是RIP协议的现代化版本，适用于支持IPv6的网络环境，而RIP协议适用于IPv4网络。然而，RIPng仍然保留了一些RIP协议的传统特性，如跳数度量，因此在大型、复杂的网络中可能不太适用，类似于RIP协议。在这种情况下，更复杂的路由协议，如OSPFv3或EIGRPv6，可能更合适。

项目四　基于 RIP 协议构建多区域动态网络

练习与思考

1. 相比于距离矢量动态路由协议，链路状态路由协议的优点有（　　）。

　　A. 路由毒化　　　　　　　　　　B. 水平分割

　　C. 毒性逆转　　　　　　　　　　D. 定义最大度量值

2. 在 RIP 协议中，何时触发路由更新以防止路由环路？（　　）

　　A. 每当有新的路由器加入网络时

　　B. 定期定时触发

　　C. 仅在网络拓扑变化时触发

　　D. 不触发路由更新，RIP 无法防止路由环路

3. 哪个 RIP 特性可以通过禁止路由信息的逆流传播来帮助防止路由环路？（　　）

　　A. 抑制时间 Hold-down Timer　　　　B. 毒性逆转 Poison Reverse

　　C. 水平分割 Split Horizon　　　　　　D. 路由汇总 Route Summarization

4. RIP 是如何通过抑制时间和路由毒化结合起来避免路由环路的？（　　）

　　A. 从某个接口学到路由后，将该路由的度量值设置为无穷大，并从原接口发回邻居路由器

　　B. 主动对故障网段的路由设置抑制时间，将其度量值设置为无穷大，并发送给其他邻居

　　C. 从某个接口学到路由后，为该路由设置抑制时间，并从原接口发回邻居路由器

　　D. 从某个接口学到路由后，将该路由的度量值设置为无穷大，并设置抑制时间，然后从原接口发回给邻居路由器

5. 当网络中产生路由环路后是否会像二层广播风暴一样无休止的转发？为什么？

模块三　多区域动态网络实现

学习目标

完成 3 个区域网络的 VLAN 与地址规划。

使用动态路由完成各个区域的互联互通。

知识学习

4.3.1 网络规划

在本项目中因为公共区域与财务会接入同一个三层交换机,所以需要配置相应的 VLAN 将接口隔离,最终任务可以分为主机命名、VLAN 规划、接口规划和地址规则 4 个部分。

1. 主机命名

设备命名规划如表 4-2 所示。其中代号 EA 代表公司名,JR 代表接入层设备,S5310 指明设备型号,01 指明设备编号。

表 4-2 设备主机名表

设备型号	设备主机名	备注
RG-S5310-24GT4XS	EA-HJ-S5310-01	区域 1 汇聚交换机
RG-S5310-24GT4XS	EA-HJ-S5310-02	区域 2 汇聚交换机
RG-RSR20	EA-HX-RSR20-01	出口路由器

2. VLAN 规划

根据场地功能进行 VLAN 的划分,分别是公共的无线区域、财务与售后部分,这里规划 3 个 VLAN 编号(VLAN ID),这里使用对应 SVI 接口作为网关。具体规划如表 4-3 所示。

表 4-3 VLAN 规划表

序号	功能区	VLAN ID	VLAN Name
1	公共无线	10	Wlan
2	财务	20	CaiWu
3	售后	30	ShouHou

提问:将原有的售后的 VLAN ID 设置成 10 或者 20,网络是否会出现故障?为什么?

3. 接口规划

网络设备之间的端口互连规划规范为:Con_To_对端设备名称_对端接口名。本项目中只针对网络设备互连接口进行描述,默认采用靠前的接口承担接入工作,靠后的接口负责设备互连,具体规划如表 4-4 所示。

表 4-4　端口互连规划表

本端设备	接口	接口描述	对端设备	接口	VLAN
EA-HJ-S5310-01	Gi0/1	—	—	—	10
	Gi0/2-7	—	PC	—	20
	Gi0/8	Con_To_EA-HX-RSR20-01_Gi0/1	EA-HX-RSR20-01	Gi0/1	—
EA-HJ-S5310-02	Gi0/2-7	—	PC	—	30
	Gi0/8	Con_To_EA-HX-RSR20-01_Gi0/2	EA-HX-RSR20-01	Gi0/2	—
EA-HX-RSR20-01	Gi0/1	Con_To_EA-HJ-S5310-01_Gi0/8	EA-HJ-S5310-01	Gi0/8	—
	Gi0/2	Con_To_EA-HJ-S5310-02_Gi0/8	EA-HJ-S5310-02	Gi0/8	—

4. 地址规划

设备互连地址规划表如表 4-5 所示。

表 4-5　设备互连地址规划表

序号	本端设备	接口	本端地址	对端设备	接口	对端地址
1	EA-HJ-S5310-01	G0/8	172.16.100.1/30	EA-HJ-RSR20-01	G0/1	172.16.100.2/30
2	EA-HJ-S5310-02	G0/8	172.16.100.5/30	EA-HJ-RSR20-01	G0/2	172.16.100.6/30

另外这里还需要对各个 VLAN 的内的网段与网关进行规划，我们选用 SVI 接口作为网关接口，且网关地址为网段中最后一个可用地址，网络地址规划表如表 4-6 所示。

表 4-6　网络地址规划表

序号	VLAN	地址段	网关
1	10	192.168.10.0/24	192.168.10.254
2	20	192.168.20.0/24	192.168.20.254
3	30	192.168.30.0/24	192.168.30.254

4.3.2　网络拓扑

完成规划后得到最终拓扑图，如图 4-12 所示。

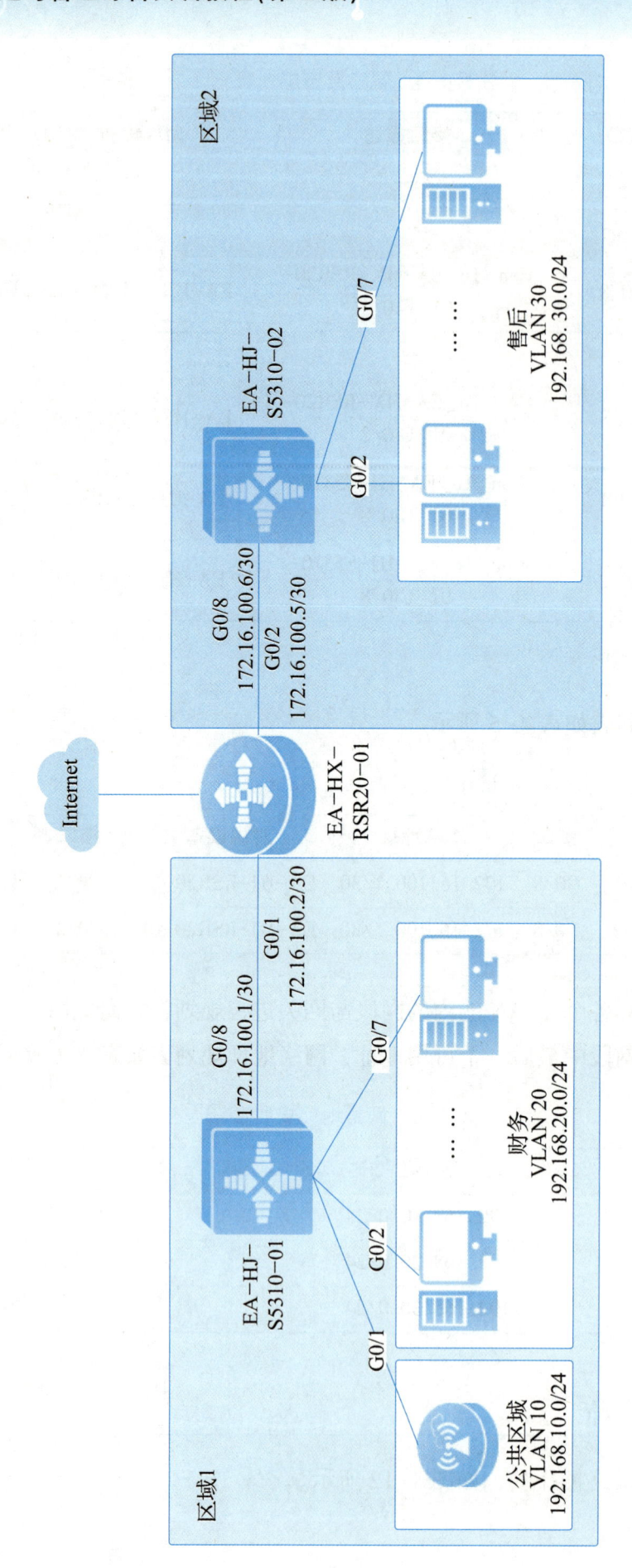

图4-12 网络拓扑图

4.3.3 基础配置

1. 配置设备基础信息

配置设备的基础信息,包括设备名称、接口描述等内容,因重复性较高,这里使用 EA-HX-RSR20-01 进行演示。

```
Ruijie(config)#hostname EA-HX-RSR20-01
EA-HX-RSR20-01(config)#interface gigabitEthernet 0/0
EA-HX-RSR20-01(config-if-GigabitEthernet 0/0)#description Con_To_Internet
EA-HX-RSR20-01(config-if-GigabitEthernet 0/0)#interface gigabitEthernet 0/1
EA-HX-RSR20-01(config-if-GigabitEthernet 0/1)#description Con_To_EA-HJ-S5310-01_Gi0/8
EA-HX-RSR20-01(config-if-GigabitEthernet 0/1)#interface gigabitEthernet 0/2
EA-HX-RSR20-01(config-if-GigabitEthernet 0/2)#description Con_To_EA-HJ-S5310-02_Gi0/8
EA-HX-RSR20-01(config-if-GigabitEthernet 0/2)#exit
```

2. 配置接口信息

本步骤为配置设备的接口地址、声明规划的 VLAN、将接口划分至对应的 VLAN 当中。这里分别为 3 台设备配置相应内容。

EA-HX-RSR20-01

```
EA-HX-RSR20-01(config)#interface gigabitEthernet 0/1
EA-HX-RSR20-01(config-if-GigabitEthernet 0/1)#no switchport
EA-HX-RSR20-01(config-if-GigabitEthernet 0/1)#ip address 172.16.100.2 30
EA-HX-RSR20-01(config-if-GigabitEthernet 0/1)#interface gigabitEthernet 0/2
EA-HX-RSR20-01(config-if-GigabitEthernet 0/2)#no switchport
EA-HX-RSR20-01(config-if-GigabitEthernet 0/2)#ip address 172.16.100.5 30
```

EA-HJ-S5310-01

```
EA-HJ-S5310-01(config)#interface gigabitEthernet 0/8
EA-HJ-S5310-01(config-if-GigabitEthernet 0/8)#no switchport
EA-HJ-S5310-01(config-if-GigabitEthernet 0/8)#ip address 172.16.100.1 30
EA-HJ-S5310-01(config-if-GigabitEthernet 0/8)#exit
EA-HJ-S5310-01(config)#vlan 10
EA-HJ-S5310-01(config-vlan)#vlan 20
EA-HJ-S5310-01(config-vlan)#exit
EA-HJ-S5310-01(config)#interface gigabitEthernet 0/1
EA-HJ-S5310-01(config-if-GigabitEthernet 0/1)#switchport access vlan 10
EA-HJ-S5310-01(config-if-GigabitEthernet 0/1)#exit
EA-HJ-S5310-01(config)#interface range gigabitEthernet 0/2-7
EA-HJ-S5310-01(config-if-range)#switchport access vlan 20
EA-HJ-S5310-01(config-if-range)#exit
EA-HJ-S5310-01(config)#interface vlan 10
EA-HJ-S5310-01(config-if-VLAN 10)#ip address 192.168.10.254 24
EA-HJ-S5310-01(config-if-VLAN 10)#interface vlan 20
EA-HJ-S5310-01(config-if-VLAN 20)#ip address 192.168.20.254 24
```

EA-HJ-S5310-02

```
EA- HJ- S5310- 02(config)#interface gigabitEthernet 0/8
EA- HJ- S5310- 02(config- if- GigabitEthernet 0/8)#no switchport
EA- HJ- S5310- 02(config- if- GigabitEthernet 0/8)#ip address 172.16.100.6 30
EA- HJ- S5310- 02(config- if- GigabitEthernet 0/8)#exit
EA- HJ- S5310- 02(config)#vlan 30
EA- HJ- S5310- 02(config- vlan)#interface range gigabitEthernet 0/2- 7
EA- HJ- S5310- 02(config- if- range)#switchport access vlan 30
EA- HJ- S5310- 02(config- if- range)#exit
EA- HJ- S5310- 02(config)#interface vlan 30
EA- HJ- S5310- 02(config- if- VLAN 30)#ip address 192.168.30.254 24
```

4.3.4 RIP 路由配置

本步骤为配置 RIP 路由，使各个网段互联互通。

EA-HX-RSR20-01

EA- HX- RSR20- 01(config)#router rip	//创建 RIP 路由进程,并进入路由进程模式
EA- HX- RSR20- 01(config- router)#version 2	//定义所有接口上发送和接收的 RIP 报文的版本号为2
EA- HX- RSR20- 01(config- router)#network 172.16.100.0 0.0.0.3	//将与区域1互联的网段进行宣告
EA- HX- RSR20- 01(config- router)#network 172.16.100.4 0.0.0.3	//将与区域2互联的网段进行宣告
EA- HX- RSR20- 01(config)#no auto- summary	//关闭路由自动汇总功能

EA-HJ-S5310-01

EA- HJ- S5310- 01(config)#router rip	//创建 RIP 路由进程,并进入路由进程模式
EA- HJ- S5310- 01(config- router)#version 2	//定义所有接口上发送和接收的 RIP 报文的版本号为2
EA- HJ- S5310- 01(config- router)#network 192.168.20.0 0.0.0.255	//将财务处所在网段进行宣告
EA- HJ- S5310- 01(config- router)#network 192.168.10.0 0.0.0.255	//将公共区域所在网段进行宣告
EA- HJ- S5310- 01(config- router)#network 172.16.100.0 0.0.0.3	//将与区域1互联的网段进行宣告
EA- HJ- S5310- 01(config- router)#no auto- summary	//关闭路由自动汇总功能

EA-HJ-S5310-02

EA- HJ- S5310- 02(config)#router rip	//创建 RIP 路由进程,并进入路由进程模式
EA- HJ- S5310- 02(config- router)#version 2	//定义所有接口上发送和接收的 RIP 报文的版本号为2
EA- HJ- S5310- 02(config- router)#network 192.168.30.0 0.0.0.255	//将售后区域所在网段进行宣告
EA- HJ- S5310- 02(config- router)#network 172.16.100.4 0.0.0.3	//将与区域2互联的网段进行宣告
EA- HJ- S5310- 02(config)#no auto- summary	//关闭路由自动汇总功能

小提示：如果没有特殊要求，也可以直接配置 network 0.0.0.0 255.255.255.255，即可覆盖所有接口。

4.3.5 任务验证

本步骤可以使用 ping 命令进行测试，这里在 EA－HJ－S5310－01 上使用"ping

192.168.30.254 source 192.168.10.254"命令测试从公共区域网关到维修网关的连通性，如图 4-13 所示连通性正常。

```
EA-HJ-S5310-01#ping 192.168.30.254 source 192.168.10.254
Sending 5, 100-byte ICMP Echoes to 192.168.30.254, timeout is 2 seconds:
 < press Ctrl+C to break >
!!!!!
Success rate is 100 percent (5/5), round-trip min/avg/max = 1/1/4 ms.
EA-HJ-S5310-01#
```

图 4-13 连通性测试

本步骤为可以使用 show ip route 对路由表进行输出，可以看到设备通过协议自动学习了对应的路由条目，这里分别在 EA-HX-RSR20-01 与 EA-HJ-S5310-01 上进行验证，结果如图 4-14 和图 4-15 所示。

```
EA-HX-RSR20-01#show ip route

Codes:  C - Connected, L - Local, S - Static
        R - RIP, O - OSPF, B - BGP, I - IS-IS, V - Overflow route
        N1 - OSPF NSSA external type 1, N2 - OSPF NSSA external type 2
        E1 - OSPF external type 1, E2 - OSPF external type 2
        SU - IS-IS summary, L1 - IS-IS level-1, L2 - IS-IS level-2
        IA - Inter area, EV - BGP EVPN, A - Arp to host
        LA - Local aggregate route
        * - candidate default

Gateway of last resort is no set
C     172.16.100.0/30 is directly connected, GigabitEthernet 0/1
C     172.16.100.2/32 is local host.
C     172.16.100.4/30 is directly connected, GigabitEthernet 0/2
C     172.16.100.5/32 is local host.
R     192.168.10.0/24 [120/1] via 172.16.100.1, 00:10:15, GigabitEthernet 0/1
R     192.168.20.0/24 [120/1] via 172.16.100.1, 00:10:15, GigabitEthernet 0/1
R     192.168.30.0/24 [120/1] via 172.16.100.6, 00:10:07, GigabitEthernet 0/2
EA-HX-RSR20-01#
```

图 4-14 EA-HX-RSR20-01 的路由表

```
EA-HJ-S5310-01#show ip route

Codes:  C - Connected, L - Local, S - Static
        R - RIP, O - OSPF, B - BGP, I - IS-IS, V - Overflow route
        N1 - OSPF NSSA external type 1, N2 - OSPF NSSA external type 2
        E1 - OSPF external type 1, E2 - OSPF external type 2
        SU - IS-IS summary, L1 - IS-IS level-1, L2 - IS-IS level-2
        IA - Inter area, EV - BGP EVPN, A - Arp to host
        LA - Local aggregate route
        * - candidate default

Gateway of last resort is no set
C     172.16.100.0/30 is directly connected, GigabitEthernet 0/8
C     172.16.100.1/32 is local host.
R     172.16.100.4/30 [120/1] via 172.16.100.2, 00:10:34, GigabitEthernet 0/8
C     192.168.10.0/24 is directly connected, VLAN 10
C     192.168.10.254/32 is local host.
C     192.168.20.0/24 is directly connected, VLAN 20
C     192.168.20.254/32 is local host.
R     192.168.30.0/24 [120/2] via 172.16.100.2, 00:10:23, GigabitEthernet 0/8
EA-HJ-S5310-01#
```

图 4-15 EA-HJ-S5310-01 的路由表

4.3.6 常见问题

接口上未配置 IPv4 地址。

某台设备上没有定义 RIP 版本，或 RIP 版本号与其他路由器不一致。

network 命令配置的地址范围未覆盖某接口。

设备互联接口被设置为被动接口。

练习与思考

1. RIP 不会把从某接口获取的路由信息通过该接口发送出去，这种行为叫作(　　　)。

A. 水平分割　　　　B. 触发更新　　　　C. 毒性逆转　　　　D. 抑制定时器

2. RIP 使用什么作为度量标准，管理距离是多少？(　　　)

A. 带宽，110　　　B. 跳数，120　　　C. 跳数，1　　　　D. 延迟，110

3. 项目中命令"no auto-summary"输入前后路由表是否有变化？如果没有，为什么？

项目五

基于 OSPF 协议构建动态网络

项目描述

BK 大学经过多年的持续发展与壮大，已经成为一所在教学与科研领域享有盛誉的知名高等教育机构。然而，随着学校规模不断扩大以及教学研究水平的提升，现有校区的面积已经无法满足学校日益增长的教学与科研需求。为了更好地为学生和教职员工提供良好的学习和工作环境，以及更加完善的教育设施和学术资源，学校决定着手规划新建校区的项目。

新建校区的基础网络规划至关重要，现阶段新校区共修建教学楼 3 栋，宿舍楼 12 栋，在学校专门规划了信息中心与核心机房。根据后期安排起码还会新建同等规模的教学楼与宿舍楼。现阶段规划图如图 5-1 所示。

现主要需要对 3 个功能区域按照基础三层架构来规划有线网络，分别是核心机房区域、教室及办公区域、学生宿舍区域。

核心区域主要包含汇聚设备、核心设备、审计设备、安全设备等，但是本逻辑规划只需体现网络设备，即汇聚设备和核心设备。教室及办公区域主要需满足教师日常办公、上课与课堂信息化需求。学生宿舍区域需要每个宿舍至少存在一个信息点，以满足学生日常生活中学习与娱乐需求。

另外，因为网络设备接口限制，每栋楼宇必然需要放置多台设备来负责接入，在规划中均使用 VSU 等虚拟化技术进行堆叠，以保证网络的安全性与易管理性，所以在逻辑拓扑图中，每栋楼宇只标注 1 台设备即可。

图 5-1　现阶段规划图

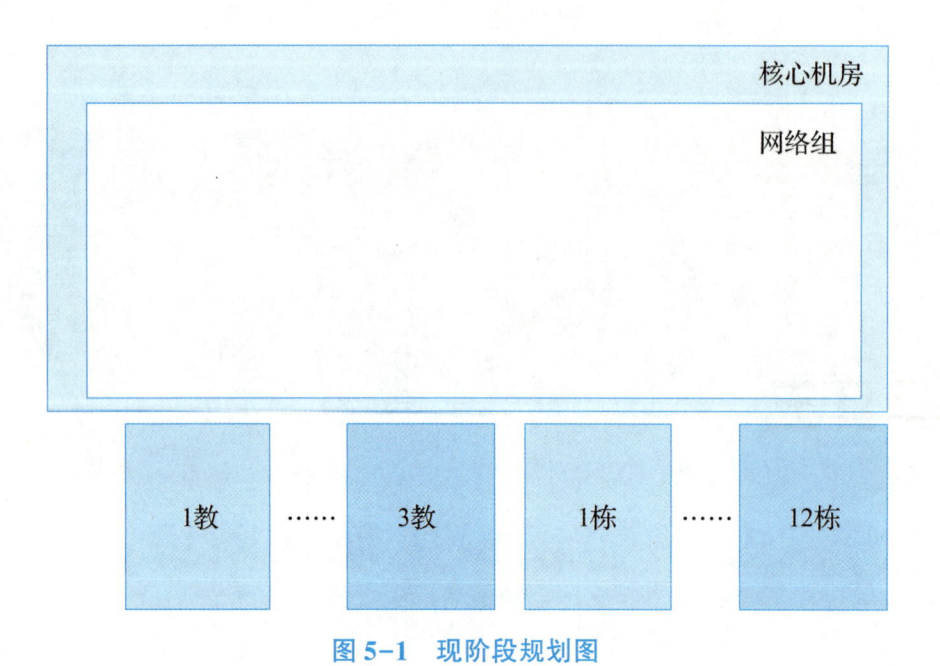

现阶段你需要完成基础网络的规划与配置。逻辑拓扑如图 5-2 所示。

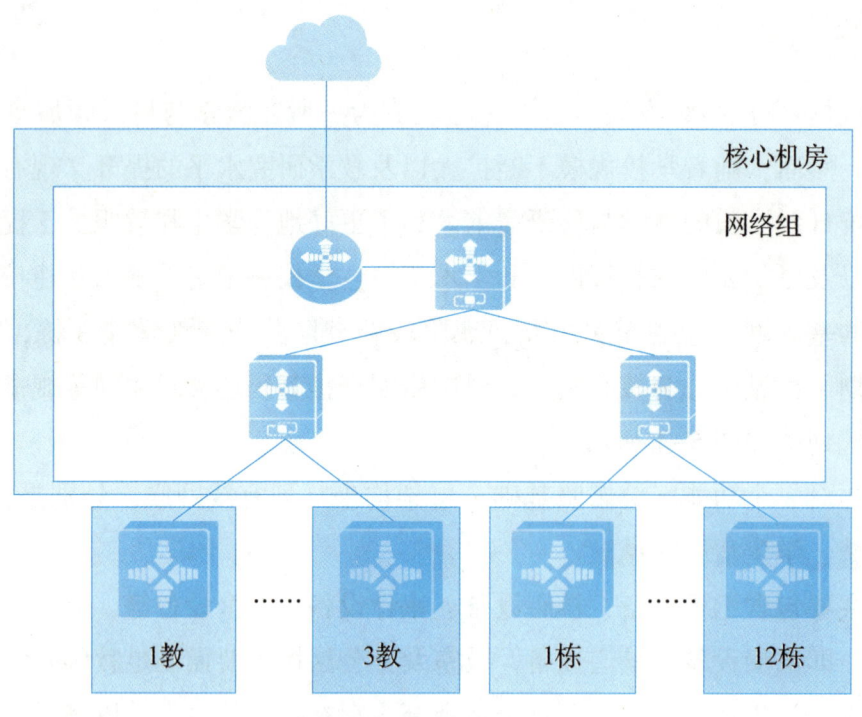

图 5-2　逻辑拓扑

项目目标

学习 OSPF 后能复述链路状态路由协议与矢量路由协议的差异。

能了解 OSPF 协议的基本工作流程与配置方式。

能使用 OSPF 协议完成示例项目，使项目网络互联互通。

通过实践能了解 OSPF 路由的应用环境，增强实践能力，使之能在不同的情况下恰当地选择技术。

模块一　OSPF 概述

学习目标

了解 RIP 协议的缺陷以及 OSPF 产生的原因。

了解 OSPF 协议的概念。

了解 OSPF 协议的基本工作流程。

知识学习

1. RIP 协议的缺陷

虽然 RIP 算法相对简单，但它因为基于距离矢量算法，导致其存在一些无法避免的缺陷，如不可避免地会引入路由环路等。虽然后续人们在原先的基础上添加了水平分割、抑制时间、毒性逆转等方法来避免环路，但是这就使 RIP 网络的路由计算变得复杂，收敛时间变得缓慢。

而且因为存在最大跳数的限制，RIP 协议支持的最大跳数为 16，这就决定了其无法用于构建规模较大的网络。在启用 RIP 协议的网络里，每一个 RIP 路由器只能接收网络中相邻路由器的路由表，接收相邻路由器路由信息后，RIP 路由器将路由信息的度量值增加 1 跳后再传送给相邻路由器。这种逐步传递路由信息的过程只发生在相邻路由器之间。当跳数增加到 16 以后，路由器会认为距离无穷远目标网络不可达。这一限制决定了任意两个设备之间的距离不能超过 16 跳，这使 RIP 对稍大的复杂网络无能为力。

另外，RIP 是以跳数来衡量达到目标网络的最优路径的，但是这种选择路径的方式在现在多数网络中是不合适的。例如在如图 5-3 所示的网络中，如果使用 RIP 协议，那么 R1 路由器将认为到目标网络 192.168.10.0/24 的最优路径是通过 Serial 接口到达 R2 路由器，因为根据距离矢量法计算，R1 和 R2 直连，它们之间的跳最少。

但如果从网络传输时延的角度来进行选择，这条链路显然不是最恰当的，因为就算 R1 和 R3 之间、R2 和 R4 之间是使用 Fastethernet 接口连接，这样通过 R3 和 R4 到达目的网络的几条路径的带宽也远远高于选定的路径，传输相同信息所花费的传输时间也会大幅少于 R1 到 R2 这一段链路。

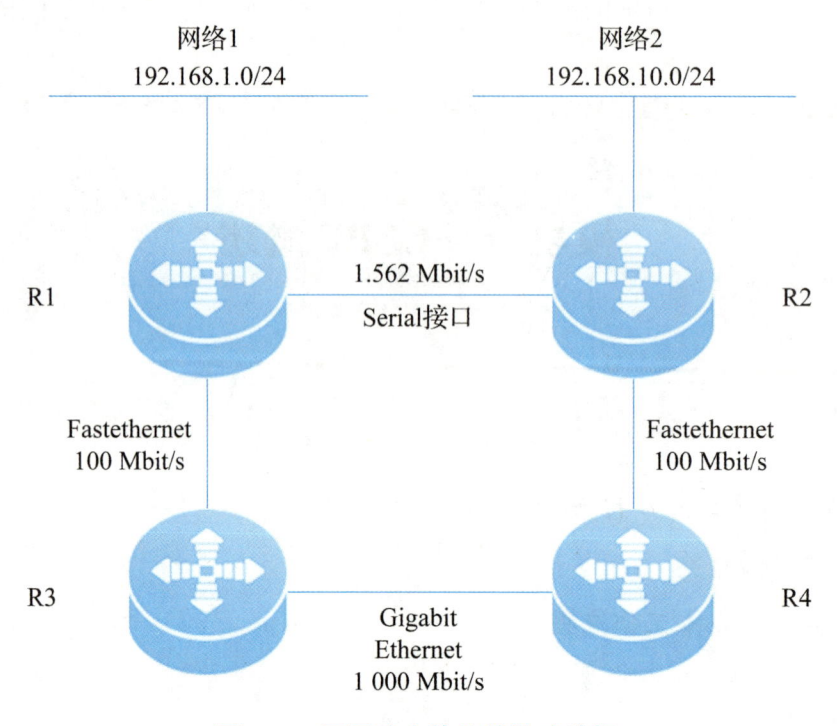

图 5-3 不同路由协议的链路选择

事实上，在大多数网络中，以网络带宽和链路时延来衡量网络质量更加合理。而 OSPF 协议就是使用网络带宽作为参考值来作出路由选择的。

2. OSPF 协议概述

OSPF（Open Shortest Path First）是一种自治系统内部的基于链路状态的路由协议，由互联网工程任务组（Internet Engineering Task Force，IETF）开发，旨在替代存在一些问题的 RIP 协议。OSPF 协议的第二版定义在 RFC 2328 中。

与距离矢量协议不同，如图 5-4 所示，链路状态路由协议使用迪杰斯特拉（Dijkstra）的最短路径优先算法（Shortest Path First，SPF）来计算和选择路由。这种类型的路由协议会主要关注网络中链路或接口的状态，每个路由器将其已知的链路状态通告给同一区域内的其他路由器，以确保网络中的每个路由器对网络拓扑有相同的理解。然后，路由器使用 SPF 算法基于这些信息来计算和选择路由。

OSPF 协议通过具备组播发送能力的链路层以组播地址发送协议包，OSPF 在 TCP/IP 五层模型中所处位置如图 5-5 所示，OSPF 将协议包直接封装在 IP 包中，协议号为 89，在 RGOS 平台上的管理距离（AD）是 110。目前应用中有两个版本，V2 和 V3，分别适用于 IPv4 和 IPv6。

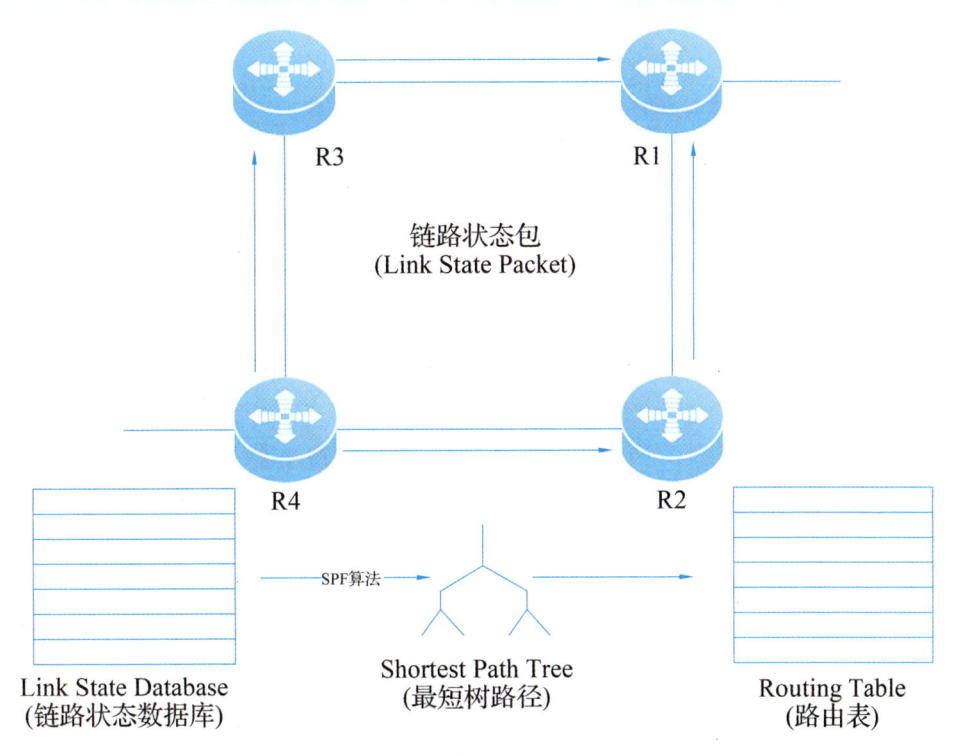

图 5-4　OSPF 路由表生成过程

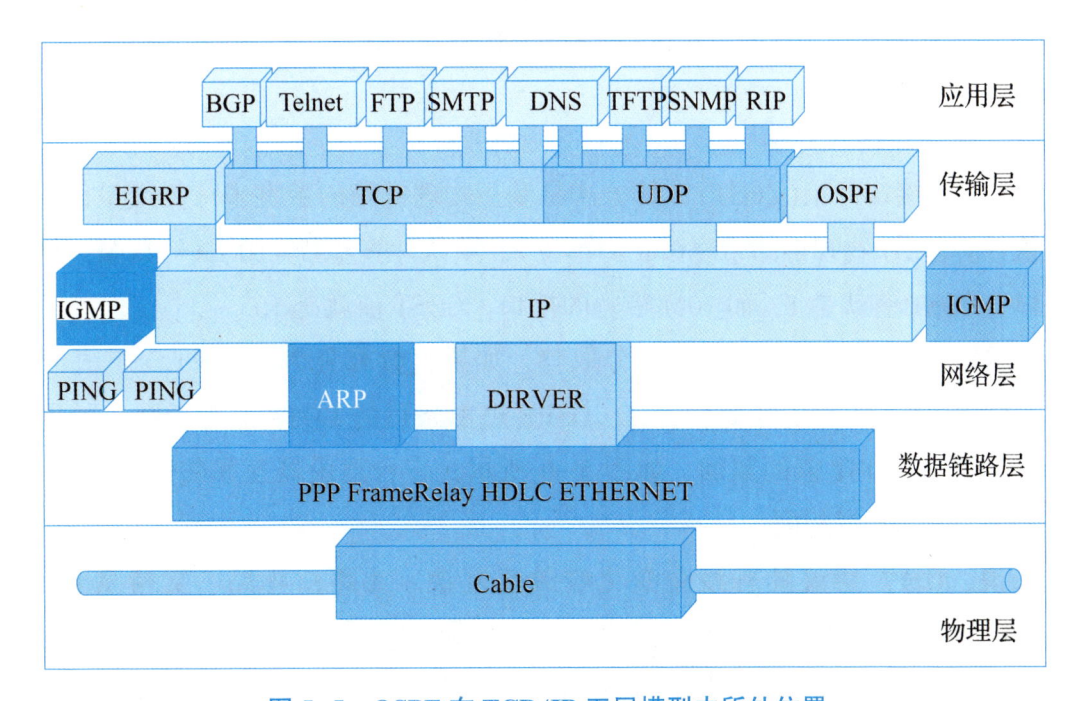

图 5-5　OSPF 在 TCP/IP 五层模型中所处位置

3. OSPF 中的报文类型

在 OSPF 中有 5 种不同 OSPF 报文类型，这些报文类型用从 1 到 5 的类型号标识，这些 OSPF 报文类型一起协同工作，使路由器能够了解网络拓扑，计算最佳路径，并维护邻居关系。这 5 种主要报文如表 5-1 所示。

表 5-1 OSPF 种的 5 种主要报文

序号	报文类型	功能
1	Hello 报文 Hello Packets	Hello 报文用于建立和维护邻居关系。路由器通过定期发送 Hello 报文来宣告自己的存在，并识别潜在的邻居路由器。当两个路由器之间的 Hello 报文匹配时，它们可以建立邻居关系
2	DBD 报文 Database Description Packets	DBD 报文包含有关链路状态数据库(LSDB)的摘要信息，允许邻居路由器了解对方的路由信息。DBD 报文的交换允许路由器比较彼此的 LSDB，并确定是否需要更新其本地数据库
3	LSR 报文 Link State Request Packets	LSR 报文用于请求邻居路由器提供有关特定 LSA (Link State Advertisement)的详细信息。当一个路由器发现自己的 LSDB 中缺少某个 LSA 时，它会发送 LSR 报文来请求邻居路由器提供该 LSA 的详细内容
4	LSU 报文 Link State Update Packets	LSU 报文用于向邻居路由器分发有关 LSA 的详细信息。当一个路由器接收到 LSR 报文时，如果拥有被请求的 LSA，它会通过 LSU 报文将该 LSA 发送给请求它的路由器
5	LSAck 报文 Link State Acknowledgment Packets	LSAck 报文用于确认接收到的 LSU 报文。当一个路由器成功接收到 LSU 报文后，它会向路由器发送 LSAck 报文以确认接收。这有助于确保 LSA 的可靠传输

4. OSPF 中的开销(COST)

对于 OSPF 的接口开销(COST)计算方式是基于物理链路的带宽来计算度量值，即 COST 值等于默认计算基数/物理链路带宽(bit 为单位)，默认计算基数 = 10^8 bit = 100M，例如 100M 带宽的接口，COST 值就是 1，而 10M 带宽的接口，COST 值就是 10 。

假如结果出现小数，就舍弃小数部分取整，如果整数部分为 0，则 COST 值记为 1，例如带宽是 1000M 的链路，COST 值也是 1。OSPF 路由条目的 COST 值等于路由的原始 COST 值和沿途入向接口 COST 值的累加。如图 5-6 所示，三台路由器互联的链路，因为带宽不同，最终 COST 值都不尽相同。

总的来说，OSPF 协议具有路由变化收敛速度快、无路由环路、支持变长子网掩码(VLSM)和汇总、层次区域划分等优点。相较于 RIP 协议具有更大的扩展性、更快的收敛性和更高的安全可靠性。同时，它采用了路由增量更新的机制，以在保持整个区域路由同步的同时，尽可能地减少对网络资源的浪费。

然而，需要注意的是，OSPF 的算法对路由器内存和处理能力要求较高，因此在大型网络中，路由器本身可能会承受较大的负担。

5. OSPF 的工作过程概述

OSPF 的工作过程主要可以分为 4 个部分，分别是寻找邻居、建立邻接关系、链路状态信息同步、计算路由。OSPF 在非点对点的以太网中的工作过程如图 5-7 所示。每个部分会放在之后详细讲解。

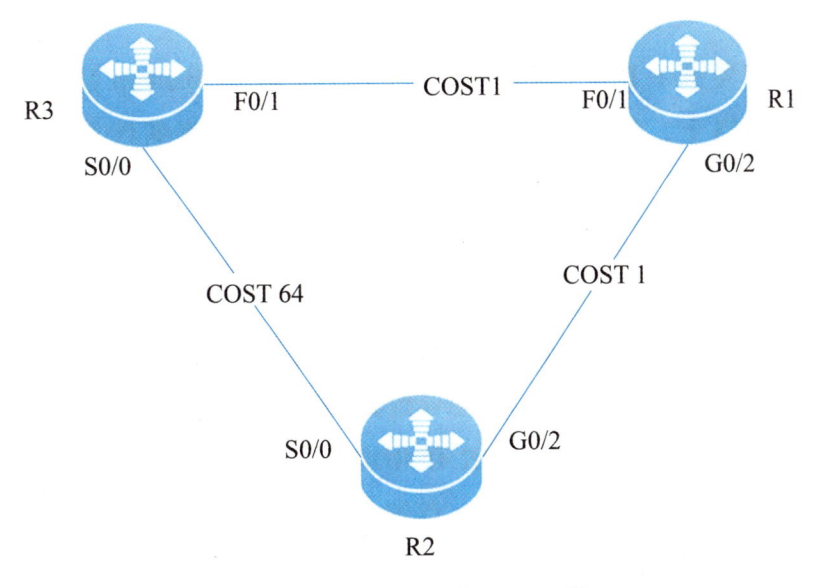

图 5-6 不同接口的 COST 值

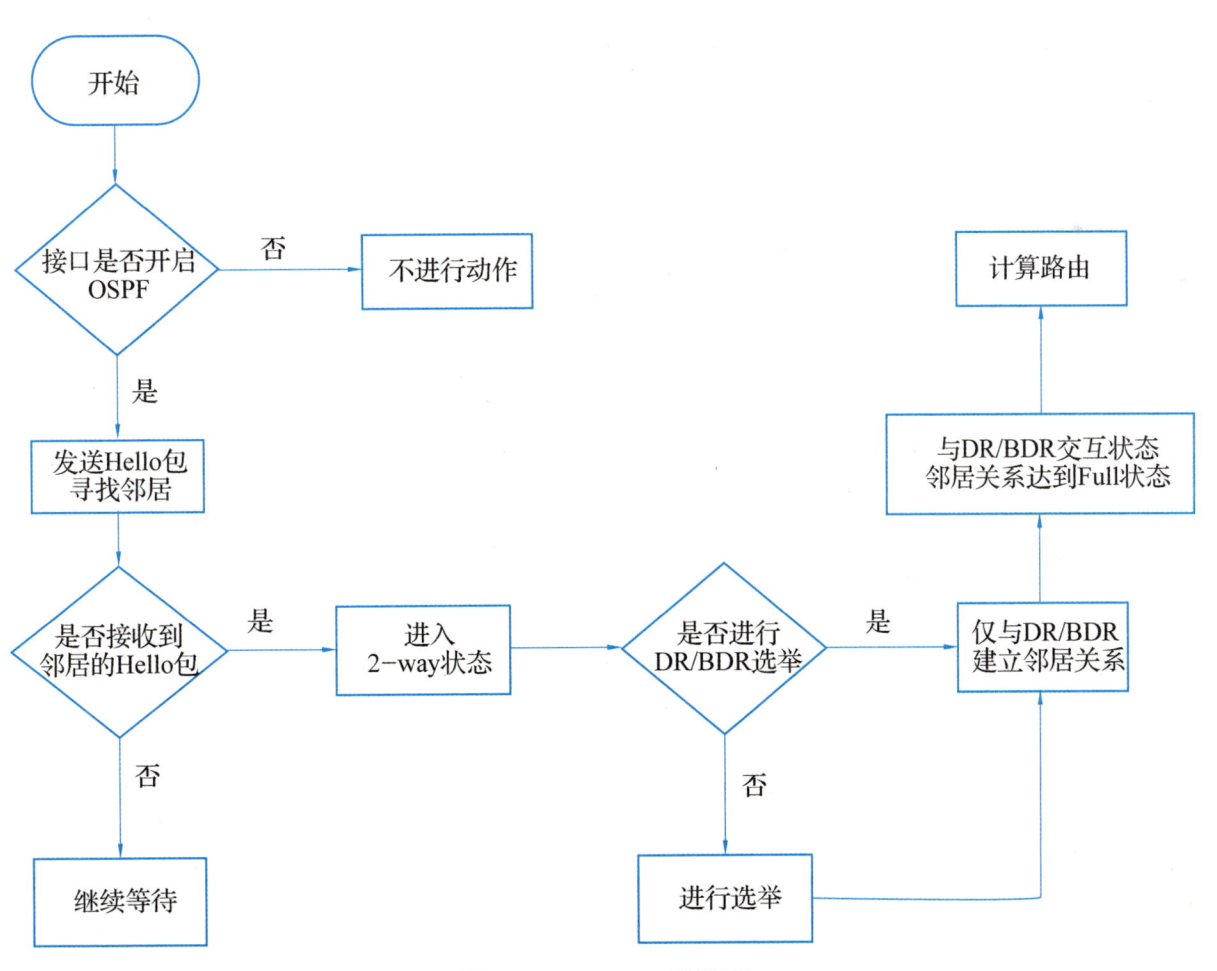

图 5-7 OSPF 工作流程

拓展延伸

OSPF 协议通常需要选举 DR（Designated Router）和 BDR（Backup Designated Router）的情况发生在多点连接网络上，如以太网段，以确保网络的可伸缩性和减少 LSA（Link State Advertisement）的泛洪。选举 DR 和 BDR 的主要目的是减少 LSA 更新的冗余，降低网络拓扑变化时所需的控制消息数量，从而降低网络开销。

然而，有一些情况下，不需要选举 DR 和 BDR。

（1）点对点网络：在点对点连接上，通常不需要选举 DR 和 BDR，因为只有两个路由器之间直接相连，LSA 的泛洪会很简单，不会导致泛洪风暴问题。在这种情况下，所有路由器都可以成为相等的对等体，不需要选举 DR 和 BDR。

（2）点到点子网：类似于点对点网络，点到点子网通常也不需要选举 DR 和 BDR。这是因为每个子网上只有两个路由器相连。

总的来说，选举 DR 和 BDR 通常用于多点连接网络，以减少 LSA 泛洪的复杂性，但在点对点网络或点到点子网上，这种选举通常是不必要的。这有助于简化配置和减少路由器的工作负担。

练习与思考

1. OSPF 在 RGOS 平台上的管理距离是（　　）。

A. 110　　　　　　B. 89　　　　　　C. 10　　　　　　D. 130

2. 一个接口，物理链路带宽是 50M，那么默认的 OSPF 开销是（　　）。

A. 1　　　　　　B. 2　　　　　　C. 10　　　　　　D. 64

3. 以下不属于 OSPF 的协议报文是（　　）。（多选）

A. Hello 报文　　B. DR 报文　　C. LSDB 报文　　D. DBD 报文

4. 两台路由器都启用了 OSPF，只要双方的 Hello 报文匹配就能建立邻接关系。（　　）

A 正确　　　　　　B. 错误

5. OSPF 路由协议相较于 RIP 路由协议有什么优势？

模块二　OSPF 工作流程

学习目标

了解 OSPF 的工作流程。

了解 OSPF 协议 DR 和 BDR 的选举。

了解 OSPF 协议区域的概念。

知识学习

6.1.1　基础概念

在介绍 OSPF 工作流程之前，我们首先需要先了解几个概念。

Router ID：在 AS 中唯一标识一台运行 OSPF 的路由器的编号，每个运行 OSPF 的路由器都必须有一个 Router ID，同一个 AS 内，Router ID 不能重复，Router ID 可以手动配置，当手动指定时，指定的内容会直接成为 Route ID，也可以系统自动选举。

在没有手动指定的情况下，如果本地有激活的 Loopback 接口，则取 Loopback 接口 IP 最大值作为 OSPF Router ID，如图 5-8 所示。如果没有 Loopback 接口，则取活跃的物理接口 IP 地址中的最大值，如图 5-9 所示。

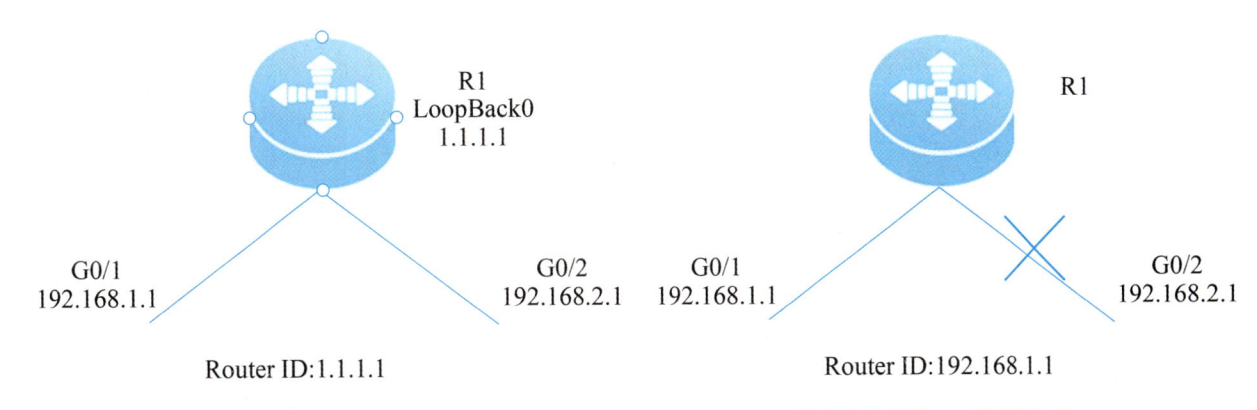

图 5-8　使用 Loopback 地址作为 Router ID

图 5-9　使用活跃的 IP 地址作为 Router ID

邻居（Neighbor）："邻居"是指两个 OSPF 路由器之间建立的逻辑关系，这种关系用于交换协议信息，包括路由更新和状态信息。当两个 OSPF 路由器之间能够成功建立邻居关系时，它们开始互相识别，并可以交换路由信息。邻居状态的建立是通过发送和接收 Hello 报文来实现的，Hello 报文用于检测其他路由器的可达性并确定彼此是否属于同一个 OSPF 区域。

邻接（Adjacency）："邻接"是指在 OSPF 邻居之间的更进一步的状态，其中路由器之间已经建立了更深层次的关系，以便能够交换更详细的路由信息。在 OSPF 中，邻接状态的建立是通过交换 DBD 报文、LSR 报文、LSU 报文以及 LSAck 报文来实现的。这些报文的交换用于同步路由器的链路状态数据库（LSDB），以确保它们具有相同的网络拓扑信息，存在邻居关系的设备不一定存在邻接关系。

6.1.2 寻找邻居

在启动 OSPF 后，路由器会周期性地从启动 OSPF 协议的每一个接口以组播地址 224.0.0.5 发送 Hello 包，以寻找邻居。Hello 包里携带有一些参数，例如始发路由器的 Router ID（路由器 ID）、始发路由器接口的区域 ID（Area ID）、始发路由器接口的地址掩码、选定的 DR 路由器、路由器优先级等信息。

如图 5-10 所示，当一个路由器接收到一个 Hello 报文，它会检查其中的 OSPF 参数和发送者的信息，以确定是否具有潜在的邻居。这通常涉及检查 OSPF 区域号是否匹配，Hello

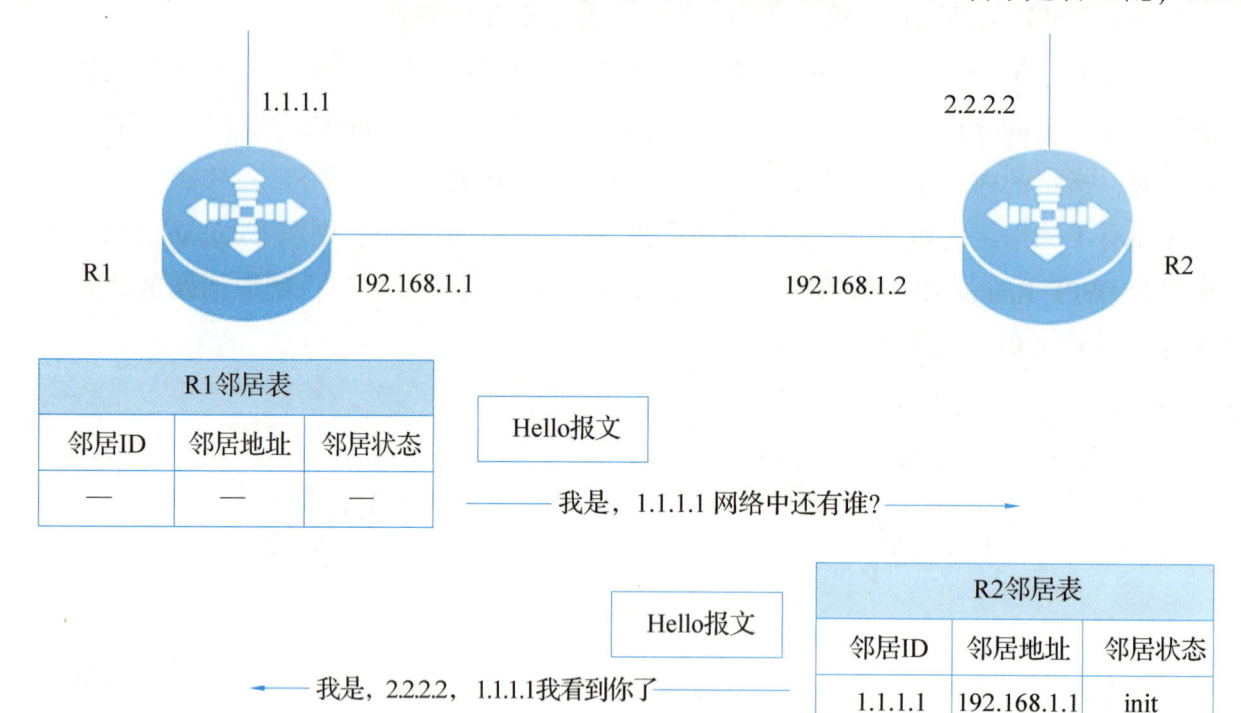

图 5-10　OSPF 寻找邻居的过程

间隔时间是否相符等。如果这些参数匹配，那么发送 Hello 报文的路由器成为潜在邻居候选。接着在完成邻居状态检查后才将该路由器确定为邻居，将其状态修改为 2-way 状态。

6.1.3 建立邻接关系

如果将邻接关系比喻为一条点到点的虚连接，那么可以想象，在广播型网络的 OSPF 路由器之间，邻接关系是很复杂的。举个例子，如图 5-11 所示，OSPF 区域内有 5 台路由器，它们彼此互为邻居并都建立邻接关系，那么设备之间的邻接关系会变得非常复杂。总共会有 10 个邻接关系，如果是 10 台路由器，那么就有 45 个邻接关系，如果有 n 台路由器那么就有 $n(n-1)/2$ 个邻接关系。在广播型网络中，每个路由器都需要维护与其他路由器的邻居关系和交换 LSA 信息，这可能导致控制消息的激增和设备额外的计算开销，最终会造成网络资源和路由器处理能力的巨大浪费。

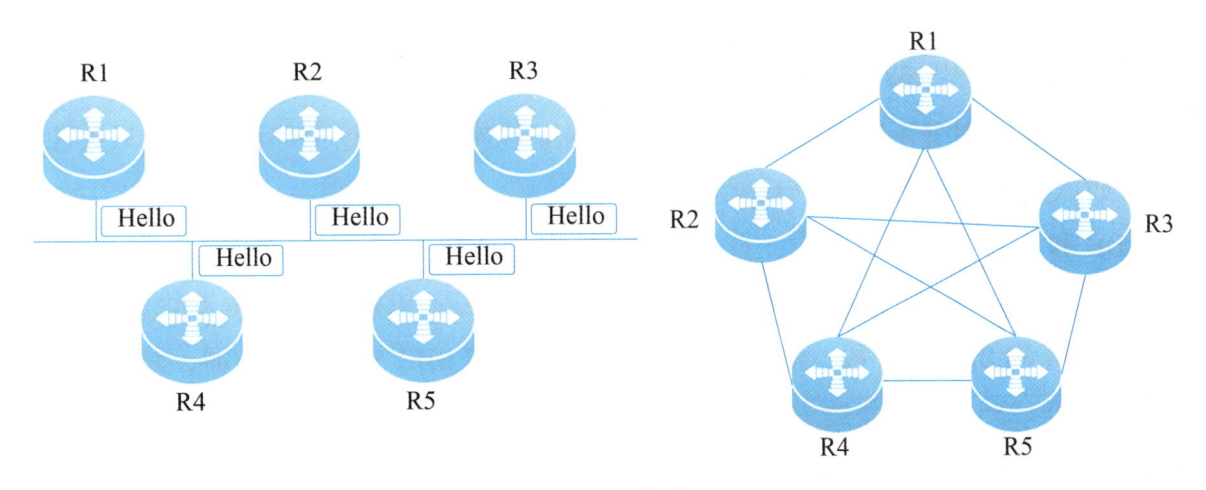

图 5-11 广播网络内的邻接关系

为了解决这个问题，OSPF 协议要求工作在广播型网络时，需要选举一台 DR。DR 负责用 LSA 描述该网络类型及该网络内的其他路由器，同时也负责管理它们之间的链路状态信息交互过程。DR 选定后，该网络内的所有路由器只与 DR 建立邻接关系，与 DR 互相交换链路状态信息以实现 OSPF 区域内路由器链路状态信息同步。

Tips 一台路由器可以有多个接口启动 OSPF，这些接口可以分别处于不同的网段里，这就意味着，这台路由器可能是其中一个网段的指定路由器，而不是其他网段的指定路由器，或者可能同时是多个网段的指定路由器。换句话说，DR 是一个 OSPF 路由器接口的特性，不是整台路由器的特性；DR 是某个网段的 DR，而不是全网的 DR。

如果 DR 失效，所有的邻接关系都会消失，此时必须重新选取一台新的 DR，网络上的所有路由器也要重新建立新的邻接关系并重新同步全网的链路状态信息。当这种问题发生时，网络将在较长时间内无法有效地传送链路状态信息和数据包。

所以，为加快收敛速度，OSPF 在选举 DR 的同时，还会再选举一个 BDR，即备份指定路由器。网络上所有的路由器将与 DR 和 BDR 同时形成邻接关系，如果 DR 失效，BDR 将立即成为新的 DR。

采用选举 DR 和 BDR 的方法，广播型网络内的邻接关系将会大大减少，如图 5-12 所示，变为 2(n-2)+1 条，即 5 台路由器的邻接关系为 7 条，10 台路由器为 17 条。

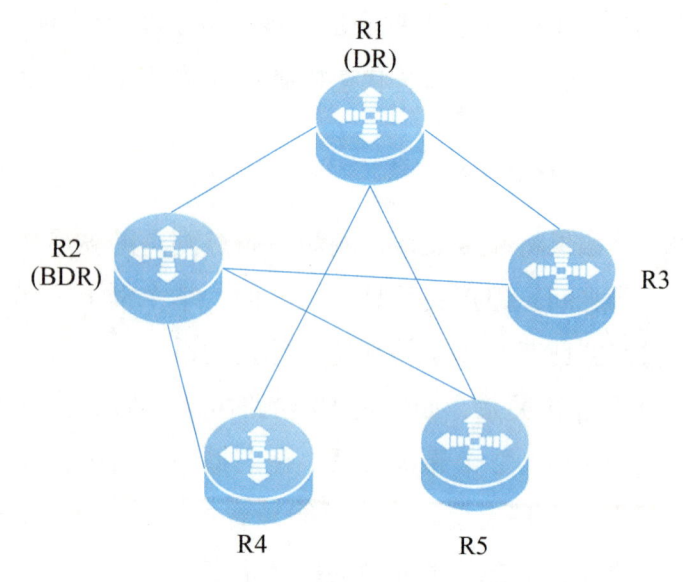

图 5-12 选举 DR 和 BDR 后设备邻接关系

Tips 在 OSPF 的某些网络类型里，建立邻接关系时并不需要进行 DR 和 BDR 选举。本书未讨论全部细节，而只关注广播型网络（如以太网）的邻接关系的建立。

在 DR 和 BDR 的选举过程中，首先 OSPF 路由器会在 Hello 包里将 DR 和 BDR 指定为 0.0.0.0。当路由器接收到邻居的 Hello 包后，检查 Hello 包携带的路由器优先级（Router Priority）、DR 和 BDR 等字段，然后列出所有具备 DR 和 BDR 资格的路由器，路由器优先级取值范围为 0~255。在具备选举资格的路由器中，优先级最高的将被宣告为 BDR，优先级相同则 Router ID 大的优先。BDR 选举成功后，再进行 DR 选举。同样如果同时有一台或多台路由器宣称自己为 DR，则优先级最高的将被宣告为 DR，优先级相同，则 Router ID 大的优先。如果网络里没有路由器宣称自己为 DR，则将已有的 BDR 推举为 DR，然后再执行一次选举过程选出新的 BDR。

DR 和 BDR 选举成功后，OSPF 路由器会将 DR 和 BDR 的 IP 地址设置到 Hello 的 DR 和 BDR 字段上，表明该 OSPF 区域内的 DR 和 BDR 已经选举完成，如图 5-13 所示，优先级为 5 的 RTA 被选举为 DR，优先级为 3 的 RTB 被选举为 BDR，其他有选举资格的路由器作为 DRother。

6.1.4 链路状态信息的传递

建立邻接关系的 OSPF 路由器之间通过发布 LSA 来交互链路状态信息。通过获得对方的 LSA，同步 OSPF 区域内的链路状态信息后，各路由器将形成相同的 LSDB。

LSA 通告描述了路由器所有的链路信息和链路状态信息。为避免网络资源浪费，OSPF 路由器采取路由增量更新的机制发布 LSA，即只发布邻居缺失的链路状态给它。当网络变更

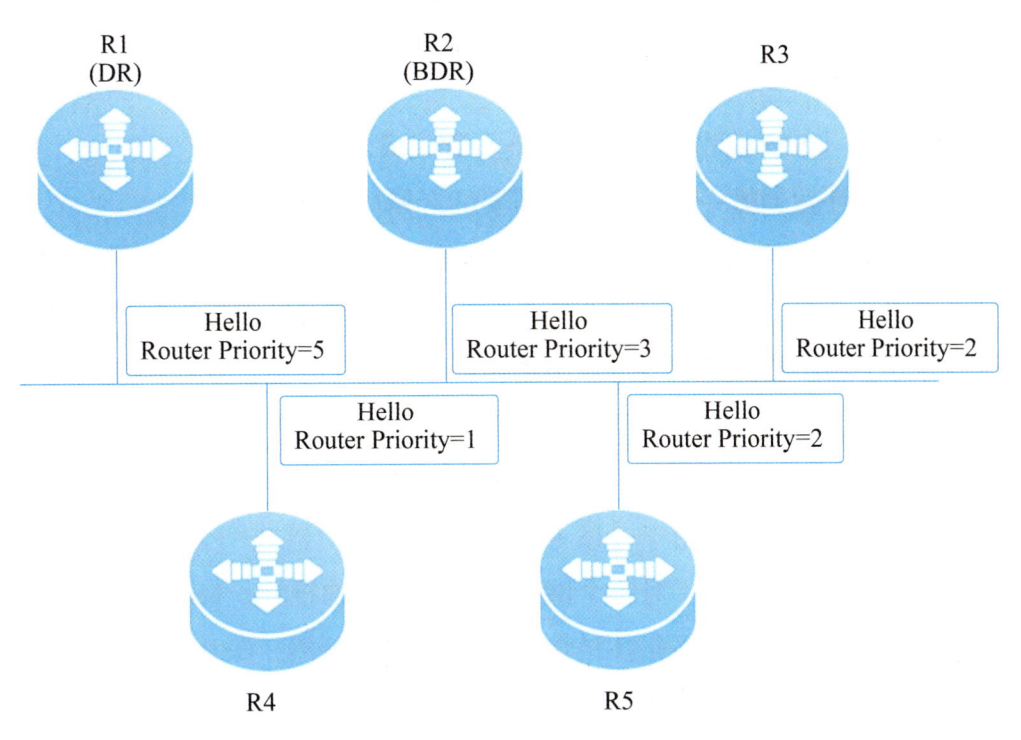

图 5-13　完成选举后的网络

时，路由器立即向已经建立邻接关系的邻居发送 LSA 摘要信息；而如果网络未发生变化，OSPF 路由器每隔 30 分钟向已经建立邻接关系的邻居发送一次 LSA 的摘要信息。

如图 5-14 所示，R1 接收到 LSA 摘要信息后，比较自身链路状态信息，如果发现对方具有自己不具备的链路信息，则向对方请求该链路信息，否则不做任何动作。当 OSPF 路由器接收到邻居发来的请求某个 LSA 的包后，将立即向邻居提供它所需要的 LSA，邻居在接收到 LSA 后，会立即给对方发送确认包进行确认。

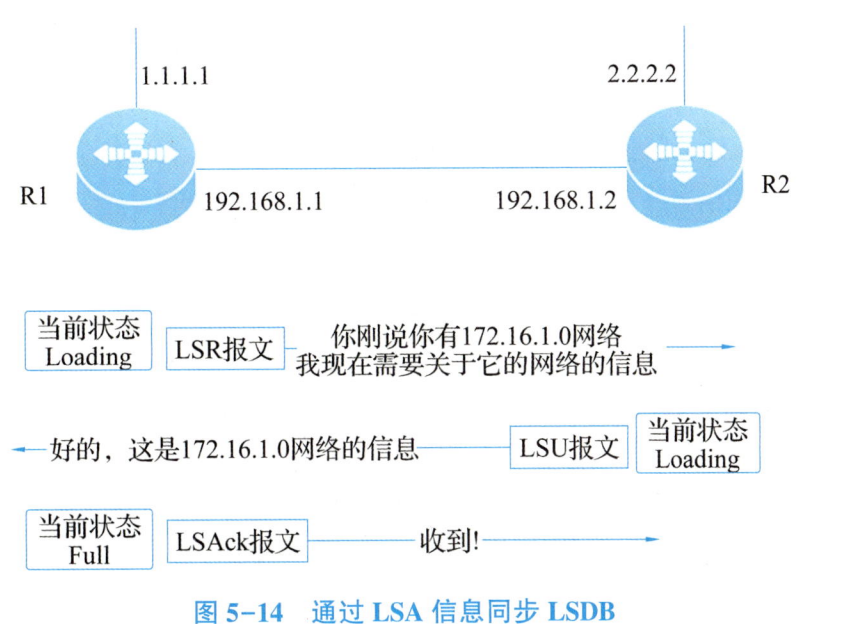

图 5-14　通过 LSA 信息同步 LSDB

6.1.5 计算路由

如图 5-15 所示，OSPF 路由计算通过以下步骤完成。

（1）首先设备会评估到另一台路由器所需要的开销（COST）。

OSPF 协议是根据路由器的每一个接口指定的度量值来决定最短路径的，这里的度量值指的就是接口指定的开销。一条路由的开销是指沿着到达目标网络的路径上所有路由器接口开销的总和。另外，用户也可以手动指定路由器接口的 COST 值，从而调整网络。

（2）同步 OSPF 区域内每台路由器的 LSDB。

OSPF 路由器通过交换 LSA 实现 LSDB 的同步。LSA 不但携带了网络连接状况信息，而且携带了各接口的 COST 信息。由于一条 LSA 是对一台路由器或一个网段拓扑结构的描述，集合了所有条目的 LSDB 就形成了对整个网络的拓扑结构的描述。LSDB 实质上是一张带权的有向图，这张图便是对整个网络拓扑结构的真实反映。显然，OSPF 区域内所有路由器得到的是一张完全相同的图。

（3）使用 SPF 计算出路由。

SPF 路由器用 SPF 算法以自身为根节点计算出一棵最短路径树，在这棵树上，由根到各节点的累计开销最小，即由根到各节点的路径在整个网络中都是最优的，这样也就获得了由根去往各个节点的路由。计算完成后，路由器将路由加入 OSPF 路由表。当 SPF 算法发现有两条到达目标网络的路径的 COST 值相同时，就将这两条路径都将加入 OSPF 路由表，形成等价路由。

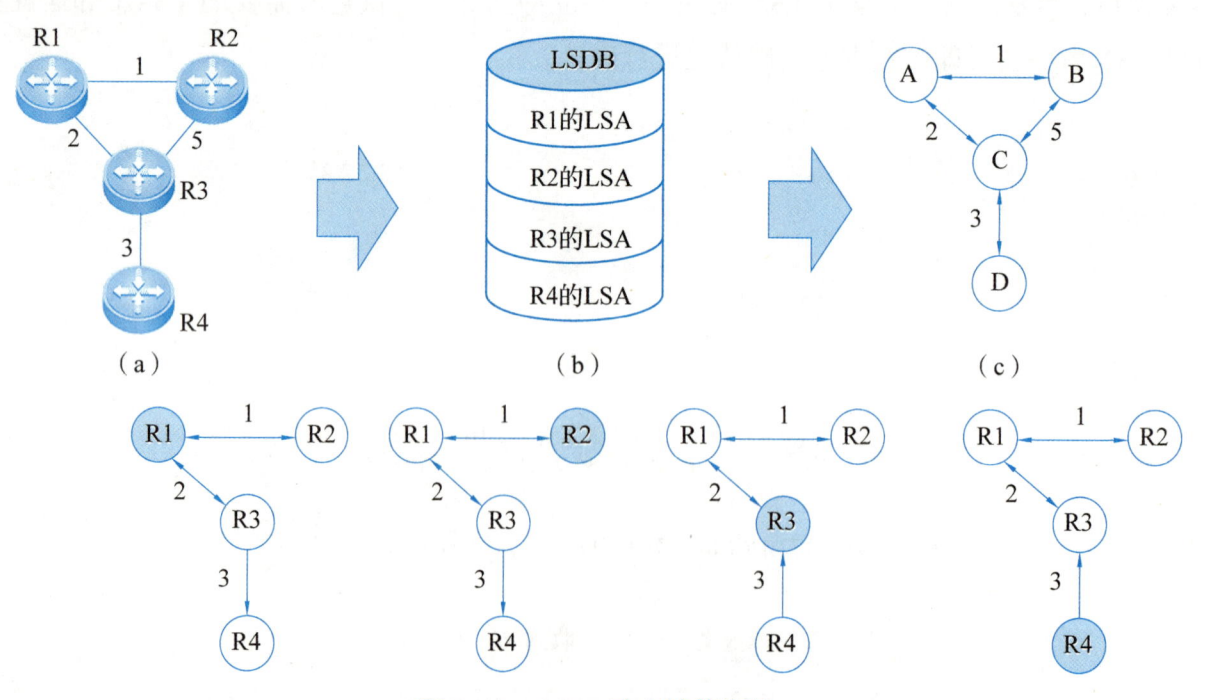

图 5-15　OSPF 路由计算步骤

（a）网络拓扑；（b）每台路由器 LSDB；（c）生成带权有向图

> **Tips** 带权有向图(Weighted Directed Graph)是一种数学概念,通常用于表示一组对象之间的关系,这些对象之间的连接具有方向性,并且每条连接都有一个相关联的数值,称为权重。带权有向图由一组顶点(Vertices)和一组有向边(Directed Edges)组成。每条有向边连接两个顶点,并具有一个关联的权重值,表示从一个顶点到另一个顶点的成本或距离。

从 OSPF 协议的工作过程,能清晰地看出 OSPF 具备的优势。

(1) OSPF 区域内的路由器对整个网络的拓扑结构有相同的认识,在此基础上计算的路由不可能产生环路。

(2) 当网络结构变更时,所有路由器能迅速获得变更后的网络拓扑结构,网络收敛速度快。

(3) 由于引入了 Router ID 的概念,OSPF 区域内的每台路由器的行为都能很好地被跟踪。

(4) 使用 SPF 算法计算路由,路由选择与网络能力直接联系起来,选路更合理。

(5) OSPF 采用多种手段保证信息传递的可靠性、准确性,确保每台路由器网络信息同步,同时,避免了不必要的网络资源浪费。

综合起来看,OSPF 的确解决了 RIP 路由协议的一些固有缺陷,成为企业网络中最常用的路由协议之一。

6.1.6 三张表

在 OSPF(Open Shortest Path First)协议中,有三张重要的表,这三张表在 OSPF 协议中承担了不同的功能,他们分别是邻居表、链路状态数据表和路由表。

1. 邻居表(Neighbor Table)

邻居表维护了与本地路由器直接相连的 OSPF 邻居的信息。如图 5-16 所示,它记录了与本地路由器直接相连的 OSPF 邻居的信息,记录内容包括邻居路由器的 ID、IP 地址、相邻接口等信息。邻居表帮助路由器管理和监控与其直接相连的邻居之间的状态变化,包括邻居的建立、维护和失效等。

```
R2#show ip ospf neighbor
Neighbor ID     Pri  State      Dead Time   Address    Interface
172.16.2.254    0    FULL/ -    00:00:33    10.1.0.1   Serial0/1/0
10.3.0.254      1    FULL/BDR   00:00:31    10.2.0.2   FastEthernet0/0
```

图 5-16 OSFP 邻居表

2. 链路状态数据库(Link State Database,LSDB)

LSDB 存储了整个区域内所有路由器的链路状态信息。LSDB 的内容用于计算最短路径树,并在拓扑发生变化时更新最短路径。如图 5-17 所示,它包含了区域内的拓扑图,记录了所有的路由器、连接和链路成本等信息。

```
R2#show ip ospf database
       OSPF Router with ID (10.2.0.1) (Process ID 10)
           Router Link States (Area 0)
Link ID      ADV Router      Age       Seq#         Checksum Link count
172.16.2.254 172.16.2.254    352       0x80000004 0x00097c 4
10.2.0.1     10.2.0.1        310       0x80000004 0x005554 3
10.3.0.254   10.3.0.254      310       0x80000003 0x006a97 2
           Net Link States (Area 0)
Link ID      ADV Router      Age       Seq#         Checksum
10.2.0.1     10.2.0.1        310       0x80000001 0x004303
```

图 5-17 OSPF 链路状态数据库

3. 路由表(Routing Table)

路由表是路由器用来作出转发决策的关键表。它记录了到达目标网络所需的下一跳路由器以及相应的度量或距离。如图 5-18 所示,路由表中的条目根据最短路径算法从 LSDB 中计算而来,并根据网络拓扑的动态变化进行更新。

```
R2#show ip route
O    10.3.0.0 [110/2] via 10.2.0.2, 00:06:42, FastEthernet0/0
O    172.16.1.0 [110/65] via 10.1.0.1, 00:07:27, Serial0/1/0
O    172.16.2.0 [110/65] via 10.1.0.1, 00:07:27, Serial0/1/0
```

图 5-18 基于 OSPF 协议生产的路由表

6.1.7 OSPF 中分区域管理

OSPF 协议使用了多个数据库和复杂的算法,这势必会耗费路由器更多的内存和 CPU 资源。当网络的规模不断扩大时,LSDB 的大小就会逐渐增大、单个路由器计算最短路径树所需的开销也会增加,这些对路由器的性能要求会更加严苛,甚至会达到路由器性能极限。另外,Hello 包和 LSA 更新包也随着网络规模的扩大给网络带来了难以承受的负担。为减少这些不利的影响,OSPF 协议提出分区域管理的解决方法,如图 5-19 所示,OSPF 将一个大的自治系统划分为几个小的区域(Area),路由器仅需与其所在区的路由器建立邻接关系并共享相同的链路状态数据库,而不需要考虑其他区域的路由器,这种情况下,原来庞大的数据链路状态数据库被划分为几个小数据库,并分别在每个区域维护,从而降低了对路由器内存和 CPU 的消耗,同时 Hello 包和 LSA 更新包也能控制在一个区域内,更有利于网络资源的利用。

总的来说,OSPF 中的分区域管理通过将大型 OSPF 域划分为多个较小的区域来提高网络的可扩展性和管理性能,使网络更易于管理和维护,并且能够更有效地利用资源。

项目五 基于OSPF协议构建动态网络

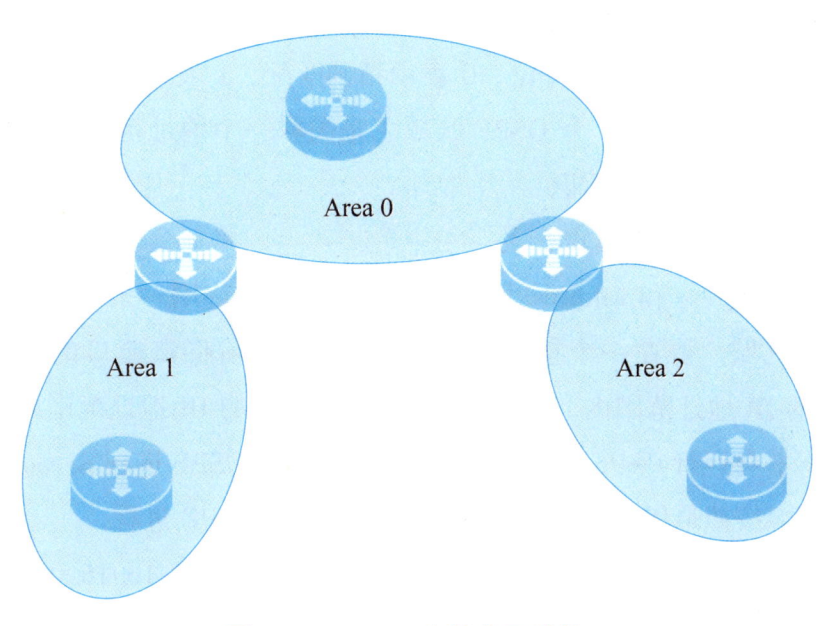

图 5-19 OSPF 中的分区域管理

OSPF 划分区域后，为有效管理区域间通信，需要有一个区域作为所有区域的枢纽负责汇总每一个区域的网络拓扑并发送到其他所有的区域，所有的区域间通信都必须通过该区域，这个区域称为骨干区域（Backbone Area）。协议规定区域 0 是骨干区域保留的区域 ID 号，所有非骨干区域都必须与骨干区域相连，非骨干区域之间不能直接交换数据包，它们之网的路由传递只能通过区域 0 完成。区域 ID 仅是对区域的标识，与它内部的路由器 IP 地址分配无关。

需要注意的是，至少有一个接口与骨干区域相连的路由器被称为骨干路由器（Backbone Router），连接一个或多个区域到骨干区域的路由器被称为区域边界路由器（Area Border Routers，ABR），这些路由器一般会成为区域间通信的路由网关。

6.1.8 OSPF 协议的基础配置

1. 打开 OSPF，进入 OSPF 配置模式

【命令格式】router ospf process_id[vrf vrf-name]

【参数说明】process-id：OSPF 进程号。未配置进程号时，表示配置进程 1。

vrf-name：在支持 VRF 的产品中，用于指定配置的 OSPF 进程所属的 VRF。

【命令模式】全局模式。

【使用指导】RGOS10.1 在原实现基础上增加了进程号参数，扩展为多实例 OSPF。不同 OSPF 实例间相互独立，可以近似认为是两个独立运行的路由协议。

2. 定义属于一个区间的地址范围

【命令格式】network address wildcard-mask area area-id

【参数说明】ip-address：接口对应的 IP 地址。

wildcard：定义 IP 地址比较比特位，0 表示精确匹配，1 表不作比较。

area-id：OSPF 区域标识。一个 OSPF 区域总是关联一个地址范围，为了便于管理，也可以用一个子网作为 OSPF 区域标识。

【命令模式】路由进程配置模式。

【使用指导】ip-address 和 wildcard 两个参数的定义，允许用一条命令就可以将多个接口关联到一个 OSPF 区域。要在一个接口上运行 OSPF，必须将该接口的主 IP 地址包括在 network area 定义的 IP 地址范围内。如果 network area 定义的 IP 地址范围内只包括接口的次 IP 地址，该接口将不会运行 OSPF。当接口地址同时与多个 OSPF 进程 network 命令定义的 IP 地址范围相匹配时，按照最优匹配方式，确定接口参与的 OSPF 进程。

【配置举例】以下的配置例子，定义了 3 个区域：0，1，172.16.16.0。

将 IP 地址落在 192.168.12.0/24 范围内的接口定义到区域 1，将 IP 地址落在 172.16.16.0/20 范围内的接口定义到区域 172.16.16.0，将其余接口定义到区域 0。

Ruijie(config)#router ospf 20

Ruijie(config-router)#network 172.16.16.0 0.0.15.255 area 172.16.16.0

Ruijie(config-router)#network 192.168.12.0 0.0.0.255 area 1

Ruijie(config-router)#network 0.0.0.0 255.255.255.255 area 0

3. 要配置接口的 OSPF 优先权值

【命令格式】ip ospf priority number

【参数说明】priority 设置接口的 OSPF 优先权值，取值范围：0~255。

【命令模式】接口配置模式。

【使用指导】OSPF 接口的优先权值包含在 Hello 报文中。当 OSPF 广播类型网络发生 DR/BDR(指定路由设备/备份指定路由设备)竞选时，高优先权值的路由设备将成为 DR 或 BDR。如果优先权值一样，路由设备标识符高的路由设备将成为 DR 或 BDR。优先权值为 0 的路由设备不参与 DR/BDR 竞选。该命令只对 OSPF broadcast 和 non-broadcast 网络类型有效。

4. 要显示 OSPF 链路状态数据库信息

【命令格式】show ip ospf [process-id area-id] database [adv-router ip-address | {asbr-summary | network | router | summary} [link-state-id] [{adv-router ip-address | self-originate}] | max-age]

【参数说明】area-id（可选）显示的区域号。

adv-router（可选）显示由指定公告路由设备生成的链路状态描述信息。

link-state-id（可选）显示指定 OSPF 链路状态标识的链路状态描述信息。

max-age（可选）显示已到老化时间的信息。

LSA router（可选）显示 OSPF 路由设备链路状态描述信息。

network（可选）显示 OSPF 网络链路状态描述信息。

summary（可选）显示 OSPF 摘要链路状态描述信息。

asbr-summary（可选）显示关于 ASBR 的摘要链路状态描述信息。

【命令模式】特权用户模式。

【使用指导】普通实验室可以直接输入 show ip ospf database 连线时数据库信息，当 OSPF 链路状态数据库很大时，分项显示是十分必要的。正确地使用这些命令，有助于 OSPF 故障的排除。

5. 要配置接口的 OSPF 优先权值

【命令格式】show ip ospf［process-id］neighbor［detail］|［interface-type interface-number］［neighbor-id］

【参数说明】detail（可选）显示邻居详细的信息。

interface-type interface-number（可选）显示指定接口的邻居信息。

neighbor-id（可选）显示指定邻居信息。

【命令模式】特权用户模式。

【使用指导】该命令可以显示邻居的信息，如果网络较小可以直接输入 show ip ospf neighbor 该命令来确认 OSPF 是否已经正常运行。

拓展延伸

相信大家对 OSPF 已经有了一定的认知，这里提出两个问题给大家，大家是否能够回答。

（1）为什么要使用 Loopback 地址作为 Router-id？

Loopback 是路由器里的一个逻辑接口。逻辑接口是指能够实现数据交换功能，但是物理上不存在、需要通过配置建立的接口。Loopback 接口一旦被创建，其物理状态和链路协议状态永远是 UP，即使该接口上没有配置 IP 地址。

（2）在已经稳定运行的 OSPF 网络中，如果新加入的设备优先级更高，网络会重新选举 DR 和 BDR 吗？

当一台 OSPF 路由器加入一个 OSPF 区域时，如果该区域内尚未选举出 DR 和 BDR，则该路由器参与 DR 和 BDR 的选举；如果该区域内已经有有效的 DR 和 BDR，即使该路由器的优先级很高，也只能接受已经存在的 DR 和 BDR。因此在广播型网络里，最先初始化的具有 DR 选举资格的两台路由器将成为 DR 和 BDR。

练习与思考

1. 以下说法错误的是（　　）。

   A. OSPF 的 Hello 报文携带的默认设备优先级 = 1

   B. OSPF 区域内，任何一台路由器都可以进行路由汇总

   C. OSPF 优先选择物理 IP 地址最大的作为 Router-id

   D. 同一 OSPF 区域内，两台路由器的 Router-ID 可以一致

2. 以下属于 OSPF 作为链路状态路由协议特点的是（　　）。

   A. 周期性泛洪自己的路由信息

   B. 周期性或触发性泛洪自己的链路状态

   C. 在单台路由器上，无法获知区域内的拓扑结构

3. 以下哪些 Hello 报文的参数导致 OSPF 无法建立邻居？（　　）

   A. 路由器 ID 一致

   B. AreaID 不一致

   C. 以太网下，子网掩码不一致

   D. PPP 网络下，子网掩码不一致

   E. 网络类型不一致

4. OSPF 在哪种网络类型下，无须进行 DR/BDR 选举？（　　）

   A. Broadcast 网络　　　　　　　　B. NBMA 网络

   C. P2MP 网络　　　　　　　　　　D. P2P 网络

5. OSPF 中 DR 与 BDR 是如何进行选举的？

模块三　单区域 OSPF 动态网络实现

学习目标

对整网进行精简，省略出口路由且在每个区域中完成一个示例网络的 VLAN 与地址规划。

使用动态路由完成各个区域的互联互通。

知识学习

6.2.1 网络规划

在本项目中，接入设备都为三层交换机，所以将每栋楼宇的网关放置在对应的接入交换机中。设备因启用 OSPF 动态路由，所以还需要配置 Loopback 地址作为 Router-ID，所以最终任务可以分解为主机命名、VLAN 规划、接口规划、地址规划和回环地址规划 5 个部分。

1. 主机命名

本项目中设备命名规划如表 5-2 所示。其中 BK 代表学校名，JR 代表接入层设备，HJ 代表汇聚层设备，HX 代表核心层设备，S5310 指明设备型号，1D 指明放置地点。

表 5-2　设备命名规划表

设备型号	设备主机名	备注
S2910-24GT4XS	BK-JR-S2910-1D	1 栋宿舍楼接入交换机
S2910-24GT4XS	BK-JR-S2910-1J	1 号教学楼接入交换机
S5310-24GT4XS	BK-HJ-S5310-01	宿舍楼汇聚交换机
S5310-24GT4XS	BK-HJ-S5310-02	教学楼汇聚交换机
S5750V2-48GT4XS	BK-HX-S5750-01	核心交换机

2. VLAN 规划

根据场地功能进行 VLAN 的划分，分别是宿舍区域和教学区域，这里规划宿舍区域使用 1 开头，ID 长度共 3 位，后面跟随宿舍楼号码作为 VLAN 编号。教学楼区域使用 2 开头，为应对后续网络拓展的需求，ID 长度也规划为 3 位，后面跟随教学楼编号作为 VLAN 编号，如果不满 3 位中间补 0。

这里使用对应 SVI 接口作为网关。具体规划如表 5-3 所示。

表 5-3　VLAN 规划表

序号	功能区	VLAN ID	VLAN Name
1	1 栋宿舍楼	101	1D
2	1 号教学楼	201	1J

3. 接口规划

网络设备之间的端口互连规划规范为：Con_To_对端设备名称_对端接口名。本项目中只针对网络设备互连接口进行描述，默认采用靠前的接口承担接入工作，靠后的接口负责设备互连，具体规划如表 5-4 所示。

表 5-4 端口互连规划表

本端设备	接口	接口描述	对端设备	接口	VLAN
BK-JR-S2910-1D	Gi0/8	Con_To_BK-HJ-S5310-01_Gi0/1	BK-HJ-S5310-01	Gi0/1	—
	Gi0/1-7	—	PC	—	101
BK-JR-S2910-1J	Gi0/8	Con_To_BK-HJ-S5310-02_Gi0/1	BK-HJ-S5310-02	Gi0/1	—
	Gi0/1-7	—	PC	—	201
BK-HJ-S5310-01	Gi0/1	Con_To_BK-JR-S2910-1D_Gi0/1	BK-JR-S2910-1D	Gi0/8	—
	Gi0/8	Con_To_BK-HX-S5750-01_Gi0/1	BK-HX-S5750-01	Gi0/1	—
BK-HJ-S5310-02	Gi0/1	Con_To_BK-JR-S2910-1J_Gi0/1	BK-JR-S2910-1J	Gi0/8	—
	Gi0/8	Con_To_BK-HX-S5750-01_Gi0/2	BK-HX-S5750-01	Gi0/2	—
BK-HX-S5750-01	Gi0/1	Con_To_BK-HJ-S5310-01_Gi0/8	BK-HJ-S5310-01	Gi0/8	—
	Gi0/2	Con_To_BK-HJ-S5310-02_Gi0/8	BK-HJ-S5310-02	Gi0/8	—

4. 地址规划

设备互连地址规划表如表 5-5 所示。

表 5-5 设备互连地址规划表

序号	本端设备	接口	本端地址	对端设备	接口	对端地址
1	BK-HJ-S5310-01	G0/1	172.16.100.1/30	BK-JR-S2910-1D	G0/8	172.16.100.2/30
2		G0/8	172.16.100.5/30	BK-HX-S5750-01	G0/1	172.16.100.6/30
3	BK-HJ-S5310-02	G0/1	172.16.100.9/30	BK-JR-S2910-1J	G0/8	172.16.100.10/30
4		G0/8	172.16.100.13/30	BK-HX-S5750-01	G0/2	172.16.100.14/30

另外，这里还需要对各个 VLAN 内的网段与网关进行规划，我们选用 SVI 接口作为网关接口，且网关地址为网段中最后一个可用地址，网络地址规划表如表 5-6 所示。

表 5-6 网络地址规划表

序号	VLAN	地址段	网关
1	101	192.168.101.0/24	192.168.101.254
2	201	192.168.201.0/24	192.168.201.254

5. 回环地址规划

最后，因为我们会使用 Loopback 地址作为 OSPF 中路由器的 Router ID，所以这里对回

项目五　基于 OSPF 协议构建动态网络

环地址进行定义，回环地址规划表如表 5-7 所示。

表 5-7　回环地址规划表

序号	设备名称	回环地址
1	BK-JR-S2910-1D	1.1.1.1
2	BK-JR-S2910-1J	1.1.1.2
3	BK-HJ-S5310-01	2.2.2.1
4	BK-HJ-S5310-02	2.2.2.2
5	BK-HX-S5750-01	3.3.3.1

6.2.2　网络拓扑

完成规划后得到最终拓扑图，如图 5-20 所示。

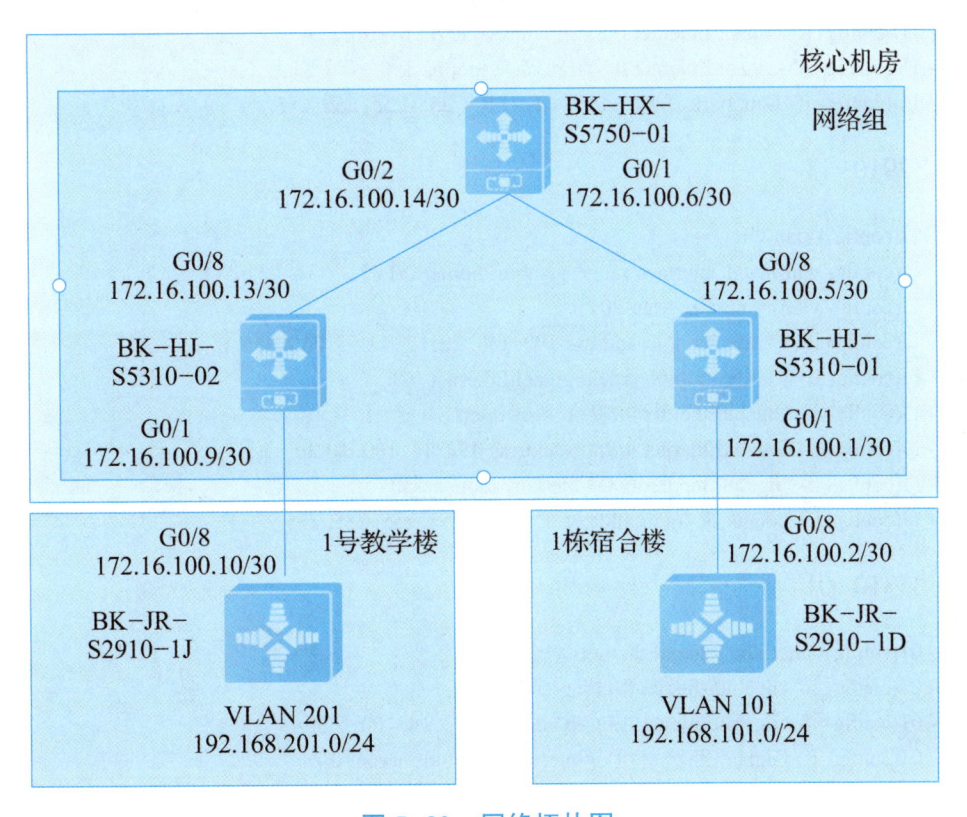

图 5-20　网络拓扑图

6.2.3　基础配置

1. 配置设备基础信息

配置设备的基础信息，包括设备名称和接口描述等内容，因重复性较高，这里使用 BK-HX-S5750-01 进行演示，命令如下。

129

```
Ruijie(config)#hostname BK-HX-S5750-01
BK-HX-S5750-01(config)#interface gigabitEthernet 0/1
BK-HX-S5750-01(config-if-GigabitEthernet 0/1)#description Con_To_BK-HJ-S5310-01_Gi0/8
BK-HX-S5750-01(config-if-GigabitEthernet 0/1)#interface gigabitEthernet 0/2
BK-HX-S5750-01(config-if-GigabitEthernet 0/2)#description Con_To_BK-HJ-S5310-02_Gi0/8
BK-HX-S5750-01(config-if-GigabitEthernet 0/2)#exit
```

2. 配置接口信息

本步骤为配置设备的接口地址、声明规划的 VLAN、回环地址并且将接口划分至对应的 VLAN 中。这里分别为 5 台接入设备配置相应的内容。

BK-JR-S2910-1D

```
BK-JR-S2910-1D(config)#vlan 101
BK-JR-S2910-1D(config-vlan)#add interface range gigabitEthernet 0/1-7
BK-JR-S2910-1D(config)#interface vlan 101
BK-JR-S2910-1D(config-if-VLAN 101)#ip address 192.168.101.254 255.255.255.0
BK-JR-S2910-1D(config-if-VLAN 101)#interface gigabitEthernet 0/8
BK-JR-S2910-1D(config-if-GigabitEthernet 0/8)#no switchport
BK-JR-S2910-1D(config-if-GigabitEthernet 0/8)#ip address 172.16.100.2 30
BK-JR-S2910-1D(config-if-GigabitEthernet 0/8)#interface loopback 0
BK-JR-S2910-1D(config-if-Loopback 0)#ip address 1.1.1.1 255.255.255.255
```

BK-JR-S2910-1J

```
BK-JR-S2910-1J(config)#vlan 201
BK-JR-S2910-1J(config-vlan)#add interface range gigabitEthernet 0/1-7
BK-JR-S2910-1J(config-vlan)#interface vlan 201
BK-JR-S2910-1J(config-if-VLAN 201)#ip address 192.168.201.254 255.255.255.0
BK-JR-S2910-1J(config-if-VLAN 201)#interface gigabitEthernet 0/8
BK-JR-S2910-1J(config-if-GigabitEthernet 0/8)#no switchport
BK-JR-S2910-1J(config-if-GigabitEthernet 0/8)#ip address 172.16.100.10 30
BK-JR-S2910-1J(config-if-GigabitEthernet 0/8)#interface loopback 0
BK-JR-S2910-1J(config-if-Loopback 0)#ip address 1.1.1.2 255.255.255.255
```

BK-HJ-S5310-01

```
BK-HJ-S5310-01(config)#interface gigabitEthernet 0/1
BK-HJ-S5310-01(config-if-GigabitEthernet 0/1)#no switchport
BK-HJ-S5310-01(config-if-GigabitEthernet 0/1)#ip address 172.16.100.1 30
BK-HJ-S5310-01(config-if-GigabitEthernet 0/1)#interface gigabitEthernet 0/8
BK-HJ-S5310-01(config-if-GigabitEthernet 0/8)#no switchport
BK-HJ-S5310-01(config-if-GigabitEthernet 0/8)#ip address 172.16.100.5 30
BK-HJ-S5310-01(config-if-GigabitEthernet 0/8)#interface loopback 0
BK-HJ-S5310-01(config-if-Loopback 0)#ip address 2.2.2.1 255.255.255.255
```

BK-HJ-S5310-02

```
BK-HJ-S5310-02(config)#interface gigabitEthernet 0/1
BK-HJ-S5310-02(config-if-GigabitEthernet 0/1)#no switchport
BK-HJ-S5310-02(config-if-GigabitEthernet 0/1)#ip address 172.16.100.9 30
```

BK-HJ-S5310-02(config-if-GigabitEthernet 0/1)#interface gigabitEthernet 0/8
BK-HJ-S5310-02(config-if-GigabitEthernet 0/8)#no switchport
BK-HJ-S5310-02(config-if-GigabitEthernet 0/8)#ip address 172.16.100.13 30
BK-HJ-S5310-02(config-if-GigabitEthernet 0/8)#interface loopback 0
BK-HJ-S5310-02(config-if-Loopback 0)#ip address 2.2.2.2 255.255.255.255

BK-HX-S5750-01

BK-HX-S5750-01(config)#interface gigabitEthernet 0/1
BK-HX-S5750-01(config-if-GigabitEthernet 0/1)#no switchport
BK-HX-S5750-01(config-if-GigabitEthernet 0/1)#ip address 172.16.100.6 30
BK-HX-S5750-01(config-if-GigabitEthernet 0/1)#interface gigabitEthernet 0/2
BK-HX-S5750-01(config-if-GigabitEthernet 0/2)#no switchport
BK-HX-S5750-01(config-if-GigabitEthernet 0/2)#ip address 172.16.100.14 30
BK-HX-S5750-01(config-if-GigabitEthernet 0/2)#interface loopback 0
BK-HX-S5750-01(config-if-Loopback 0)#ip address 3.3.3.1 255.255.255.255

6.2.4 OSPF 路由配置

本步骤为配置 OSPF 路由，使各个网段互联互通。

BK-JR-S2910-1D

BK-JR-S2910-1D(config)#route ospf 1	//创建 OSPF 路由进程，进程号 1
BK-JR-S2910-1D(config-router)#network 192.168.101.0 0.0.0.255 area 0	//将 IP 地址落在 192.168.101.0/24 范围内的接口定义到区域 0
BK-JR-S2910-1D(config-router)#network 172.16.100.0 0.0.0.3 area 0	//将 IP 地址落在 172.16.100.0/30 范围内的接口定义到区域 0

BK-JR-S2910-1J

BK-JR-S2910-1J(config)#route ospf 1	//创建 OSPF 路由进程，进程号 1
BK-JR-S2910-1J(config-router)#network 192.168.201.0 0.0.0.255 area 0	//将 IP 地址落在 192.168.201.0/24 范围内的接口定义到区域 0
BK-JR-S2910-1J(config-router)#network 172.16.100.8 0.0.0.3 area 0	//将 IP 地址落在 172.16.100.8/30 范围内的接口定义到区域 0

BK-HJ-S5310-01

BK-HJ-S5310-01(config)#route ospf 1	//创建 OSPF 路由进程，进程号 1
BK-HJ-S5310-01(config-router)#network 172.16.100.4 0.0.0.3 area 0	//将 IP 地址落在 172.16.100.4/30 范围内的接口定义到区域 0
BK-HJ-S5310-01(config-router)#network 172.16.100.0 0.0.0.3 area 0	//将 IP 地址落在 172.16.100.0/30 范围内的接口定义到区域 0

BK-HJ-S5310-02

BK-HJ-S5310-02(config)#route ospf 1	//创建 OSPF 路由进程，进程号 1
BK-HJ-S5310-02(config-router)#network 172.16.100.12 0.0.0.3 area 0	//将 IP 地址落在 172.16.100.12/30 范围内的接口定义到区域 0

BK- HJ- S5310- 02(config- router)#network 172.16.100.8 0.0.0.3 area 0	//将 IP 地址落在 172.16.100.8/30 范围内的接口定义到区域 0

BK-HX-S5750-01

BK- HX- S5750- 01(config)#route ospf 1	//创建 OSPF 路由进程,进程号 1
BK- HX- S5750- 01(config- router)#network 172.16.100.4 0.0.0.3 area 0	//将 IP 地址落在 172.16.100.4/30 范围内的接口定义到区域 0
BK- HX- S5750- 01(config- router)#network 172.16.100.12 0.0.0.3 area 0	//将 IP 地址落在 172.16.100.12/30 范围内的接口定义到区域 0

6.2.5 任务验证

本步骤可以使用 ping 命令进行测试,这里在 BK-HX-S5750-01 上使用 ping 192.168.101.254 命令测试从核心路由到 1 栋宿舍楼的网关的连通性,如图 5-21 所示连通性正常。

```
BK-HX-S5750-01#
BK-HX-S5750-01#ping 192.168.101.254
Sending 5, 100-byte ICMP Echoes to 192.168.101.254, timeout is 2 seconds:
 < press Ctrl+C to break >
!!!!!
Success rate is 100 percent (5/5), round-trip min/avg/max = 1/1/3 ms.
BK-HX-S5750-01#
```

图 5-21 连通性测试

本步骤使用 show ip ospf neighbor 命令对路由器邻居进行查看,这里在核心设备 BK-HX-S5750-01 上输入,如图 5-22 所示,可以看到它和汇聚路由 2.2.2.1 和 2.2.2.2 建立了邻居关系。

```
BK-HX-S5750-01(config-router)#show  ip ospf neighbor
OSPF process 1, 2 Neighbors, 2 is Full:
Neighbor ID     Pri    State          BFD State   Dead Time    Address
  Interface
2.2.2.1         1      Full/BDR       -           00:00:33     172.16.100.5
  GigabitEthernet 0/1
2.2.2.2         1      Full/BDR       -           00:00:36     172.16.100.13
  GigabitEthernet 0/2
```

图 5-22 查看邻居

本步骤使用 show ip ospf database 命令对路由器 LSDB 进行查看,这里在接入 BK-JR-S2910-1D 与核心 BK-HX-S5750-01 上输入,如图 5-23 和图 5-24 所示。

本步骤为使用 show ip route 对路由表进行输出,可以看到设备通过协议自动学习了对应的路由条目,这里分别在接入 BK-JR-S2910-1D 与核心 BK-HX-S5750-01 上进行验证,结果如图 5-25 和图 5-26 所示。

```
BK-JR-S2910-1D#show ip ospf database

         OSPF Router with ID (1.1.1.1) (Process ID 1)

            Router Link States (Area 0.0.0.0)

Link ID         ADV Router      Age   Seq#         CkSum   Link count
1.1.1.1         1.1.1.1         1031  0x80000004   0x839f  2
1.1.1.2         1.1.1.2         1003  0x80000004   0x7c30  2
2.2.2.1         2.2.2.1         1036  0x80000005   0x8916  2
2.2.2.2         2.2.2.2         1005  0x80000005   0xbbc1  2
3.3.3.1         3.3.3.1         1046  0x80000005   0xcdb0  2

            Network Link States (Area 0.0.0.0)

Link ID         ADV Router      Age   Seq#         CkSum
172.16.100.1    2.2.2.1         1036  0x80000001   0xc563
172.16.100.6    3.3.3.1         1045  0x80000001   0xb763
172.16.100.9    2.2.2.2         1005  0x80000001   0x8796
172.16.100.14   3.3.3.1         1054  0x80000001   0x759c
```

图 5-23　BK-JR-S2910-1D 的 LSDB

```
BK-HX-S5750-01(config)#show ip ospf database

         OSPF Router with ID (3.3.3.1) (Process ID 1)

            Router Link States (Area 0.0.0.0)

Link ID         ADV Router      Age   Seq#         CkSum   Link count
1.1.1.1         1.1.1.1         977   0x80000004   0x839f  2
1.1.1.2         1.1.1.2         944   0x80000004   0x7c30  2
2.2.2.1         2.2.2.1         980   0x80000005   0x8916  2
2.2.2.2         2.2.2.2         947   0x80000005   0xbbc1  2
3.3.3.1         3.3.3.1         987   0x80000005   0xcdb0  2

            Network Link States (Area 0.0.0.0)

Link ID         ADV Router      Age   Seq#         CkSum
172.16.100.1    2.2.2.1         980   0x80000001   0xc563
172.16.100.6    3.3.3.1         987   0x80000001   0xb763
172.16.100.9    2.2.2.2         947   0x80000001   0x8796
172.16.100.14   3.3.3.1         997   0x80000001   0x759c
```

图 5-24　BK-HX-S5750-01 的 LSDB

```
BK-JR-S2910-1D# show ip route
Codes:  C - Connected, L - Local, S - Static
        R - RIP, O - OSPF, B - BGP, I - IS-IS, V - Overflow route
        N1 - OSPF NSSA external type 1, N2 - OSPF NSSA external type 2
        E1 - OSPF external type 1, E2 - OSPF external type 2
        SU - IS-IS summary, L1 - IS-IS level-1, L2 - IS-IS level-2
        IA - Inter area, EV - BGP EVPN, A - Arp to host
        LA - Local aggregate route
        * - candidate default

Gateway of last resort is no set
C        1.1.1.1/32 is local host.
C        172.16.100.0/30 is directly connected, GigabitEthernet 0/8
C        172.16.100.2/32 is local host.
O        172.16.100.4/30 [110/2] via 172.16.100.1, 00:26:34, GigabitEthernet 0/8
O        172.16.100.8/30 [110/4] via 172.16.100.1, 00:26:34, GigabitEthernet 0/8
O        172.16.100.12/30 [110/3] via 172.16.100.1, 00:26:34, GigabitEthernet 0/8
C        192.168.101.0/24 is directly connected, VLAN 101
C        192.168.101.254/32 is local host.
O        192.168.201.0/24 [110/5] via 172.16.100.1, 00:26:03, GigabitEthernet 0/8
```

图 5-25　BK-JR-S2910-1D 的路由表

```
BK-HX-S5750-01#show ip route
Codes:  C - Connected, L - Local, S - Static
        R - RIP, O - OSPF, B - BGP, I - IS-IS, V - Overflow route
        N1 - OSPF NSSA external type 1, N2 - OSPF NSSA external type 2
        E1 - OSPF external type 1, E2 - OSPF external type 2
        SU - IS-IS summary, L1 - IS-IS level-1, L2 - IS-IS level-2
        IA - Inter area, EV - BGP EVPN, A - Arp to host
        LA - Local aggregate route
        * - candidate default
Gateway of last resort is no set
C     3.3.3.1/32 is local host.
O     172.16.100.0/30 [110/2] via 172.16.100.5, 00:26:53, GigabitEthernet 0/1
C     172.16.100.4/30 is directly connected, GigabitEthernet 0/1
C     172.16.100.6/32 is local host.
O     172.16.100.8/30 [110/2] via 172.16.100.13, 00:26:56, GigabitEthernet 0/2
C     172.16.100.12/30 is directly connected, GigabitEthernet 0/2
C     172.16.100.14/32 is local host.
O     192.168.101.0/24 [110/3] via 172.16.100.5, 00:26:43, GigabitEthernet 0/1
O     192.168.201.0/24 [110/3] via 172.16.100.13, 00:26:11, GigabitEthernet 0/2
```

图 5-26　BK-HX-S5750-01 的路由表

6.2.6　常见问题

接口是否 UP，如果 DOWN 的话请做检查。

链路两侧 OSPF 器的区域是否一致。

链路两侧 OSPF 路由器的接口类型是否一致。

链路两侧 OSPF 路由器的接口 IP 掩码是否一致。

练习与思考

1. 在 OSPF 协议中 network 说法正确的是(　　)。

A. network 命令宣告的是路由

B. network 命令是一定要配置的，否则邻居无法建立

C. network 命令并非一定要配置的命令，可以通过其他方式启用 OSPF。

2. 假设你是一家企业的网络管理员，负责管理该企业内部的网络。你决定使用 OSPF(开放最短路径优先)协议来管理企业内部的路由。在这种情况下，你需要考虑哪些因素，并简要解释每个因素的重要性？

3. 项目中图 5-22 中为什么会显示 2 个 BDR，你能解释原因吗？

项目六

构建常用网络服务

项目描述

某公司组建网络，由于客户终端设备较多，如果逐一配置 IP 地址，不仅维护工作量大且容易出错，而且还会导致地址利用率低下，因此经过研究，决定在网络中部署 DHCP 服务，实现动态分配 IP 地址、DNS 地址等相关信息。

经过研究，决定在核心交换机上部署 DHCP，用作地址分配。最终逻辑拓扑如图 6-1 所示，现阶段你需要完成基础网络的规划与配置。

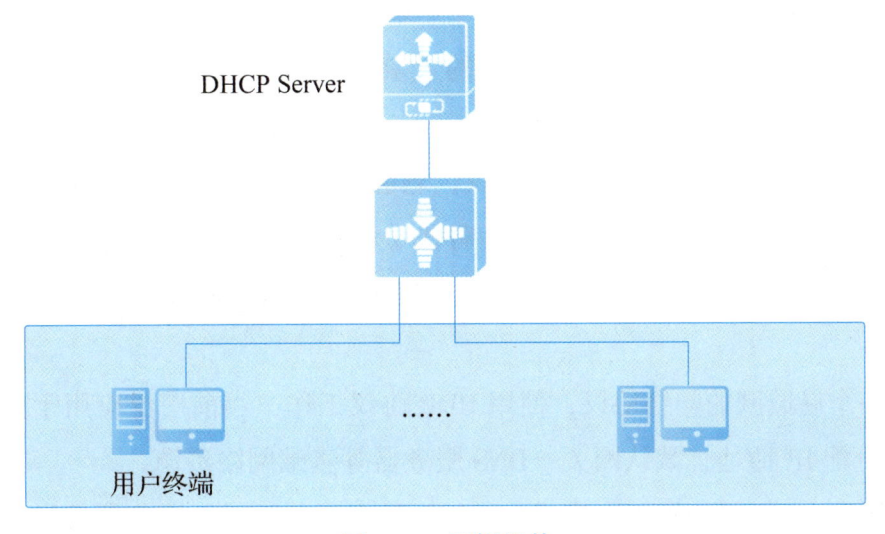

图 6-1 逻辑拓扑

项目目标

学习 DHCP 的基础后，能了解 DHCP 的功能，并复述 DHCP 的工作原理。

了解用户私自设置 DHCP 可能带来的问题，并知道解决办法。

能在项目中分别完成本网络 DHCP 服务部署与跨网络 DHCP 中继的部署。

通过了解实际环境中可能存在的安全问题，学习解决方案，养成维护局域网网络安全的能力。

模块一 DHCP 概述

学习目标

了解 DHCP 的应用场景。

了解 DHCP 的组成及地址分配方式。

了解 DHCP 的特点。

了解 DHCP Snooping 和 IP Source Guard 的应用。

知识学习

6.1.12 DHCP 的应用场景

在组建局域网的时候，手动为局域网中的大量主机配置 IP 地址、掩码、网关等参数的工作烦琐，容易出错。

在这种背景下，于是就有了 DHCP 协议，它会自动配置设备的网络参数，包括 IP 地址、子网掩码、网关地址、DNS 服务器等，替代手动配置。还能统一进行 IP 地址分配，方便网络管理。DHCP 可以自动为局域网中的主机完成 TCP/IP 协议配置，还能避免 IP 地址冲突的问题。

DHCP 是一个局域网的网络协议，使用 UDP 协议工作，目前广泛应用于大型局域网中，用来进行动态分配 IP 地址、默认网关、DNS 服务器等基础网络资源。

DHCP 采用客户端-服务器工作模式：DHCP 客户端对 DHCP 服务器发送 IP 地址请求消息，DHCP 服务器负责为客户端分配网络资源，并集中管理所分配 IP 网络的设定参数。

6.1.13 DHCP 简介

DHCP 由早期的 BOOTP 发展而来，后者设计用于在 TCP/IP 网络上引导系统。对于客户机和服务器之间传送的消息，DHCP 使用与 BOOTP 相同的格式。然而，与 BOOTP 消息不同，DHCP 消息可包含客户机的网络配置数据。

DHCP 能够通过租用来管理 IP 地址的指定，即可通过租用回收未使用的 IP 地址。这些回收的 IP 地址可以重新指定给其他客户机。使用 DHCP 的站点所用的 IP 地址池小于为所有客户机指定永久性 IP 地址时所需的 IP 地址池。

DHCP 采用客户端/服务器模式，服务器负责集中管理，客户端向服务器提出配置申请，服务器根据策略返回相应配置信息。

DHCP 报文采用 UDP 封装。服务器侦听的端口号是 67，客户端的端口号是 68。

1. DHCP 系统的组成

如图 6-2 所示，DHCP 系统由 3 部分组成，分别是：

图 6-2 DHCP 系统组成

DHCP 客户端：需要动态获得 IP 地址的主机。
DHCP 中继：一般为路由器或三层交换机等网络设备。
DHCP 服务器：能提供 DHCP 功能的服务器或具有 DHCP 功能的网络设备。

2. DHCP 地址的分配方式

手工分配：客户端的 IP 地址是由网络管理员指定的，DHCP 服务器只是将指定的 IP 地址告诉客户端主机。

自动分配：DHCP 服务器为主机指定一个永久性的 IP 地址，一旦 DHCP 客户端第一次成功从 DHCP 服务器端租用 IP 地址后，就可以永久性的使用该地址。

动态分配：DHCP 服务器给主机指定一个具有时间限制的 IP 地址，时间到期或主机明确表示放弃该地址时，该地址可以被其他主机使用。

6.1.14 DHCP 的特点

衡量路由协议性能的方法可以根据不同的需求和指标进行选择。以下是一些常见的方法和指标，用于评估路由协议的性能：

137

IP 地址管理：DHCP 的一个主要优点是更易于管理 IP 地址。在不使用 DHCP 的网络中，必须手动指定 IP 地址，必须小心地为每台客户机指定唯一的 IP 地址并单独配置每台客户机。如果客户机移动到其他网络，必须为该客户机执行手动修改。启用 DHCP 后，DHCP 服务器便会管理和指定 IP 地址，而无须管理员介入。客户机无须重新手动配置便可移动到其他子网，因为它们从 DHCP 服务器中获取了适用于新网络的新的客户机信息。

网络客户机集中配置：可以为某些客户机或某些类型的客户机创建定制的配置。配置信息存储在 DHCP 数据存储中的某个位置，无须登录客户机更改其配置，可以仅通过更改数据存储中的信息来更改多个客户机的配置。

支持 BOOTP 客户机：BOOTP 服务器和 DHCP 服务器都可以侦听并响应来自客户机的广播。除了响应 DHCP 客户机之外，DHCP 服务器还可以响应来自 BOOTP 客户机的请求。BOOTP 客户机从服务器接收引导所需的 IP 地址和信息。

支持本地客户机和远程客户机：BOOTP 提供了从一个网络到另一个网络的消息中继。DHCP 通过数种方法利用 BOOTP 的中继功能。大多数网络路由器可以配置为充当 BOOTP 中继代理角色，用于将 BOOTP 请求传送到不在客户机网络上的服务器。DHCP 请求也可以通过相同的方式转发，因为对于路由器而言，无法区别 DHCP 请求与 BOOTP 请求。当支持 BOOTP 中继的路由器不可用时，DHCP 服务器也可以配置为充当 BOOTP 中继代理的角色。

网络引导：客户机可以使用 DHCP 而不是反向地址解析协议（Reverse Address Resolution Protocol，RARP）和 bootparams 文件来获取从网络上的服务器进行引导所需的信息。DHCP 服务器可以为客户机提供运行所需的所有信息，包括 IP 地址、引导服务器和网络配置等信息。由于 DHCP 请求可以在子网间转发，因此，在使用 DHCP 网络引导时，可以减少在网络中部署的引导服务器的数量。RARP 引导要求每个子网都有一台引导服务器。

大型网络支持：拥有数百万台 DHCP 客户机的网络可以使用 DHCP。DHCP 服务器使用多线程同时处理大量客户机请求。该服务器也支持为处理大量数据而优化的数据存储。数据存储访问由单独的处理模块处理。借助这种数据存储方法，可以添加对任何所需的数据库的支持。

6.1.15 DHCP 的安全配置

1. 防用户私设 DHCP 服务器

DHCP Snooping：当网络中存在 DHCP 服务器欺骗时就可以考虑采用这个功能，比如网络中有个别终端用的是 window 2003，或者 2008 系统默认开启了 DHCP 分配 IP 的服务，或者是一些接入层的端口连接有 TPLINK，DLINK 这样的无线路由器，开启了 DHCP 分配 IP 的服务。我们推荐在用户接入层交换机上面部署该功能，越靠近 PC 端口控制的越准确，而每个交换机的端口推荐只连接一台 PC，否则如果交换机某端口下串接一个 HUB，在 HUB 上连接了若干 PC 的话，那么如果凑巧该 HUB 下发生 DHCP 欺骗，由于欺骗报文都在 HUB 端口间直接转发了，没有受到接入层交换机的 DHCP snooping 功能的控制，这样的欺骗就无法防止了。

DHCP Snooping：意为 DHCP 窥探，在一次 PC 动态获取 IP 地址的过程中，通过对 Client 和服务器之间的 DHCP 交互报文进行窥探，实现对用户的监控，同时 DHCP Snooping 起到一个 DHCP 报文过滤的功能，通过合理的配置实现对非法服务器的过滤，防止用户端获取到非法 DHCP 服务器提供的地址而无法上网。

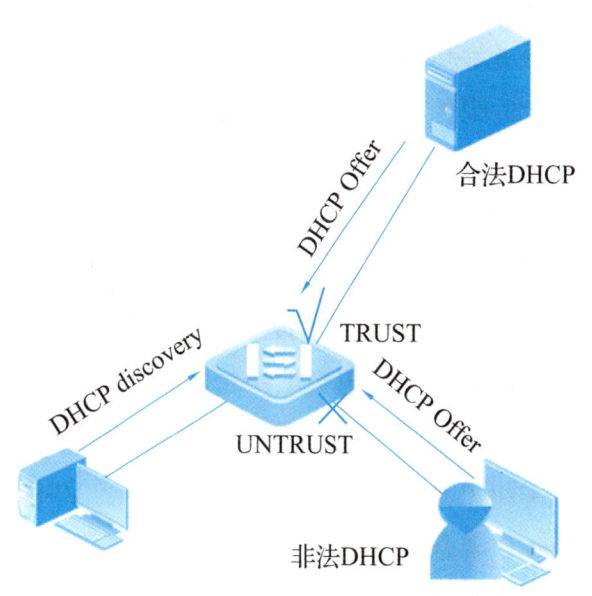

DHCP Snooping TRUST 口：由于 DHCP 获取 IP 的交互报文是使用广播的形式，从而存在着非法的 DHCP 服务影响用户正常 IP 的获取，更有甚者通过非法的 DHCP 服务欺骗窃取用户信息，为了防止非法的 DHCP 服务的问题，DHCP Snooping 把端口分为两种类型，TRUST 口和 UNTRUST 口。设备只转发 TRUST 口收到的 DHCP 应答报文，而丢弃所有来自 UNTRUST 口的 DHCP 应答报文，这样我们把合法的 DHCP Server 连接的端口设置为 TRUST 口，则其他口为 UNTRUST 口，就可以实现对非法 DHCP 的过滤，如图 6-3 所示。

图 6-3 DHCP Snooping TRUST/UNTRUST

2. 防用户私设 IP 地址

IP Source Guard：IP Source Guard（IP 源防护）维护一个 IP 源地址绑定数据库，IP Source Guard 可以在对应的接口上对主机报文进行基于源 IP、源 IP 和源 MAC 的报文过滤，从而保证只有 IP 源地址绑定数据库中的主机才能正常使用网络。

IP Source Guard 会自动将 DHCP Snooping 绑定数据库中的合法用户同步绑定到 IP Source Guard 的 IP 源地址绑定数据库（硬件安全表项中），这样 IP Source Guard 就可以在打开 DHCP Snooping 的设备上对客户端的进行严格过滤；默认情况下，打开 IP Source Guard 功能的端口会过滤所有非 DHCP 的 IP 报文；只有当客户端通过 DHCP 从服务器获取到合法的 IP 或者管理员为客户端配置了静态的 IP 源地址绑定，端口才允许和这个客户端匹配的 IP 报文通过。

IP Source Guard 支持基于 IP+MAC 或者基于 IP 的过滤，如果打开基于 IP+MAC 的过滤，IP Source Guard 会对所有报文的 MAC+IP 进行检测，仅仅允许 IP 源地址绑定表格中存在的用户报文通过；而基于 IP 的过滤，仅仅会对报文的源 IP 地址进行检测。

IP Source Guard 可以实现防止用户私设 IP 地址及防止用户变化源 IP 的扫描行为，要求用户必须用动态 HDCP 方式获取 IP，否则将无法使用网络。

IP Source Guard 配合 ARP-check 功能使用可以有效预防 ARP 欺骗。

拓展延伸

DHCP 中继

DHCP 中继(DHCP relay)，通常用于大型网络中，用户的网关设备众多，分布零散，而又要通过 DHCP 动态获取 IP 地址的方式来给每个设备终端分配 IP，网络管理员不想在每个网关设备(通常是三层交换机，或者路由器)都配置 DHCP 服务器功能，而希望在网络中心的服务器区部署一台专门的 DHCP 服务器(通常是 window 2003 的服务器或者是 Linux 的 DHCP 服务器)，这样做到 IP 地址的统一分配、维护，此时针对用户网关的各个三层交换机上面就需要配置 DHCP 中继功能，实现客户端与服务器之间的 DHCP 报文的代理交互。

DHCP 请求报文的目的 IP 地址为 255.255.255.255，这种类型报文的转发局限于子网内。为了实现跨网段的动态 IP 地址分配，DHCP 中继就产生了。DHCP 中继将收到的 DHCP 请求报文以单播方式转发给 DHCP 服务器，同时将收到的 DHCP 响应报文转发给 DHCP 客户端。DHCP 中继相当于一个转发站，负责沟通位于不同网段的 DHCP 客户端和 DHCP 服务器，即转发客户端 DHCP 请求报文、转发服务端 DHCP 应答报文。这样就实现了只要安装一个 DHCP 服务器，就可以实现对多个网段的动态 IP 管理，即客户端—中继—服务器模式的 DHCP 动态 IP 管理。

DHCP 中继的数据转发，与通常路由转发是不同的，通常的路由转发相对来说是透明传输的，设备一般不会修改 IP 包内容。而 DHCP 中继代理接收到 DHCP 消息后，进行转换源目的 IP，MAC 生成一个 DHCP 消息，然后转发出去。DHCP 中继相当于一个转发站，负责沟通位于不同网段的 DHCP 客户端和 DHCP 服务器。

练习与思考

1. DHCP 协议服务端分配 IP 地址时用的端口是(　　)。

    A. UDP 68　　　　B. TCP 68　　　　C. UDP 67　　　　D. TCP 110

2. DHCP 协议客户端用的端口是(　　)。

    A. UDP 68　　　　B. TCP 78　　　　C. UDP 67　　　　D. TCP 110

3. DHCP 分配 IP 地址时，不会分发(　　)。

    A. IP 地址、子网掩码　　　　　　　B. DNS 地址

    C. 网关地址　　　　　　　　　　　D. MAC 地址

4. ipconfig /all 命令作用是(　　)。

    A. 释放 IP 地址　　　　　　　　　B. 获取 IP 地址

    C. 查看 DHCP 服务器的状态　　　　D. 查看所有 IP 地址

5. 请简要说明 IP 地址池的作用。

模块二　DHCP 工作原理

学习目标

了解 DHCP 报文。

了解 DHCP 的工作原理。

掌握 DHCP 的配置命令。

知识学习

6.2.7　DHCP 协议介绍

1. DHCP 报文格式

DHCP 报文是承载于 UDP 上的高层协议报文，采用 67（DHCP 服务器）和 68（DHCP 客户端）两个端口号。DHCP 报文格式如图 6-4 所示。

0	8	16	24	31
OP	HTYPE	HLEN	跳数(Hops)	
事务IP(XID)				
秒数(Second)		标志(Flag)		
客户机IP地址(Ciaddr)				
你的IP地址(Yiaddr)				
服务器IP地址(Siaddr)				
中继IP地址(Giaddr)				
客户机硬件地址(Chaddr)		16字节		
服务器的主机名(Sname)		64字节		
启动文件名(File)		128字节		
选项(Options)		不定长		

图 6-4　DHCP 报文格式

其中主要的字段含义如下：

OP：若是客户端送给服务器的封包，设为1，反向为2；

Hops：若数据包需经过 Router 传送，每站加1，若在同一网内，为0；

XID：事务 ID，是个随机数，用于客户端和服务器之间匹配请求和相应消息；

Second：由用户指定的时间，指开始地址获取和更新进行后的时间；

Flag：从 0~15 bit，最左1 bit 为1时表示服务器将以广播方式传送封包给客户端，其余尚未使用；

Ciaddr：用户 IP 地址；

Yiaddr：客户 IP 地址；

Giaddr：转发代理(网关)IP 地址；

Options：厂商标识，可选的参数字段。

这些字段共同构成了 DHCP 报文的格式，使 DHCP 能够在网络中有效地分配 IP 地址和其他网络配置信息。

2. DHCP 报文类型

DHCP 一共有8种报文，各种类型报文的基本功能如表 6-1 所示。

表 6-1 DHCP 报文种类

报文类型	说明
Discover(0x01)	DHCP 客户端在请求 IP 地址时并不知道 DHCP 服务器的位置，因此 DHCP 客户端会在本地网络内以广播方式发送 Discover 请求报文，以发现网络中的 DHCP 服务器。所有收到 Discover 报文的 DHCP 服务器都会发送应答报文，DHCP 客户端据此可以知道网络中存在的 DHCP 服务器的位置
Offer(0x02)	DHCP 服务器收到 Discover 报文后，就会在所配置的地址池中查找一个合适的 IP 地址，加上相应的租约期限和其他配置信息(如网关、DNS 服务器等)，构造一个 Offer 报文，发送给 DHCP 客户端，告知用户本服务器可以为其提供 IP 地址。但这个报文只是告诉 DHCP 客户端可以提供 IP 地址，最终还需要客户端通过 ARP 来检测该 IP 地址是否重复
Request(0x03)	DHCP 客户端可能会收到很多 Offer 请求报文，所以必须在这些应答中选择一个。通常是选择第一个 Offer 应答报文的服务器作为自己的目标服务器，并向该服务器发送一个广播的 Request 请求报文，通告选择的服务器，希望获得所分配的 IP 地址。另外，DHCP 客户端在成功获取 IP 地址后，在地址使用租期达到50%时，会向 DHCP 服务器发送单播 Request 请求报文请求续延租约，如果没有收到 ACK 报文，在租期达到87.5%时，会再次发送广播的 Request 请求报文以请求续延租约
ACK(0x05)	DHCP 服务器收到 Request 请求报文后，根据 Request 报文中携带的用户 MAC 来查找有没有相应的租约记录，如果有则发送 ACK 应答报文，通知用户可以使用分配的 IP 地址
NAK(0x06)	如果 DHCP 服务器收到 Request 请求报文后，没有发现有相应的租约记录或者由于某些原因无法正常分配 IP 地址，则向 DHCP 客户端发送 NAK 应答报文，通知用户无法分配合适的 IP 地址

续表

报文类型	说明
Release（0x07）	当 DHCP 客户端不再需要使用分配 IP 地址时（一般出现在客户端关机、下线等状况）就会主动向 DHCP 服务器发送 Release 请求报文，告知服务器用户不再需要分配 IP 地址，请求 DHCP 服务器释放对应的 IP 地址
Decline（0x04）	DHCP 客户端收到 DHCP 服务器 ACK 应答报文后，通过地址冲突检测发现服务器分配的地址冲突或者由于其他原因导致不能使用，则会向 DHCP 服务器发送 Decline 请求报文，通知服务器所分配的 IP 地址不可用，以期获得新的 IP 地址
Inform（0x08）	DHCP 客户端如果需要从 DHCP 服务器端获取更为详细的配置信息，则向 DHCP 服务器发送 Inform 请求报文；DHCP 服务器在收到该报文后，将根据租约查找相应的配置信息，然后向 DHCP 客户端发送 ACK 应答报文。这种类型目前基本上不用了

6.2.8 DHCP 工作原理

在 DHCP 工作时，主要有 4 个步骤，如图 6-5 所示，为 DHCP 的交互过程。

DHCP Discover。DHCP Discover 的等待时间预设为 1 秒，也就是当客户机将第一个 DHCP Discover 封包送出去之后，如果在 1 秒之内没有得到回应，就会进行第二次 DHCP Discover 广播。若一直没有得到回应，客户机会将这一广播包重新发送 4 次（以 2，4，8，16 秒为间隔，加上 1~1000 毫秒随机长度的时间）。如果都没有得到 DHCP 服务器的回应，客户机会从 169.254.0.0/16 这个自动保留的私有 IP 地址中选用一个 IP 地址。并且每隔 5 分钟重新广播一次，如果收到某个服务器的响应，则继续 IP 租用过程。

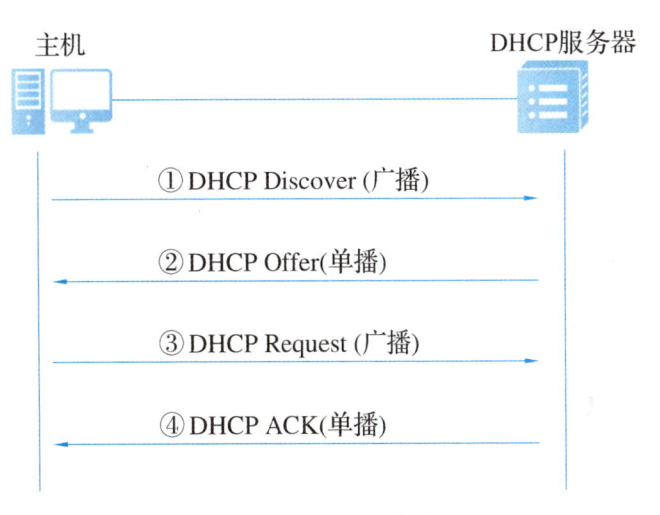

图 6-5 DHCP 工作原理

DHCP Offer。分配 IP 地址和提供 IP 地址租用。DHCP 服务器收到客户端发出的 DHCP Discover 广播后，通过解析报文，查询 dhcpd.conf 配置文件。它会从那些还没有租出去的地址中，选择最前面的空置 IP，连同其他 TCP/IP 设定，通过 UDP 68 端口响应给客户端一个 DHCP Offer 数据包（包中包含 IP 地址、子网掩码、地址租期等信息）。告诉 DHCP 客户端，该 DHCP 服务器拥有资源，可以提供 DHCP 服务。

DHCP Request。接受 IP 地址和接受 IP 租约。DHCP 客户端接收到 DHCP Offer 提供信息后，如果客户机收到网络上多台 DHCP 服务器的响应，一般是最先到达的那个以广播的方式回答一个 DHCP Request 数据包（包中包含客户端的 MAC 地址、接受的租约中的 IP 地址、提供此租约的 DHCP 服务器地址等），告诉所有 DHCP 服务器它将接受哪一台服务器提供的 IP

地址，所有其他的 DHCP 服务器撤销它们的提供以便将 IP 地址提供给下一次 IP 租用请求。此时，由于还没有得到 DHCP 服务器的最后确认，客户端仍然使用 0.0.0.0 为源 IP 地址，255.255.255.255 为目标地址进行广播。

DHCP ACK。IP 地址分配确认和租约确认。当 DHCP 服务器接收到客户端的 DHCP Request 后，会广播返回给客户端一个 DHCP ACK 消息包，表明已经接受客户机的选择，告诉 DHCP 客户端可以使用它提供的 IP 地址。并将这一 IP 地址的合法租用以及其他的配置信息都放入该广播包发给客户端。

客户端在接收到 DHCP ACK 广播后，会向网络发送 3 个针对此 IP 地址的 ARP 解析请求以执行冲突检测，查询网络上有没有其他机器使用该 IP 地址；如果发现该 IP 地址已经被使用，客户端会发出一个 DHCP Decline 数据包给 DHCP 服务器，拒绝此 IP 地址租约，并重新发送 DHCP Discover 信息。此时，在 DHCP 服务器管理控制台中，会显示此 IP 地址为 BAD_ADDRESS。

如果网络上没有其他主机使用此 IP 地址，则客户端的 TCP/IP 使用租约中提供的 IP 地址完成初始化，从而可以和其他网络中的主机进行通信。

6.2.9　DHCP 租约

更新租约：DHCP 服务器向 DHCP 客户机出租的 IP 地址一般都有一个租借期限，期满后 DHCP 服务器便会收回出租的 IP 地址。如果 DHCP 客户端要延长其 IP 租约，则必须更新其 IP 租约。

客户端会在租期过去 50%的时候，直接向为其提供 IP 地址的 DHCP 服务器发送 DHCP Request 消息包。如果客户端接收到该服务器回应的 DHCP ACK 消息包，客户端就根据包中所提供的新的租期以及其他已经更新的 TCP/IP 参数，更新自己的配置，IP 租用更新完成。如果没有收到该服务器的回复，则客户端继续使用现有的 IP 地址，因为当前租期还有 50%。

如果在租期过去 50%的时候没有更新，则客户端将在租期过去 87.5%的时候再次与为其提供 IP 地址的 DHCP 联系。如果还不成功，到租约的 100%时，客户端必须放弃这个 IP 地址，重新申请。如果此时无 DHCP 可用，客户端会使用 169.254.0.0/16 中随机的一个地址，并且每隔 5 分钟再进行尝试。

6.2.10　DHCP 配置命令

1. 启动 DHCP-SERVER 功能

【命令格式】service dhcp

【参数说明】无。

【命令模式】全局模式。

【使用指导】启用 DHCP 服务器和 DHCP 中继功能，DHCP 服务器和 DHCP 中继共用 service dhcp 这条命令，两功能可以同时存在，但是报文是通过中继转发还是直接由服务器处理，取决于设备上是否配置了合法有效的地址池，如果存在地址池则由服务器处理，不存在则由中继转发。

2. 配置地址池

【命令格式】ip dhcp pool dhcp-pool

【参数说明】pool-name：地址池名称。

【命令模式】全局模式。

【使用指导】要给用户下发地址，首先要配置地址池名并进入地址池配置模式。

3. 配置 DHCP 地址池的网络号和掩码

【命令格式】network network-number mask［low-ip-address high-ip-address］

【参数说明】network-number：DHCP 地址池的 IP 地址网络号。mask：DHCP 地址池的 IP 地址网络掩码。如果没有定义掩码，缺省为自然网络掩码。

【命令模式】DHCP 地址池配置模式。

【使用指导】进行动态地址绑定的配置，必须配置新建地址池的子网及其掩码，为 DHCP 服务器提供一个可分配给客户端的地址空间。DHCP 在分配地址池中的地址时，是按顺序进行的，如果该地址已经在 DHCP 绑定表中或者检测到该地址已经在该网段中存在，就检查下一个地址，直到分配一个有效的地址。

4. 配置客户端缺省网关

【命令格式】default-router address［address2…address8］

【参数说明】address：定义客户端默认网关的 IP 地址，要求至少配置一个。address2…address8：(可选)最多可以配置 8 个网关。

【命令模式】DHCP 地址池配置模式。

【使用指导】配置客户端默认网关，这个将作为服务器分配给客户端的默认网关参数。缺省网关的 IP 地址必须与 DHCP 客户端的 IP 地址在同一网络。

5. 配置地址租期

【命令格式】lease｛days［hours］［minutes］| infinite｝

【参数说明】days：定义租期的时间，以天为单位

hours：(可选)定义租期的时间，以小时为单位。定义小时数前必须定义天数。

minutes：(可选)定义租期的时间，以分钟为单位。定义分钟前必须定义天数和小时。

infinite：定义没有限制的租期。

【命令模式】DHCP 地址池配置模式。

【使用指导】DHCP 服务器给客户端分配的地址，缺省情况下租期为 1 天。当租期快到

时客户端需要请求续租，否则过期后就不能使用该地址。

6. 配置自定义选项

【命令格式】option code {ascii string | hex string | ip ip-address}

【参数说明】code：定义 DHCP 选项代码。

ascii string：定义一个 ASCII 字符串。

hex string：定义十六进制字符串。

ip ip-address：定义 IP 地址列表。

【命令模式】DHCP 地址池配置模式。

【使用指导】DHCP 提供了一个机制，允许在 TCP/IP 网络中将配置信息传送给主机。DHCP 报文专门有 option 字段，该部分内容为可变化内容，用户可以根据实际情况进行定义，DHCP 客户端必须能够接收携带至少 312 字节 option 信息的 DHCP 报文。另外 DHCP 报文中的固定数据字段也称为一个 option 字段。

拓展延伸

DHCPv6

DHCPv6（Dynamic Host Configuration Protocol for IPv6）是一个用来分配 IPv6 地址、前缀以及 DNS 等配置的网络协议。

DHCPv6 是一种运行在客户端和服务器之间的协议，与 IPv4 中的 DHCP 一样，所有的协议报文都是基于 UDP 的（客户端使用 UDP 端口号 546，服务器使用端口号 547）。但是由于在 IPv6 中没有广播报文，因此 DHCPv6 使用组播（默认所有 DHCPv6 服务器都会加入并侦听该组播组：FF02::1:2）报文，客户端也无须配置服务器的 IPv6 地址。

DHCPv6 的应用模型基本延续了 DHCPv4 的框架，DHCPv6 应用模型由服务器、客户端和中继组成，客户端和服务器经过一问一答的方式，获取配置参数，中继可以将客户端和非本地链路内的服务器透明连接起来。报文的交互、参数的维护基本上维持了 DHCPv4 中的做法，但 DHCPv6 根据新的网络对报文结构和流程处理作了修改。DHCPv6 与 DHCPv4 相比：

（1）DHCPv6 采用了新的报文结构，DHCPv6 对原有的 DHCPv4 报文作了很大的修改，去除了 DHCPv4 报文头部中的可选参数，留下了少数的几个在所有报文交互过程中都要用到的字段，其他选填的字段一律通过选项的形式封装在报文的选项域中。

（2）DHCPv6 采用新的地址参数，如上描述，DHCPv6 中地址字段从 DHCPv4 的固定报文头部中删掉，整个地址参数以及相关的时间参数被统一封装在 IA 选项中，每个 DHCPv6 客户端关联一个 IA，而每个 IA 中可以包含多个地址以及相关的时间信息；并且根据地址类型的不同生成对应的 IA，如 IA_NA、IA_TA、IA_PD。

（3）DHCPv6 引入新的客户端服务器标识，即 DUID。

（4）DHCPv6 支持无状态的 DHCPv6 自动配置，也就是说网络节点进行自动配置的时候，可以将地址配置和参数配置分开，对应的每一种配置都可以使用 DHCP 方式获取，即网络节点可以通过 DHCPv6 服务器获取非地址的其他参数，这一点相对 DHCPv4 的分配方式是非常大的改变。

（5）DHCPv6 支持基于前缀的分配，可以通过 DHCPv6 分配网络前缀，而不仅仅是 IPv6 的地址。

相对其他分配 IPV6 地址的方式而言，DHCPv6 具备以下优势：

更好控制 IPv6 地址的分配，DHCPv6 方式不仅可以记录为 IPv6 主机分配的地址，还可以为特定的 IPv6 主机分配特定的地址，以便于网络管理。

DHCPv6 支持为网络设备分配 IPv6 前缀，便于全网络的自动配置和网络层次性管理。

除了为 IPv6 主机分配 IPv6 地址和前缀外，还可以分配 DNS 服务器 IPv6 地址等网络配置参数。

练习与思考

1. DHCP 协议的 Discovery 报文的作用是（　　）。
A. 发现 DHCP 服务器　　　　　B. 获得 IP 地址
C. 释放 IP 地址　　　　　　　　D. 获得租约时间

2. DHCP 创建作用域默认时间是（　　）天。
A. 10　　　　B. 15　　　　C. 8　　　　D. 30

3. Ipconfig/release 的作用是（　　）。
A. 获取地址　　　　　　　　　B. 释放地址
C. 查看所有 IP 配置　　　　　　D. 以上都不对

4. 创建保留 IP 地址，主是要绑定它的（　　）。
A. MAC　　　　B. IP　　　　C. 名称　　　　D. 端口

5. 请简要说明租约时间的意义。

模块三　DHCP 配置

学习目标

完成网络的 VLAN 与地址规划。

部署 DHCP 服务，客户机获取 IP 地址。

知识学习

6.3.1 网络规划

本项目的任务可以分为主机命名、VLAN 规划、接口规划和地址规划 4 个部分。

1. 主机命名

设备命名规划表如表 6-2 所示。其中代号 ZR 代表公司名，HX 代表核心层设备，JR 代表接入层设备，S5310 指明设备型号，01 指明设备编号。

表 6-2　设备命名规划表

设备型号	设备主机名	备注
RG-S5310-24GT4XS	ZR-HX-S5310-01	核心交换机
RG-S5310-24GT4XS	ZR-JR-S5310-01	接入交换机

2. VLAN 规划

根据项目要求进行 VLAN 的规划，用户都在一个 VLAN 下面，具体规划如表 6-3 所示。

表 6-3　VLAN 规划表

序号	功能区	VLAN ID	VLAN Name
1	用户	10	Users

3. 接口规划

网络设备之间的端口互连规划规范为：Con_To_对端设备名称_对端接口名。本项目中只针对网络设备互连接口进行描述，默认采用靠前的接口承担接入工作，靠后的接口负责设备互连，具体规划如表 6-4 所示。

表 6-4　接口互连规划表

本端设备	接口	接口描述	对端设备	接口	VLAN
ZR-HX-S5310-01	Gi0/1	Con_To_ZR-JR-S5310-01_Gi0/1	ZR-JR-S5310-01	Gi0/1	—
ZR-JR-S5310-01	Gi0/1	Con_To_ZR-HX-S5310-01_Gi0/1	ZR-HX-S5310-01	Gi0/1	—
ZR-JR-S5310-01	Gi0/2	Con_To_PC1	PC1	—	10
ZR-JR-S5310-01	Gi0/3	Con_To_PC2	PC2	—	10

4. 地址规划

设备互连地址规划表如表 6-5 所示。

表 6-5　设备互连地址规划表

序号	本端设备	接口	本端地址
1	ZR-HX-S5310-01	SVI 10	192.168.10.253/24
2	ZR-JR-S5310-01	SVI 10	192.168.10.254/24

另外这里还需要对 VLAN 内的网段与网关进行规划，我们选用 SVI 接口作为网关接口，且网关地址为网段中最后一个可用地址，网络地址规划表如表 6-6 所示。

表 6-6　网络地址规划表

序号	VLAN	地址段	网关
1	10	192.168.10.0/24	192.168.10.254

6.3.2　网络拓扑

完成规划后得到最终网络拓扑图，如图 6-6 所示。

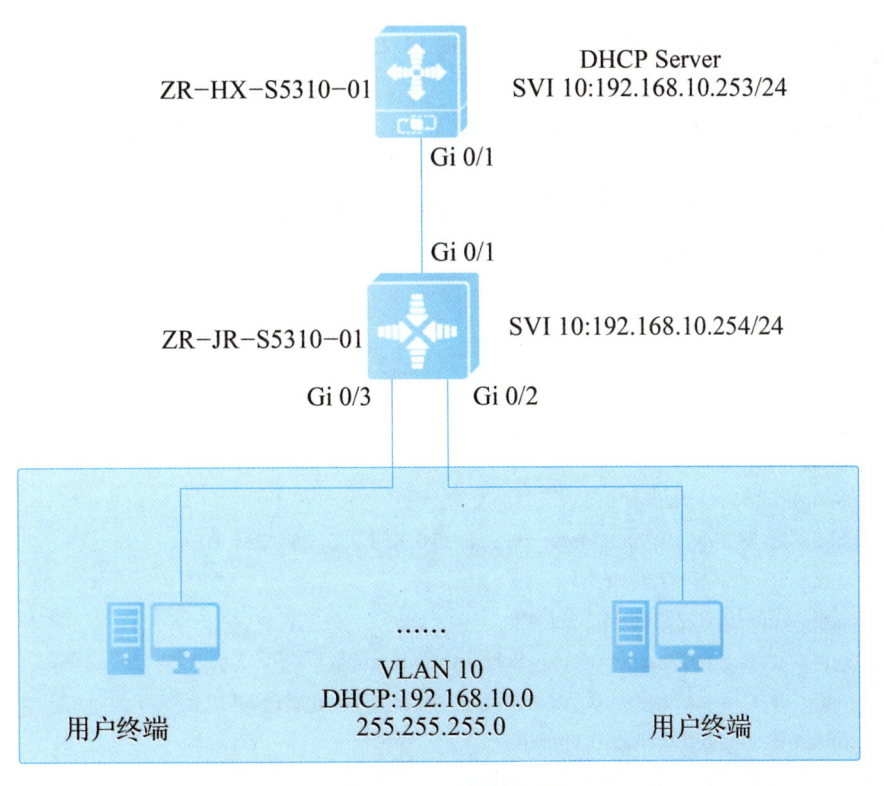

图 6-6　网络拓扑图

6.3.3　基础配置

1. 配置设备基础信息

配置设备的基础信息，包括设备名称和接口描述等内容，因重复性较高，这里使用 ZR-HX-S5310-01 进行演示。

```
Ruijie(config)#hostname ZR- HX- S5310- 01
ZR- HX- S5310- 01(config)#interface gigabitEthernet 0/1
ZR- HX- S5310- 01(config- if- GigabitEthernet 0/0)#description Con_To ZR- JR- S5310- 01_Gi0/1
ZR- HX- S5310- 01(config- if- GigabitEthernet 0/0)#interface gigabitEthernet 0/1
ZR- HX- S5310- 01(config- if- GigabitEthernet 0/1)#exit
```

2. 配置接口信息

本步骤为配置设备的接口地址、声明规划的 VLAN、将接口划分至对应的 VLAN 中。这里分别为两台设备配置相应内容。

ZR-HX-S5310-01

```
ZR- HX- S5310- 01(config)#vlan 10
ZR- HX- S5310- 01(config- vlan)#name Users
ZR- HX- S5310- 01(config- vlan)#exit
ZR- HX- S5310- 01(config)#interface vlan 10
ZR- HX- S5310- 01(config- if- VLAN 10)#ip address 192.168.10.253 255.255.255.0
ZR- HX- S5310- 01(config- if- VLAN 10)#exit
ZR- HX- S5310- 01(config)#interface gigabitEthernet 0/1
ZR- HX- S5310- 01(config- if- GigabitEthernet 0/1)#switchport mode trunk
ZR- HX- S5310- 01(config- if- GigabitEthernet 0/1)#switchport trunk allowed vlan all
ZR- HX- S5310- 01(config- if- GigabitEthernet 0/1)#exit
```

ZR-JR-S5310-01

```
ZR- JR- S5310- 01(config)#vlan 10
ZR- JR- S5310- 01(config- vlan)#name Users
ZR- JR- S5310- 01(config- vlan)#exit
ZR- JR- S5310- 01(config)#interface vlan 10
ZR- JR- S5310- 01(config- if- VLAN 10)#ip address 192.168.10.254 255.255.255.0
ZR- JR- S5310- 01(config- if- VLAN 10)#exit
ZR- JR- S5310- 01(config)#interface gigabitEthernet 0/1
ZR- JR- S5310- 01(config- if- GigabitEthernet 0/1)#switchport mode trunk
ZR- JR- S5310- 01(config- if- GigabitEthernet 0/1)#switchport trunk allowed vlan all
ZR- JR- S5310- 01(config- if- GigabitEthernet 0/1)#exit
ZR- JR- S5310- 01(config)#interface range gigabitEthernet 0/2- 3
ZR- JR- S5310- 01(config- if- range)#switchport access vlan 10
ZR- JR- S5310- 01(config- if- range)#exit
```

6.3.4 DHCP 的配置

本步骤在核心交换机 ZR-HX-S5310-01 上配置 DHCP 服务，使客户机获取到 IP 地址。

```
ZR- HX- S5310- 01(config)#service dhcp                                    //启动 DHCP 服务
ZR- HX- S5310- 01(config)#ip dhcp pool vlan10                             //创建地址池:vlan10
ZR- HX- S5310- 01(dhcp- config)#network 192.168.10.0 255.255.255.0        //要分配的地址网段
ZR- HX- S5310- 01(dhcp- config)#default- router 192.168.10.254            //用户网关地址
ZR- HX- S5310- 01(dhcp- config)#dns- server 114.114.114.114                //dns 地址
ZR- HX- S5310- 01(dhcp- config)#exit
```

6.3.5 任务验证

在客户机上配置 IP 地址获取方式为 DHCP 自动获取，如图 6-7 所示。

小提示：在 EVE-NG 模拟器上，VPC 不能获取地址。原因系镜像 BUG 导致，可以把 VPC 换为路由器，在接口模式下：ip address dhcp，即可。

```
PC1#show ip int b
Interface              IP-Address(Pri)     IP-Address(Sec)   Status    Protocol
GigabitEthernet 0/0    192.168.10.1/24     no address        up        up
VLAN 1                 no address          no address        up        down
PC1#show run int g0/0
Building configuration...
Current configuration: 65 bytes

Interface GigabitEthernet 0/0
 no switchport
 ip address dhcp
PC1#
```

图 6-7 客户端 IP 地址

本步骤在核心交换机 ZR-HX-S5310-01 上，使用 show ip dhcp binding 命令查看 IP 地址获取情况，如图 6-8 所示，已经分配了两个地址。

```
ZR-HX-S5310-01#show ip dhcp binding
Total number of clients    : 2
Expired clients            : 0
Running clients            : 2

IP address        Hardware address       Lease expiration           Type
192.168.10.2      5000.0003.0001         000 days 23 hours 57 mins  Automatic
192.168.10.1      5000.0002.0001         000 days 23 hours 51 mins  Automatic
ZR-HX-S5310-01#
ZR-HX-S5310-01#
```

图 6-8 DHCP 地址池分配情况

6.3.6 常见问题

接口上未正确划分 VLAN。
DHCP 中默认网关配置错误。

拓展延伸

当有多个不同的 VLAN 用户要分配 IP 地址时，可以根据以下配置方式进行配置。

（1）创建 VLANs：首先，在交换机或路由器上创建不同的 VLAN。每个 VLAN 通常代表一个逻辑网络分段，具有独立的 IP 地址空间。

（2）配置 VLAN 接口：为每个 VLAN 在交换机或路由器上配置接口，并分配一个 IP 地址。这些 IP 地址通常用作默认网关，用于该 VLAN 内的主机流量。

（3）启用 DHCP 服务：在网络中选择一个设备或服务器作为 DHCP 服务器，并在其上配置 DHCP 服务。通常，这可能是专门的 DHCP 服务器或路由器。

（4）为每个 VLAN 配置 DHCP 作用域：在 DHCP 服务器上为每个 VLAN 配置相应的 DHCP 作用域。每个作用域应包含 IP 地址池、子网掩码、默认网关等配置信息，以满足该 VLAN 内的客户端需求。

（5）DHCP 中继（可选）：如果 DHCP 服务器不在每个 VLAN 内，那么可能需要在网络设备上启用 DHCP 中继代理。DHCP 中继会将 DHCP 请求从客户端发送到 DHCP 服务器，并将 DHCP 服务器的响应转发回客户端所在的 VLAN。

（6）测试和验证：完成配置后，进行测试以确保客户端能够成功获取 IP 地址，并且能够与网络中的其他设备通信。

练习与思考

1. DHCP 客户端收到 DHCP ACK 报文后如果发现自己即将使用的 IP 地址已经存在于网络中，那么它将向 DHCP 服务器发送（　　）报文。

　　A. DHCP Request　　　　　　　　B. DHCP Release

　　C. DHCP Inform　　　　　　　　　D. DHCP Decline

2. DHCP 客户端向 DHCP 服务器发送（　　）报文进行 IP 租约的更新。

　　A. DHCP Request　　　　　　　　B. DHCP Release

　　C. DHCP Inform　　　　　　　　　D. DHCP Decline

　　E. DHCPACK　　　　　　　　　　F. DHCP OFFER

项目六 构建常用网络服务

模块四　DHCP 中继

学习目标

完成网络的 VLAN 与地址规划。

部署基本的 DHCP 服务配置。

完成 DHCP 中继的配置。

知识学习

6.4.1　网络规划

在本项目中,任务可以分为主机命名、VLAN 规划、接口规划和地址规划 4 个部分。

1. 主机命名

设备命名规划表如表 6-2 所示,此处不再赘述。

2. VLAN 规划

VLAN 规划如表 6-3 所示,此处不再赘述。

3. 接口规划

接口规划如表 6-4 所示,此处不再赘述。

4. 地址规划

设备互连地址规划表如表 6-7 所示。

表 6-7　设备互连地址规划表

序号	本端设备	接口	本端地址	对端设备	对端接口
1	ZR-HX-S5310-01	Gi 0/1	192.168.20.1/24	ZR-JR-S5310-01	Gi 0/1
2	ZR-JR-S5310-01	Gi 0/1	192.168.20.2/24	ZR-HX-S5310-01	Gi 0/1

网络地址规划如表 6-6 所示,此处不再赘述。

6.4.2　网络拓扑

完成规划后得到最终拓扑图,如图 6-9 所示。

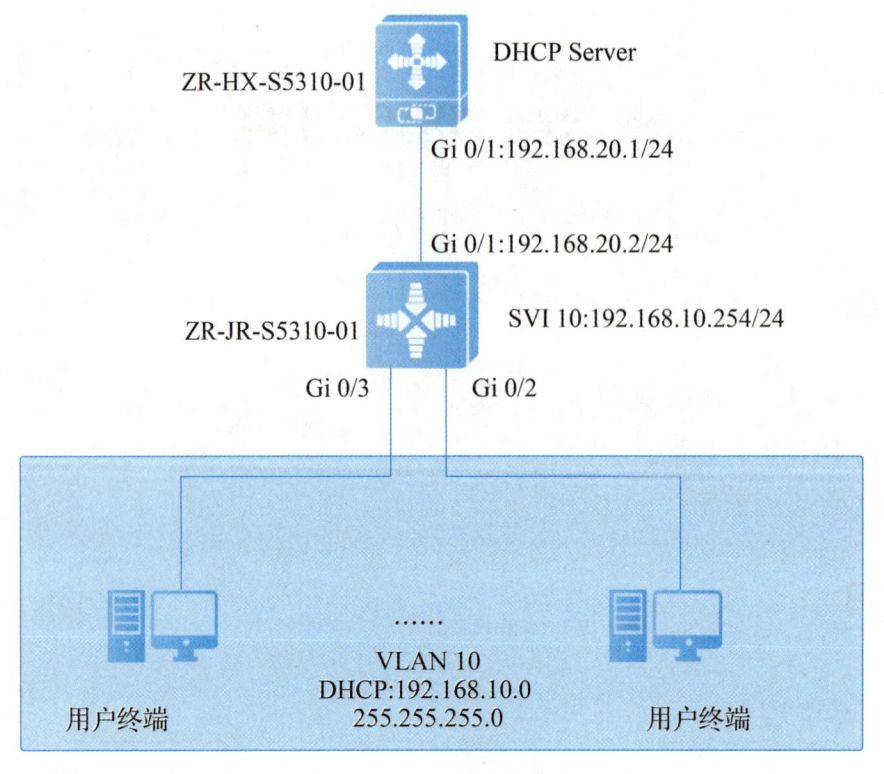

图 6-9　网络拓扑图

6.4.3　基础配置

1. 配置设备基础信息

配置设备的基础信息，包括设备名称和接口描述等内容，因重复性较高，这里使用 ZR-HX-S5310-01 进行演示。

```
Ruijie(config)#hostname ZR-HX-S5310-01
ZR-HX-S5310-01(config)#interface gigabitEthernet 0/1
ZR-HX-S5310-01(config-if-GigabitEthernet 0/0)#description Con_To ZR-JR-S5310-01_Gi0/1
ZR-HX-S5310-01(config-if-GigabitEthernet 0/0)#interface gigabitEthernet 0/1
ZR-HX-S5310-01(config-if-GigabitEthernet 0/1)#exit
```

2. 配置接口信息

本步骤为配置设备的接口地址、声明规划的 VLAN、将接口划分至对应的 VLAN 中。这里分别为两台设备配置相应内容。

ZR-HX-S5310-01

```
ZR-HX-S5310-01(config)#interface gigabitEthernet 0/1
ZR-HX-S5310-01(config-if-GigabitEthernet 0/1)#no switchport
ZR-HX-S5310-01(config-if-GigabitEthernet 0/1)#ip address 192.168.20.1 255.255.255.0
ZR-HX-S5310-01(config-if-GigabitEthernet 0/1)#exit
```

ZR-JR-S5310-01

```
ZR-JR-S5310-01(config)#vlan 10
ZR-JR-S5310-01(config-vlan)#name Users
ZR-JR-S5310-01(config-vlan)#exit
ZR-JR-S5310-01(config)#interface vlan 10
ZR-JR-S5310-01(config-if-VLAN 10)#ip address 192.168.10.254 255.255.255.0
ZR-JR-S5310-01(config-if-VLAN 10)#exit
ZR-JR-S5310-01(config)#interface gigabitEthernet 0/1
ZR-JR-S5310-01(config-if-GigabitEthernet 0/1)#no switchport
ZR-JR-S5310-01(config-if-GigabitEthernet 0/1)#ip address 192.168.20.1 255.255.255.0
ZR-JR-S5310-01(config-if-GigabitEthernet 0/1)#exit
ZR-JR-S5310-01(config)#interface range gigabitEthernet 0/2-3
ZR-JR-S5310-01(config-if-range)#switchport access vlan 10
ZR-JR-S5310-01(config-if-range)#exit
```

6.4.4 DHCP 的配置

本步骤在核心交换机 ZR-HX-S5310-01 上配置 DHCP 服务。

```
ZR-HX-S5310-01(config)#service dhcp                              //启动 DHCP 服务
ZR-HX-S5310-01(config)#ip dhcp pool vlan10                       //创建地址池：vlan10
ZR-HX-S5310-01(dhcp-config)#network 192.168.10.0 255.255.255.0   //要分配的地址网段
ZR-HX-S5310-01(dhcp-config)#default-router 192.168.10.254        //用户网关地址
ZR-HX-S5310-01(dhcp-config)#dns-server 114.114.114.114           //dns 地址
ZR-HX-S5310-01(dhcp-config)#exit
ZR-HX-S5310-01(config)#ip route 0.0.0.0 0.0.0.0 192.168.20.2
```

6.4.5 DHCP 中继的配置

本步骤在接入交换机上配置 DHCP 中继，当客户端跨网段获取 IP 地址时，需要用到 DHCP 中继；为了防止用户私设 DHCP 服务器和私配客户端 IP 地址，配置 DHCP snooping 和 IP source guard。

```
ZR-JR-S5310-01(config)#ip dhcp snooping                          //全局开启 DHCP snooping
ZR-JR-S5310-01(config)#service dhcp                              //开启中继 DHCP 服务
ZR-JR-S5310-01(config)#ip helper-address 192.168.20.1            //配置 DHCP 中继
ZR-JR-S5310-01(config)#interface range gigabitEthernet 0/2-3
ZR-JR-S5310-01(config-if-range)#ip verify source port-security   //开启 IP 源防护
ZR-JR-S5310-01(config-if-range)#exit
```

6.4.6 任务验证

本步骤在核心交换机 ZR-HX-S5310-01 上，使用 show ip dhcp binding 命令查看 IP 地址获取情况，如图 6-10 所示，客户机已经获取了地址。

```
ZR-HX-S5310-01#show ip dhcp binding
Total number of clients    : 2
Expired clients            : 0
Running clients            : 2

IP address       Hardware address     Lease expiration            Type
192.168.10.2     5000.0003.0001       000 days 23 hours 37 mins   Automatic
192.168.10.1     5000.0004.0001       000 days 23 hours 37 mins   Automatic
ZR-HX-S5310-01#
```

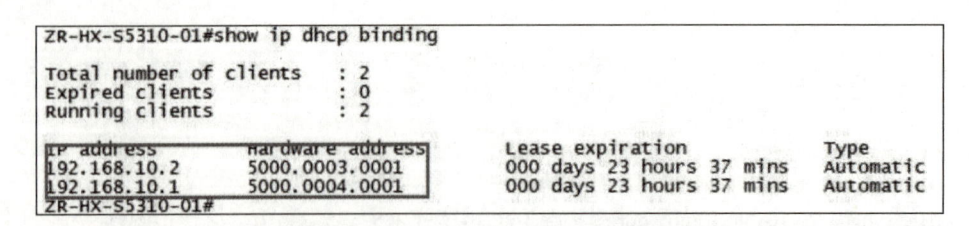

图 6-10　DHCP 地址池分配情况

在接入的交换机上，使用 show ip dhcp snooping binding 命令查看 DHCP snooping 表，如图 6-11 所示。

```
ZR-HJ-S5310-01#sh ip dhcp snooping binding
Total number of bindings: 2

NO.  MACADDRESS       IPADDRESS       LEASE(SEC)  TYPE           VLAN  INTERFACE
---- ---------------- --------------- ----------- -------------- ----- ------------------
1    5000.0004.0001   192.168.10.1    84632       DHCP-Snooping  10    GigabitEthernet 0/2
2    5000.0003.0001   192.168.10.2    86384       DHCP-Snooping  10    GigabitEthernet 0/3
ZR-HJ-S5310-01#
ZR-HJ-S5310-01#
```

图 6-11　DHCP snooping 表

6.4.7　常见问题

DHCP 中继配置错误，客户端获取不到地址。

DHCP snooping 连接 DHCP 服务器接口 untrust。

拓展延伸

在锐捷设备上配置 DHCP 服务器以跨多个网段，使客户端获取正确的 IP 地址，需要按照以下步骤进行设置：

（1）创建 VLAN：首先，确保已在锐捷设备上创建了需要跨越的多个 VLAN，并为每个 VLAN 分配了唯一的 VLAN ID。

（2）配置 VLAN 接口：为每个 VLAN 在锐捷设备上配置接口，并分配一个与该 VLAN 子网相符的 IP 地址。这些 IP 地址将用作 DHCP 服务器为客户端分配的默认网关。

（3）启用 DHCP 服务器功能：在锐捷设备上启用 DHCP 服务器功能。通常，这可以通过进入设备的管理界面或命令行界面并启用 DHCP 服务器来完成。

（4）配置 DHCP 作用域：为每个 VLAN 配置相应的 DHCP 作用域。每个作用域应包含该 VLAN 子网的 IP 地址范围、子网掩码、网关等信息。确保为每个 VLAN 提供正确的 IP 地址范围，以便 DHCP 服务器为客户端分配正确的 IP 地址。

（5）DHCP 中继（如果需要）：如果 DHCP 服务器不在每个 VLAN 上，那么可能需要在设备上启用 DHCP 中继（DHCP Relay）功能。DHCP 中继会将 DHCP 请求从客户端所在的

VLAN 转发到 DHCP 服务器，并将 DHCP 服务器的响应返回给客户端。

（6）启用 DHCP 客户端功能（可选）：如果需要，可以在客户端设备上启用 DHCP 客户端功能，以便它们自动获取 IP 地址和其他网络配置信息。

（7）测试和验证：完成配置后，进行测试以确保客户端设备可以成功获取来自 DHCP 服务器的 IP 地址，并且能够正常与网络中的其他设备进行通信。

练习与思考

1. 如果 DHCP 客户端发送给 DHCP 中继的 DHCP Discovery 报文中的广播标志位置 0，那么 DHCP 中继回应 DHCP 客户端的 DHCP Offer 报文采用（   ）。

A. unicast　　　　B. broadcast　　　　C. multicast　　　　D. anycast

2. DHCP 中继和 DHCP 服务器之间交互的报文采用（   ）。

A. unicast　　　　B. broadcast　　　　C. multicast　　　　D. anycast

3. 防止 DHCP 客户机上私配 IP 地址的技术是（   ）。

A. bpduguard　　　B. bpdu filter　　　C. IP source guard　　　D. DHCP snooping

项目七

网络安全防护

项目描述

在本项中为公司行政楼的部分网络进行建设。行政楼的 1 楼有 101 和 102 两个办公室。每个办公室的墙上各有 1 个信息点，通过网线可连接计算机。两个办公室的信息点分别连接接入交换机，再连接行政楼汇聚交换机。需要说明的是，本次只涉及行政楼的汇聚交换机及 1 楼的第 1 台接入交换机，其他部分后续再进行规划及配置。行政楼网络拓扑图如图 7-1 所示。

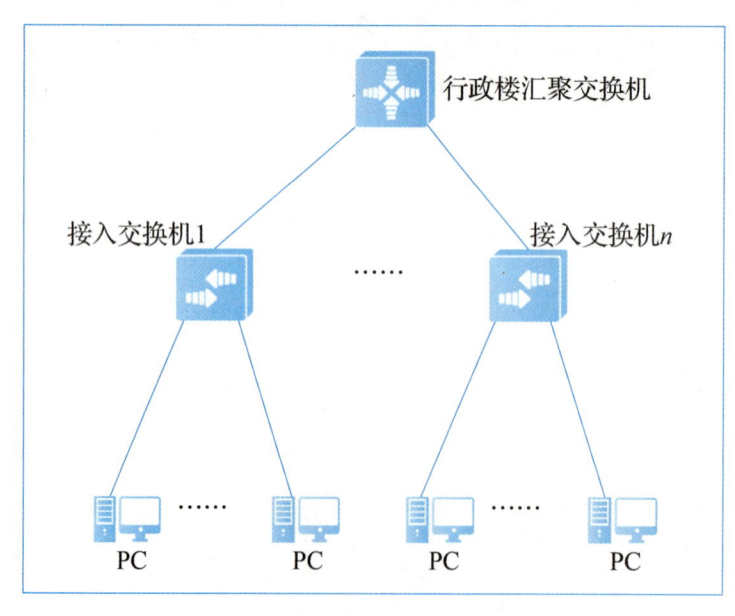

图 7-1　行政楼网络拓扑图

项目七　网络安全防护

本项目需要实现以下功能：

1. 限制部分办公室下用户数量，并且绑定部分办公室用户地址信息；
2. 防止私设 DHCP 服务器、私设 IP 地址及 ARP 欺骗等常见网络攻击；
3. 限制部分用户的通信或限制部分网络应用。

项目目标

学习基础的二层与三层网络安全防护方式，能独立完成端口、DHCP Snooping、IP 源防护、ARP-Check 等网络的安全规划及基础网络的组建。

通过学习，能区分标准 ACL 与扩展 ACL，并能完成对应的配置。

通过网络安全技术的学习，增强网络安全意识，培养基础的防护能力。

模块一　二层网络安全

学习目标

理解二层网络安全的重要性。

掌握端口安全的配置方法。

扫一扫
观看操作讲解

知识学习

7.1.1　网络规划

本项目需要实现以下功能：

（1）为防止 101 办公室接入过多用户，所以限制该房间只能连接 1 台计算机，如果违反规定连接多台计算机，则关闭该接口。

（2）为防止 102 办公室接入非法设备，所以要绑定该房间计算机的 IP 和 MAC，只允许该指定计算机用指定的 IP 地址接入网络。

通过分析，本项目需要通过端口安全实现。最终任务可以分为设备清单、接口规划、VLAN 规划、地址规划 4 个部分。

1. 设备清单

设备命名规划表如表 7-1 所示。其中代号 XZ 代表行政楼，JR 代表接入层设备，HJ 代表汇聚层设备，S5310 指明设备型号，01 指明设备编号。

表 7-1　设备命名规划表

设备型号	设备主机名	备注
RG-S5310-24GT4XS	XZ-HJ-S5310-01	行政楼汇聚交换机
RG-S5310-24GT4XS	XZ-JR-S5310-01	行政楼第 1 台接入交换机
RG-S5310-24GT4XS	—	测试 101 办公室安全性时使用

2. 接口规划

接入交换机默认采用靠前的接口承担接入工作，靠后的接口用于后续连接汇聚层设备。本项目所有接口描述均采用 Con_To_对端设备_对端接口的形式。具体规划如表 7-2 所示。

表 7-2　端接口规划表

本端设备	接口	接口描述	对端设备	接口	VLAN
XZ-JR-S5310-01	Gi0/1	—	101 办公室 PC	—	10
	Gi0/2	—	102 办公室 PC	—	10
	Gi0/3-7	—	其余办公室 PC	—	10
	Gi0/8	Con_To_XZ-HJ-S5310-01_Gi0/1	XZ-HJ-S5310-01	Gi0/1	—
XZ-HJ-S5310-01	Gi0/1	Con_To_XZ-JR-S5310-01_Gi0/8	XZ-JR-S5310-01	Gi0/8	—

3. VLAN 规划

根据用途进行 VLAN 的划分，包括用户 VLAN 和接入交换机管理 VLAN 两部分，这里规划两个 VLAN 编号（VLAN ID）。具体规划如表 7-3 所示。

表 7-3　VLAN 规划表

序号	用途	VLAN ID	VLAN Name
1	办公室用户	10	Yonghu
2	管理	100	Guanli

提问：为什么要配置接入交换机管理 VLAN？如果不配置会有何影响？

4. 地址规划

对用户及接入交换机的 IP 网段与网关进行规划，并选用汇聚交换机的 SVI 接口作为网关接口。网关地址为本网段中最后一个可用的 IP 地址，地址规划如表 7-4 所示。

表 7-4　地址规划表

序号	VLAN	地址段	网关	备注
1	10	192.168.10.0/24	192.168.10.254	行政楼 1 楼用户
2	100	192.168.100.0/24	192.168.100.254	接入交换机管理

7.1.2　网络拓扑

完成规划后得到最终拓扑图，如图 7-2 所示。

SVI 10：192.168.10.254/24
SVI 100：192.168.100.254/24

行政楼汇聚交换机
XZ-HJ-S5310-01

Gi 0/1

Gi 0/8

SVI 100：192.168.100.1/24
网关：192.168.100.254

行政楼第1台接入交换机
XZ-JR-S5310-01

Gi 0/1　Gi 0/2

101办公室用户
PC1

102办公室用户
PC2

IP：192.168.10.1/24
网关：192.168.100.254

IP：192.168.10.2/24
网关：192.168.10.254

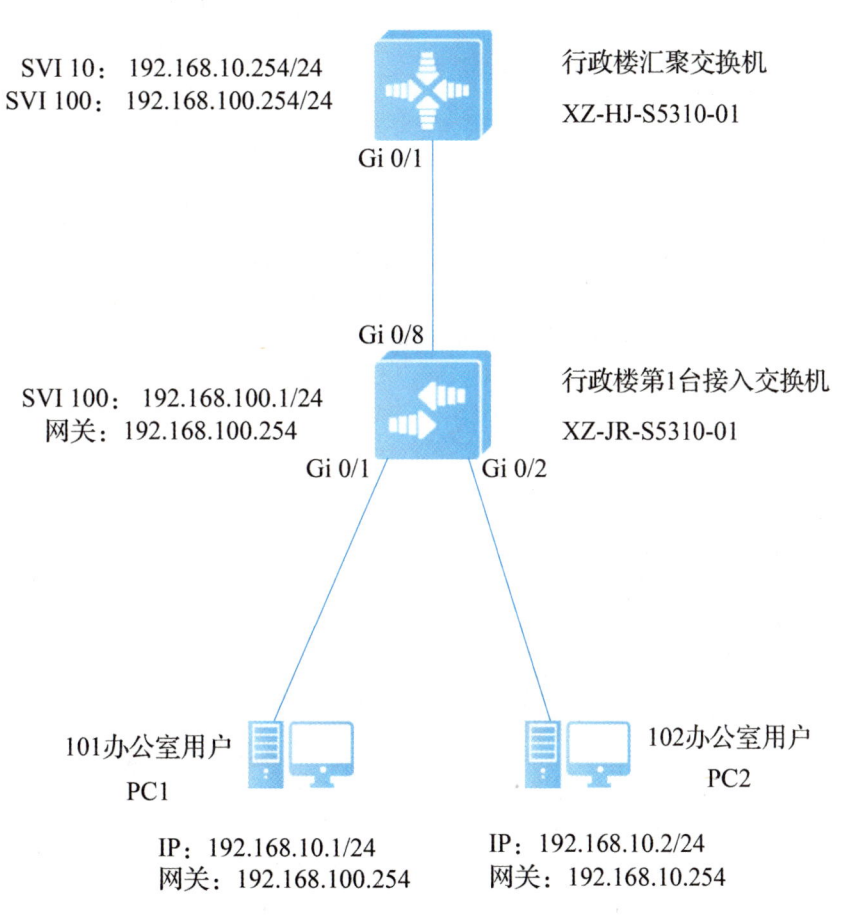

图 7-2　网络拓扑图

7.1.3　基础配置

1. 配置设备基础信息

配置设备的基础信息，包括设备名称和接口描述等内容，因重复性较高，这里使用 XZ-JR-S5310-01 进行演示。

```
Ruijie(config)#hostnameXZ-JR-S5310-01
XZ-JR-S5310-01(config)#interface gigabitEthernet 0/8
XZ-JR-S5310-01(config-if-GigabitEthernet 0/8)#description Con_To_XZ-HJ-S5310-01_Gi0/1
XZ-JR-S5310-01(config-if-GigabitEthernet 0/8)#exit
```

2. 配置接口信息

本步骤为配置汇聚层及接入层设备的接口地址、声明规划的 VLAN、将接口划分至对应的 VLAN 中。这里分别为两台设备配置相应内容。

XZ-HJ-S5310-01

```
XZ-HJ-S5310-01(config)#vlan 10
XZ-HJ-S5310-01(config-vlan)#name Yonghu
XZ-HJ-S5310-01(config-vlan)#vlan 100
XZ-HJ-S5310-01(config-vlan)#name Guanli
XZ-HJ-S5310-01(config-vlan)#exit
XZ-HJ-S5310-01(config)#interface vlan 10
XZ-HJ-S5310-01(config-if-vlan 10)#ip address 192.168.10.254 255.255.255.0
XZ-HJ-S5310-01(config-if-vlan 10)#interface vlan 100
XZ-HJ-S5310-01(config-if-vlan 100)#ip address 192.168.100.254 255.255.255.0
XZ-HJ-S5310-01(config-if-vlan 100)#interface GigabitEthernet 0/1
XZ-HJ-S5310-01(config-if-GigabitEthernet 0/1)#switchport mode trunk
XZ-HJ-S5310-01(config-if-GigabitEthernet 0/1)#exit
```

XZ-JR-S5310-01

```
XZ-JR-S5310-01(config)#vlan 10
XZ-JR-S5310-01(config-vlan)#name Yonghu
XZ-JR-S5310-01(config-vlan)#vlan 100
XZ-JR-S5310-01(config-vlan)#name Guanli
XZ-JR-S5310-01(config-vlan)#exit
XZ-JR-S5310-01(config)#interface GigabitEthernet 0/8
XZ-JR-S5310-01(config-if-GigabitEthernet 0/8)#switchport mode trunk
XZ-JR-S5310-01(config-if-GigabitEthernet 0/8)#interfafce range GigabitEthernet 0/1-7
XZ-JR-S5310-01(config-if-range)#switchport access vlan 10
XZ-JR-S5310-01(config-if-range)#interface vlan 100
XZ-JR-S5310-01(config-if-vlan 100)#ip address 192.168.100.1 255.255.255.0
XZ-JR-S5310-01(config-if-vlan 100)#exit
XZ-JR-S5310-01(config)#ip route 0.0.0.0 0.0.0.0 192.168.100.254
```

3. 配置 PC 的 IP 地址

本步骤为配置 PC1 和 PC2 的 IP 地址。按照规划，PC1 的 IP 地址设置为 192.168.10.1/24，PC2 的 IP 地址设置为 192.168.10.2/24，网关都设为 192.168.10.254，如图 7-3 和图 7-4 所示。

本步骤为测试在未配置端口安全的情况下设备的连通性。用 PC1（192.168.10.1）分别 ping PC2（192.168.10.2）和用户网关（192.168.10.254），发现均能 ping 通，如图 7-5 和图 7-6 所示。

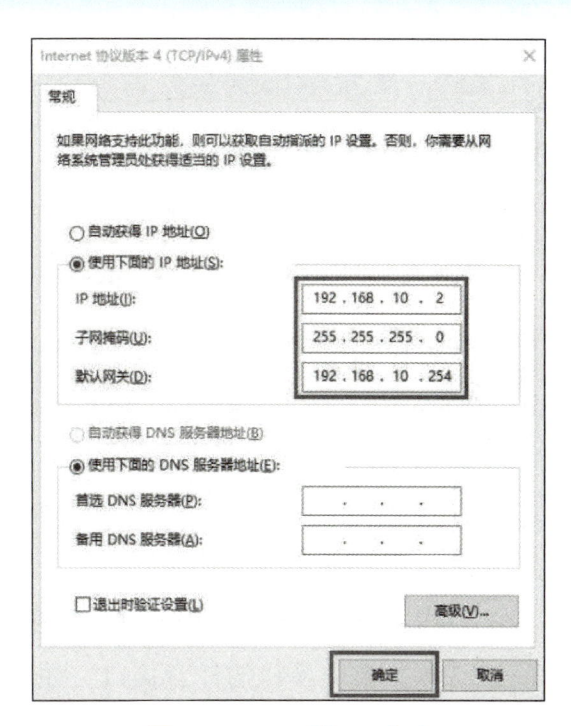

图 7-3　PC1 的 IP 地址

图 7-4　PC2 的 IP 地址

```
C:\Users\admin>ping 192.168.10.2

正在 Ping 192.168.10.2 具有 32 字节的数据:
来自 192.168.10.2 的回复: 字节=32 时间<1ms TTL=64
来自 192.168.10.2 的回复: 字节=32 时间<1ms TTL=64
来自 192.168.10.2 的回复: 字节=32 时间<1ms TTL=64
来自 192.168.10.2 的回复: 字节=32 时间<1ms TTL=64

192.168.10.2 的 Ping 统计信息:
    数据包: 已发送 = 4, 已接收 = 4, 丢失 = 0 (0% 丢失),
往返行程的估计时间(以毫秒为单位):
    最短 = 0ms, 最长 = 0ms, 平均 = 0ms
```

图 7-5　PC1 可以 ping 通 PC2

```
C:\Users\admin>ping 192.168.10.254

正在 Ping 192.168.10.254 具有 32 字节的数据:
来自 192.168.10.254 的回复: 字节=32 时间<1ms TTL=64
来自 192.168.10.254 的回复: 字节=32 时间<1ms TTL=64
来自 192.168.10.254 的回复: 字节=32 时间<1ms TTL=64
来自 192.168.10.254 的回复: 字节=32 时间<1ms TTL=64

192.168.10.254 的 Ping 统计信息:
    数据包: 已发送 = 4, 已接收 = 4, 丢失 = 0 (0% 丢失),
往返行程的估计时间(以毫秒为单位):
    最短 = 0ms, 最长 = 0ms, 平均 = 0ms
```

图 7-6　PC1 可以 ping 通自身的网关

7.1.4 配置端口安全

1. 限制端口的最大 MAC 数量

本步骤通过端口安全，限制 XZ-JR-S5310-01 交换机 G0/1 接口的最大 MAC 地址数为 1。从而限制该房间只能连接 1 台计算机。

```
XZ-JR-S5310-01(config)#interface GigabitEthernet 0/1                              //进入接口
XZ-JR-S5310-01(config-if-GigabitEthernet 0/1)#switchport port-security            //开启端口安全
XZ-JR-S5310-01(config-if-GigabitEthernet 0/1)#switchport port-security maximum 1  //限制最大 MAC 地址数
XZ-JR-S5310-01(config-if-GigabitEthernet 0/1)#exit                                //退回全局配置模式
```

本步骤测试 XZ-JR-S5310-01 交换机的 G0/1 接口，即如果连接的 PC 数量超过 1 台，后连接的用户能否被限制。

在 XZ-JR-S5310-01 交换机的 G0/1 接口下连接一台交换机的任意接口，再将 PC1 和新加入的 PC3 连接该交换机的任意接口，如图 7-7 所示。

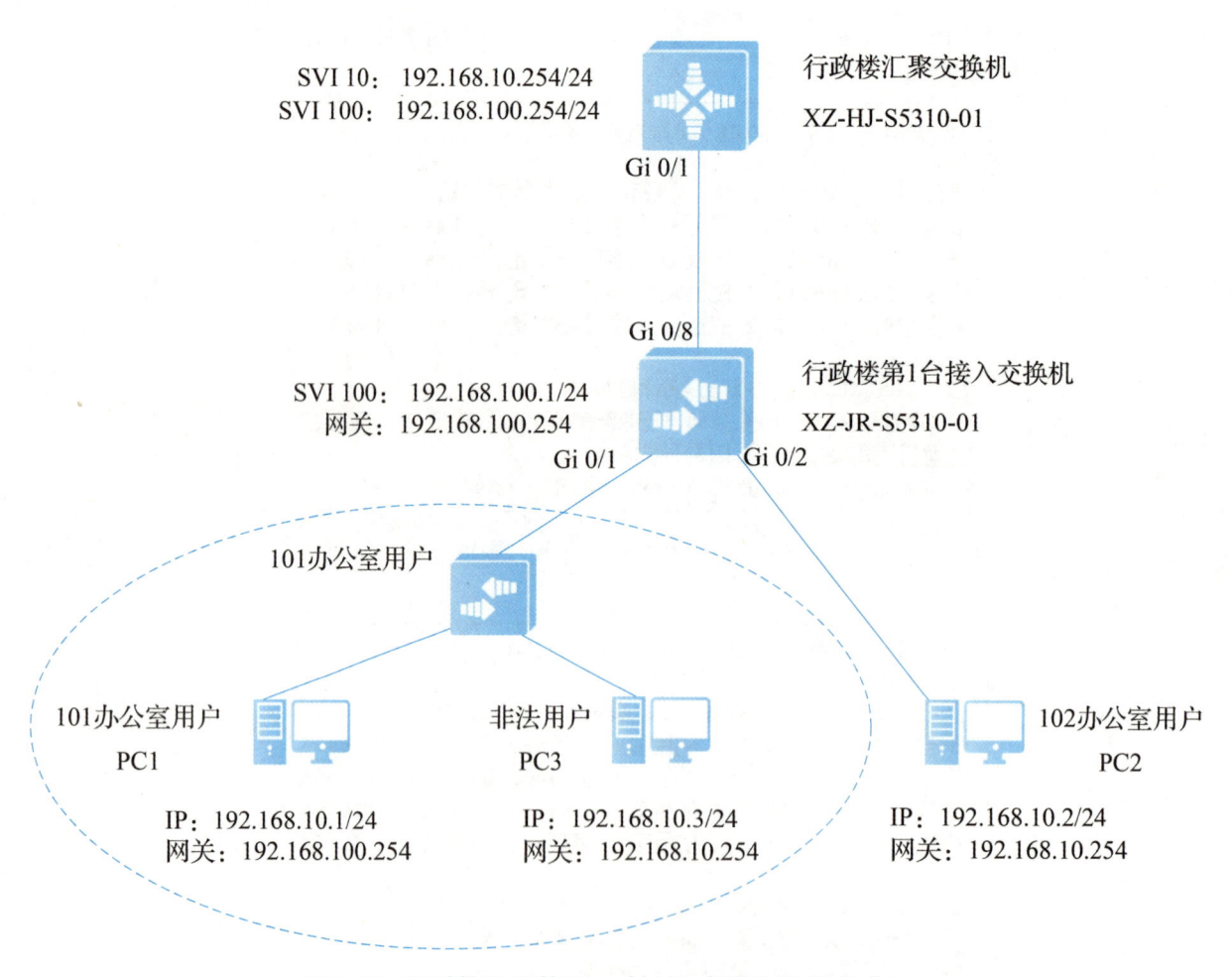

图 7-7 通过接入交换机，在 101 办公室连接多个 PC

再将 PC3 的 IP 地址设置为 192.168.10.3/24，网关设置为 192.168.10.254，该交换机无须做任何配置。此时，使用 PC1 和 PC3 分别 ping 网关（192.168.10.254），发现 PC1 可以

ping 通，而 PC3 无法 ping 通，如图 7-8 和图 7-9 所示。说明该功能符合项目需求。

```
C:\Users\admin>ping 192.168.10.254

正在 Ping 192.168.10.254 具有 32 字节的数据:
来自 192.168.10.254 的回复: 字节=32 时间<1ms TTL=64
来自 192.168.10.254 的回复: 字节=32 时间<1ms TTL=64
来自 192.168.10.254 的回复: 字节=32 时间<1ms TTL=64
来自 192.168.10.254 的回复: 字节=32 时间<1ms TTL=64

192.168.10.254 的 Ping 统计信息:
    数据包: 已发送 = 4，已接收 = 4，丢失 = 0 (0% 丢失),
往返行程的估计时间(以毫秒为单位):
    最短 = 0ms，最长 = 0ms，平均 = 0ms
```

图 7-8　PC1 可以 ping 通自身的网关

```
C:\Users\admin>ping 192.168.10.254

正在 Ping 192.168.10.254 具有 32 字节的数据:
来自 192.168.10.2 的回复: 无法访问目标主机。
来自 192.168.10.2 的回复: 无法访问目标主机。
来自 192.168.10.2 的回复: 无法访问目标主机。
来自 192.168.10.2 的回复: 无法访问目标主机。

192.168.10.254 的 Ping 统计信息:
    数据包: 已发送 = 4，已接收 = 4，丢失 = 0 (0% 丢失),
```

图 7-9　PC3 无法 ping 通自身的网关

2. 设置违例的惩罚方式为 shutdown

本步骤通过端口安全，限制 XZ-JR-S5310-01 交换机 G0/1 接口违例的惩罚方式为 shutdown。也就是说，当该接口收到多台 PC 的数据时，自动将接口设置为 disabled 状态。

XZ-JR-S5310-01(config)#interface GigabitEthernet 0/1	//进入接口
XZ-JR-S5310-01(config-if-GigabitEthernet 0/1)#switchport port-security violation shutdown	//设置违例的惩罚方式
XZ-JR-S5310-01(config-if-GigabitEthernet 0/1)#exit	//退回全局配置模式

本步骤测试 XZ-JR-S5310-01 交换机的 G0/1 接口，即如果连接的 PC 数量超过 1 台，后连接的用户能否被限制，并且接口是否会自动关闭。

与上一步测试步骤一致，分别使用 PC1 和 PC3 ping 自身网关(192.168.10.254)，则此时查看 XZ-JR-S5310-01 交换机 G0/1 接口状态，发现接口自动关闭，状态为 disabled。如图 7-10 所示。说明该功能符合项目需求。

165

```
XZ-JR-S5310-01(config)#show interface status
Interface                    Status     Vlan    Duplex     Speed      Type
---------                    ------     ----    ------     -----      ----
GigabitEthernet 0/1          disabled   10      Unknown    Unknown    copper
GigabitEthernet 0/2          up         10      Full       100M       copper
GigabitEthernet 0/3          down       10      Unknown    Unknown    copper
GigabitEthernet 0/4          down       10      Unknown    Unknown    copper
GigabitEthernet 0/5          down       10      Unknown    Unknown    copper
GigabitEthernet 0/6          down       10      Unknown    Unknown    copper
```

图 7-10　XZ-JR-S5310-01 交换机 G0/1 接口状态为 disabled

提问：状态为 disabled 的交换机接口该如何恢复？

绑定用户的 IP+MAC 地址

本步骤在 XZ-JR-S5310-01 的 G0/2 接口绑定 PC2 的 IP+MAC 地址，测试 PC2 的连通性。并用 PC3 替换 PC2，测试 PC3 的连通性。

```
XZ-JR-S5310-01(config)#interface GigabitEthernet 0/2                           //进入接口
XZ-JR-S5310-01(config-if-GigabitEthernet 0/2)#switchport port-security         //开启端口安全
XZ-JR-S5310-01(config-if-GigabitEthernet 0/2)#switchport port-security binding
cb9.7041.b751 vlan 10 192.168.10.2                                             //绑定用户 IP+MAC
XZ-JR-S5310-01(config-if-GigabitEthernet 0/2)#exit                             //退回全局配置模式
```

提问：能否只绑定 PC 的 IP 或 MAC，实际效果如何？

本步骤测试 XZ-JR-S5310-01 交换机的 G0/2 接口，即如果连接的 PC 的 IP 及 MAC 地址与绑定信息不符，是否能通信。

先在 XZ-JR-S5310-01 上查看安全地址绑定表，发现了 PC2 的信息，如图 7-11 所示。

```
XZ-JR-S5310-01(config)#show port-security binding
NO.   VLAN   MacAddress      PORT     IpAddress        FilterType   FilterStatus
---   ----   ----------      ----     ---------        ----------   ------------
1     10     cb9.7041.b751   Gi0/2    192.168.10.2     ipv4-mac     active
```

图 7-11　查看交换机安全地址绑定表

再使用 PC2 ping 自身网关（192.168.10.254），可以 ping 通，如图 7-12 所示。

再将 PC2 的连接断开，将 PC3 连接 XZ-JR-S5310-01 交换机的 G0/2 接口，将 PC3 的 IP 地址设置为 192.168.10.2/24，即 PC2 的 IP 地址，如图 7-13 所示。

使用 PC3 ping 自身网关（192.168.10.254），无法 ping 通，如图 7-14 所示。说明符合项目需求。

```
C:\Users\admin>ping 192.168.10.254

正在 Ping 192.168.10.254 具有 32 字节的数据:
来自 192.168.10.254 的回复: 字节=32 时间<1ms TTL=64
来自 192.168.10.254 的回复: 字节=32 时间<1ms TTL=64
来自 192.168.10.254 的回复: 字节=32 时间<1ms TTL=64
来自 192.168.10.254 的回复: 字节=32 时间<1ms TTL=64

192.168.10.254 的 Ping 统计信息:
    数据包: 已发送 = 4, 已接收 = 4, 丢失 = 0 (0% 丢失),
往返行程的估计时间(以毫秒为单位):
    最短 = 0ms, 最长 = 0ms, 平均 = 0ms
```

图 7-12　PC2 可以 ping 通自身的网关

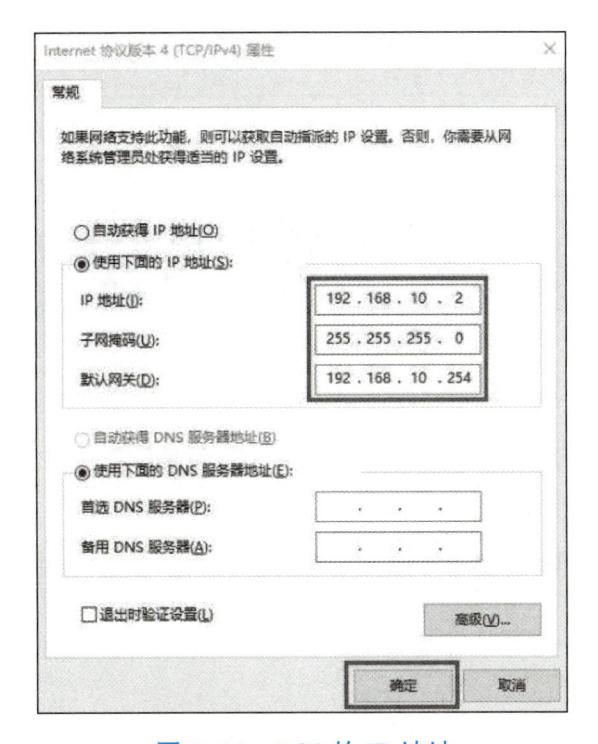

图 7-13　PC3 的 IP 地址

```
C:\Users\admin>ping 192.168.10.254

正在 Ping 192.168.10.254 具有 32 字节的数据:
请求超时。
请求超时。
请求超时。
请求超时。

192.168.10.254 的 Ping 统计信息:
    数据包: 已发送 = 4, 已接收 = 0, 丢失 = 4 (100% 丢失),
```

图 7-14　PC3 无法 ping 通自身网关

7.1.5　常见问题

接口上未通过 switchport port-security 开启端口安全，造成端口安全不生效。

练习与思考

1. 公司为了提高信息安全，将交换机连接用户侧的接口启动了端口安全功能，并且设置了接口学习 MAC 地址数的上限为信任的设备总数，这样其他外来人员使用自己带来的设备会（　　）。

  A. 无法访问公司的内网　　　　　　B. 无法访问 Internet

  C. 无法访问任何网络　　　　　　　D. 可以正常使用

2. 下列不是端口安全所支持的绑定方式的是（　　）。

  A. MAC 绑定　　　B. IP 绑定　　　C. MAC+IP 绑定　　　D. 端口绑定

3. 有哪些与端口安全相似的技术？

模块二　三层网络安全

学习目标

理解三层网络安全的重要性。

掌握 DHCP Snooping、IP 源防护、ARP-check 的作用及配置方法。

知识学习

7.2.1　网络规划

由于 101 办公室有 2 个用户，所以自己采购了 1 台交换机进行连接。本模块需要实现以下功能：

（1）行政楼用户要通过 DHCP 获取 IP 地址，并且要防止行政楼私设 DHCP 服务器。

（2）要防止用户私设 IP 地址，也就是不允许手工配置 IP 地址。

（3）要防止 ARP 欺骗。

通过分析，需要通过 DHCP Snooping+IP 源防护+ARP-check 这三个技术结合实现。最终任务可以分为设备清单、接口规划、VLAN 规划、地址规划 4 个部分。

1. 设备清单

设备命名规划表如表 7-5 所示。其中代号 XZ 代表行政楼，JR 代表接入层设备，HJ 代表汇聚层设备，S5310 指明设备型号，01 指明设备编号。

项目七　网络安全防护

表 7-5　设备命名规划表

设备型号	设备主机名	备注
RG-S5310-24GT4XS	XZ-HJ-S5310-01	行政楼汇聚交换机
RG-S5310-24GT4XS	XZ-JR-S5310-01	行政楼第1台接入交换机
RG-S5310-24GT4XS	—	101办公室用户自主使用

2. 接口规划

接口规划如表 7-2 所示，此处不再赘述。

3. VLAN 规划

VLAN 规划如表 7-3 所示，此处不再赘述。

4. 地址规划

地址规划如表 7-4 所示，此处不再赘述。

7.2.2　网络拓扑

完成规划后得到最终拓扑图，如图 7-15 所示。

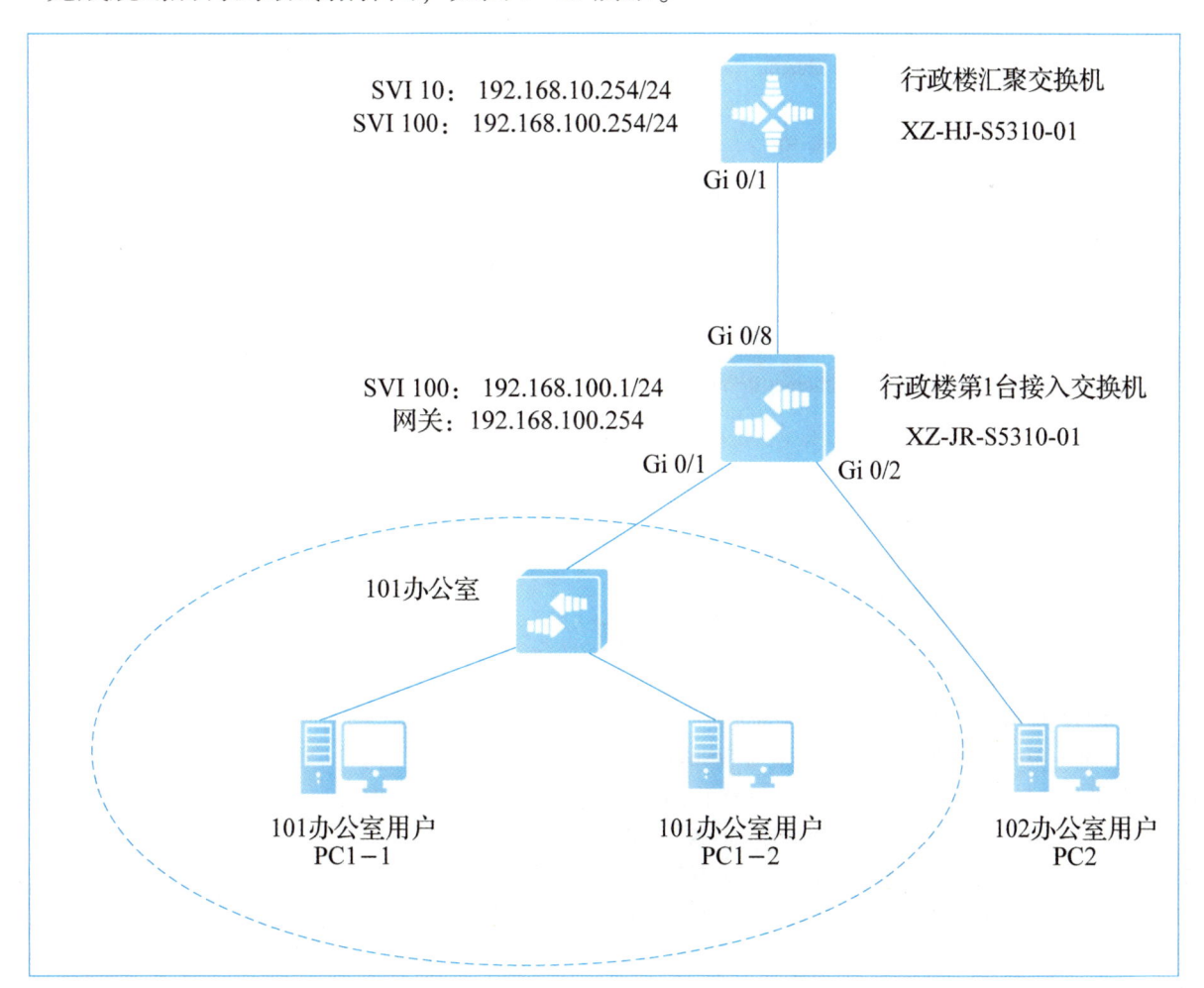

图 7-15　网络拓扑图

7.2.3 基础配置

1. 配置设备基础信息

配置设备的基础信息，包括设备名称和接口描述等内容，因重复性较高，这里使用 XZ-JR-S5310-01 进行演示。

```
Ruijie(config)#hostnameXZ-JR-S5310-01
XZ-JR-S5310-01(config)#interface gigabitEthernet 0/8
XZ-JR-S5310-01(config-if-GigabitEthernet 0/8)#description Con_To_XZ-HJ-S5310-01_Gi0/1
XZ-JR-S5310-01(config-if-GigabitEthernet 0/8)#exit
```

2. 配置接口信息

本步骤为配置汇聚层及接入层设备的接口地址、声明规划的 VLAN、将接口划分至对应的 VLAN 当中。这里分别为两台设备配置相应内容。

XZ-HJ-S5310-01

```
XZ-HJ-S5310-01(config)#vlan 10
XZ-HJ-S5310-01(config-vlan)#name Yonghu
XZ-HJ-S5310-01(config-vlan)#vlan 100
XZ-HJ-S5310-01(config-vlan)#name Guanli
XZ-HJ-S5310-01(config-vlan)#exit
XZ-HJ-S5310-01(config)#interface vlan 10
XZ-HJ-S5310-01(config-if-vlan 10)#ip address 192.168.10.254 255.255.255.0
XZ-HJ-S5310-01(config-if-vlan 10)#interface vlan 100
XZ-HJ-S5310-01(config-if-vlan 100)#ip address 192.168.100.254 255.255.255.0
XZ-HJ-S5310-01(config-if-vlan 100)#interface GigabitEthernet 0/1
XZ-HJ-S5310-01(config-if-GigabitEthernet 0/1)#switchport mode trunk
XZ-HJ-S5310-01(config-if-GigabitEthernet 0/1)#exit
```

XZ-JR-S5310-01

```
XZ-JR-S5310-01(config)#vlan 10
XZ-JR-S5310-01(config-vlan)#name Yonghu
XZ-JR-S5310-01(config-vlan)#vlan 100
XZ-JR-S5310-01(config-vlan)#name Guanli
XZ-JR-S5310-01(config-vlan)#exit
XZ-JR-S5310-01(config)#interface GigabitEthernet 0/8
XZ-JR-S5310-01(config-if-GigabitEthernet 0/8)#switchport mode trunk
XZ-JR-S5310-01(config-if-GigabitEthernet 0/8)#interfafce range GigabitEthernet 0/1-7
XZ-JR-S5310-01(config-if-range)#switchport access vlan 10
XZ-JR-S5310-01(config-if-range)#interface vlan 100
XZ-JR-S5310-01(config-if-vlan 100)#ip address 192.168.100.1 255.255.255.0
XZ-JR-S5310-01(config-if-vlan 100)#exit
XZ-JR-S5310-01(config)#ip route 0.0.0.0 0.0.0.0 192.168.100.254
```

3. 配置正确的 DHCP 服务器

本步骤在汇聚层交换机上配置 DHCP 服务，从而为用户分配 IP 地址。

```
XZ-HJ-S5310-01(config)#service dhcp                              //开启 DHCP 服务
XZ-HJ-S5310-01(config)#ip dhcp pool vlan10                       //创建 DHCP 地址池
XZ-HJ-S5310-01(dhcp-config)#network 192.168.10.0 255.255.255.0   //配置用户网段
XZ-HJ-S5310-01(dhcp-config)#default-router 192.168.10.254        //配置用户网关
XZ-HJ-S5310-01(dhcp-config)#exit                                 //退回全局模式
```

4. 模拟故障点，搭建私设 DHCP 服务器

本步骤在 101 办公室的交换机上私设一台 DHCP 服务器，为用户分配 172.16.10.0/24 网段的错误地址。

```
Ruijie>enable                                                    //进入特权模式
Ruijie#configure terminal                                        //进入全局模式
Ruijie(config)#service dhcp                                      //开启 DHCP 服务
Ruijie(config)#ip dhcp pool test                                 //创建 DHCP 地址池
Ruijie(dhcp-config)#network 172.16.10.0 255.255.255.0            //配置用户网段
Ruijie(dhcp-config)#default-router 172.16.10.254                 //配置用户网关
Ruijie(dhcp-config)#exit                                         //退回全局模式
Ruijie(config)#int vlan 1                                        //创建 SVI
Ruijie(config-if-VLAN 1)#ip address 172.16.10.254 255.255.255.0  //配置 IP 地址
Ruijie(config-if-VLAN 1)#exit                                    //退回全局模式
```

本步骤为测试在未配置 DHCP Snooping 的情况下，用户是否会被私设的 DHCP 服务器所欺骗，本次使用 PC2 来测试。

将 PC2 的 IP 地址设为自动获取，具体方法此处不再赘述。此时，PC2 获取了 172.16.10.0/24 网段的错误 IP 地址，如图 7-16 所示。

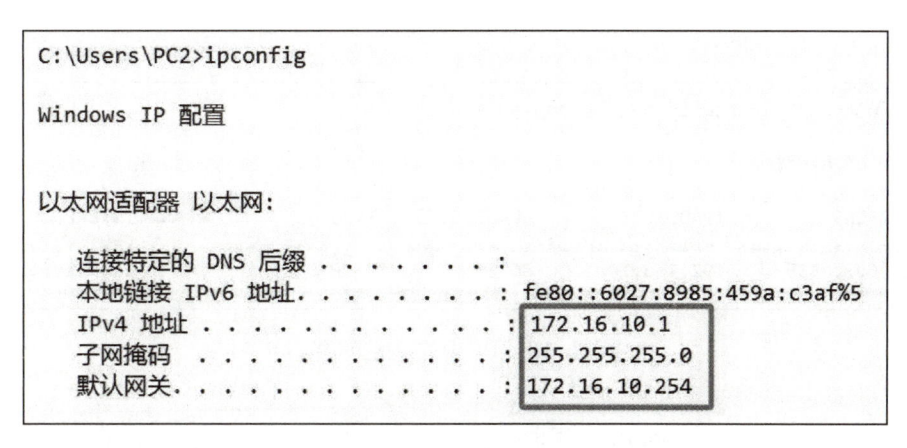

```
C:\Users\PC2>ipconfig

Windows IP 配置

以太网适配器 以太网:

   连接特定的 DNS 后缀 . . . . . . . :
   本地链接 IPv6 地址. . . . . . . . : fe80::6027:8985:459a:c3af%5
   IPv4 地址 . . . . . . . . . . . . : 172.16.10.1
   子网掩码  . . . . . . . . . . . . : 255.255.255.0
   默认网关. . . . . . . . . . . . . : 172.16.10.254
```

图 7-16　PC2 获取了错误的 IP 地址

说明：PC2 获取的 IP 地址是否正确是随机的。如果 PC2 获取的是 192.168.10.0/24 网段的正确 IP 地址，则可多次重复获取 IP 地址。

7.2.4 配置三层网络安全功能

1. 配置 DHCP Snooping

本步骤通过在接入交换机上配置 DHCP Snooping 以防止用户私设 DHCP 服务器，并且在接入交换机上记录用户 IP 地址等相关信息。

```
XZ-JR-S5310-01(config)#ip dhcp snooping                              //开启 DHCP Snooping
XZ-JR-S5310-01(config)#interface gi 0/8                              //进入接口
XZ-JR-S5310-01(config-if-GigabitEthernet 0/8)#ip dhcp snooping trust //配置 Trust 接口
XZ-JR-S5310-01(config-if-GigabitEthernet 0/8)#exit                   //退回全局配置模式
```

本步骤为测试 PC2 是否能获取到 IP 地址。结果 PC2 获取到 192.168.10.1/24，网关为 192.168.10.254，如图 7-17 所示。并且重复多次，PC2 都能获取正确的 IP 地址。

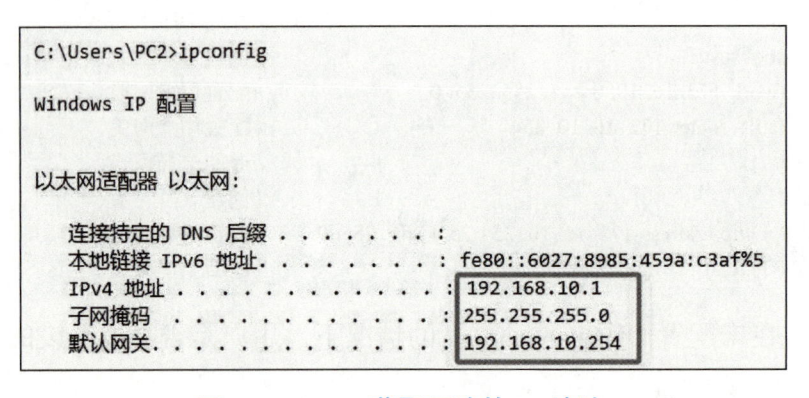

```
C:\Users\PC2>ipconfig

Windows IP 配置

以太网适配器 以太网:

   连接特定的 DNS 后缀 . . . . . . . :
   本地链接 IPv6 地址. . . . . . . . : fe80::6027:8985:459a:c3af%5
   IPv4 地址 . . . . . . . . . . . . : 192.168.10.1
   子网掩码  . . . . . . . . . . . . : 255.255.255.0
   默认网关. . . . . . . . . . . . . : 192.168.10.254
```

图 7-17 PC2 获取正确的 IP 地址

此时，在接入交换机上查看 PC2 的 IP 及 MAC 地址信息，如图 7-18 所示。说明 DHCP Snooping 功能已生效。

```
XZ-JR-S5310-01(config)#show ip dhcp snooping binding
Total number of bindings: 1

NO.  MACADDRESS       IPADDRESS      LEASE(SEC)   TYPE            VLAN   INTERFACE
----------------------------------------------------------------------------------
1    e00a.f6a3.e835   192.168.10.1   86380        DHCP-Snooping   10     GigabitEthernet 0/2
```

图 7-18 PC2 的地址信息

提问：在部署了 DHCP Snooping 功能后，PC1-1 能否防止获取到错误的 IP 地址？

2. 配置 IP 源防护

本步骤通过在接入交换机上配置 IP 源防护以防止用户私设 IP 地址，并且在接入的交换机上记录用户 IP 地址等相关信息。

首先，在未开启 IP 源防护前，静态配置 PC2 的 IP 地址为 192.168.10.2/24，网关为

192.168.10.254，如图 7-19 所示。

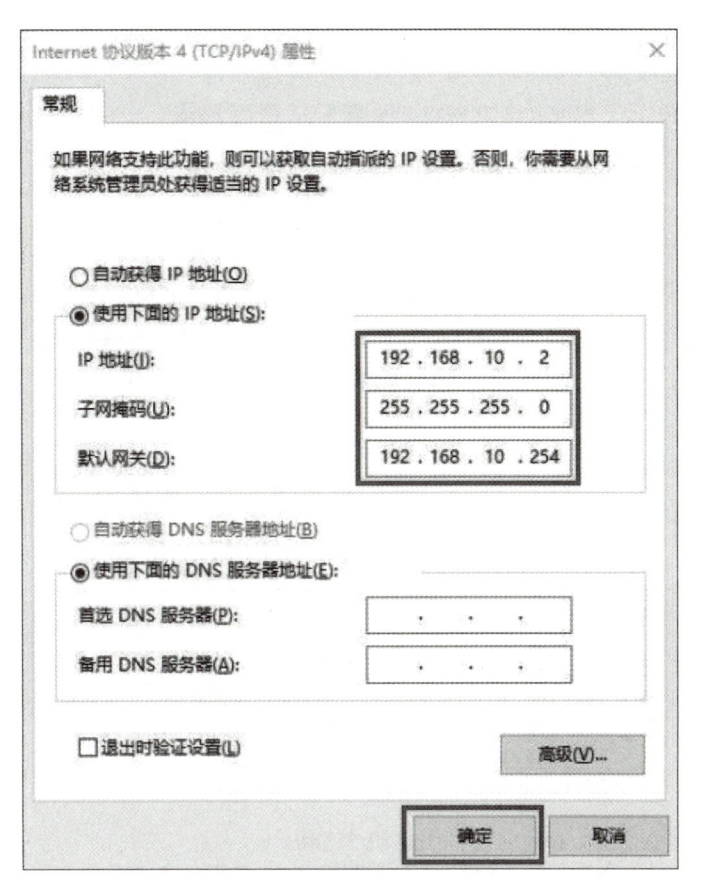

图 7-19　PC2 配置静态 IP 地址

此时，PC2 可以 ping 通自身的网关 192.168.10.254，如图 7-20 所示。

图 7-20　PC2 可以 ping 通自身的网关

接下来，在接入交换机上开启 IP 源防护功能。

XZ-JR-S5310-01(config)#interface range gi 0/1-7	//进入接口
XZ-JR-S5310-01(config-if-range)#ip verify source port-security	//开启 IP 源防护
XZ-JR-S5310-01(config-if-range)#exit	//退回全局配置模式

本步骤为测试 PC2 使用静态 IP 地址是否能获取到 IP 地址。结果 PC2 当前使用静态 IP

地址无法 ping 通自身网关，如图 7-21 所示。

```
C:\Users\admin>ping 192.168.10.254

正在 Ping 192.168.10.254 具有 32 字节的数据:
来自 192.168.10.2 的回复: 无法访问目标主机。
来自 192.168.10.2 的回复: 无法访问目标主机。
来自 192.168.10.2 的回复: 无法访问目标主机。
来自 192.168.10.2 的回复: 无法访问目标主机。

192.168.10.254 的 Ping 统计信息:
    数据包: 已发送 = 4，已接收 = 4，丢失 = 0 (0% 丢失),
```

图 7-21　PC2 无法 ping 通自身的网关

再将 PC2 的 IP 地址改为自动获取，则 PC2 在获取到 IP 地址后可以 ping 通自身网关，如图 7-22 所示。说明 IP 源防护功能已生效。

```
C:\Users\admin>ping 192.168.10.254

正在 Ping 192.168.10.254 具有 32 字节的数据:
来自 192.168.10.254 的回复: 字节=32 时间<1ms TTL=64
来自 192.168.10.254 的回复: 字节=32 时间<1ms TTL=64
来自 192.168.10.254 的回复: 字节=32 时间<1ms TTL=64
来自 192.168.10.254 的回复: 字节=32 时间<1ms TTL=64

192.168.10.254 的 Ping 统计信息:
    数据包: 已发送 = 4，已接收 = 4，丢失 = 0 (0% 丢失),
往返行程的估计时间(以毫秒为单位):
    最短 = 0ms，最长 = 0ms，平均 = 0ms
```

图 7-22　PC2 可以 ping 通自身的网关

在接入交换机上查看 IP 源防护的地址表，发现了 PC2 的信息，如图 7-23 所示。

```
XZ-JR-S5310-01(config)#show ip verify source
NO.  INTERFACE           FilterType FilterStatus   IPADDRESS      MACADDRESS        VLAN TYPE
---- ------------------- ---------- -------------- -------------- ----------------- ---- -------------
1    GigabitEthernet 0/2 IP+MAC     Active         192.168.10.1   e00a.f6a3.e835    10   DHCP-Snooping
```

图 7-23　IP 源防护地址表

提问：在部署了 IP 源防护的情况下，如何让某些因特殊原因而配置静态 IP 的 PC 正常通信？

3. 配置 ARP-Check

本步骤通过在接入交换机上配置 ARP-Check 以防止 ARP 欺骗。

```
XZ-JR-S5310-01(config)#interface range gi 0/1-7              //进入接口
XZ-JR-S5310-01(config-if-range)#arp-check                    //开启 ARP-Check
XZ-JR-S5310-01(config-if-range)#exit                         //退回全局配置模式
```

本步骤为测试能否保证 PC2 不被 ARP 欺骗。由于篇幅有限，本次只在接入交换机上查看 ARP-Check 的检查表。有兴趣者可以使用相关工具验证 ARP 欺骗效果。ARP-Check 检查表如图 7-24 所示。

```
XZ-JR-S5310-01(config-if-range)#show interface arp list
INTERFACE              SENDER MAC            SENDER IP            POLICY SOURCE
-----------------------------------------------------------------------------
GigabitEthernet 0/2    e00a.f6a3.e835        192.168.10.1         DHCP snooping
```

图 7-24　ARP 检查表

7.2.5　常见问题

配置 DHCP Snooping 时，如果没有配置 Trust 接口，则可能无法获取 IP 地址。

练习与思考

1. ARP-Check 功能检查 ARP 报文合法性的来源有（　　）。【选三项】

A. IP+MAC 的端口安全

B. DHCP Snooping +IP Sourceguard

C. dot1x 授权

D. DHCP Snooping 表

2. 内网用户采用动态获得 IP 地址的方式，DHCP 服务由 RSR 实现。为了防止内网用户私自架设 DHCP 服务器进行欺骗攻击，应该采取以下哪一项操作？（　　）

A.

L2SW（config）#ip dhcp snooping

L2SW（config）#interface rang FastEthernet 0/1-24

L2SW（config-if）#ip verify source port-security

B.

L2SW（config）#ip dhcp snooping

L2SW（config）#interface rang GigabitEthernet 0/1-24

L2SW（config-if）#ip dhcp snooping untrust

C.

L2SW（config）#ip dhcp snooping

L2SW（config）#interface rang GigabitEthernet 0/25-26

L2SW（config-if）#ip dhcp snooping trust

D.

L2SW（config）#ip dhcp snooping

L2SW（config）#interface rang FastEthernet 0/1-22

L2SW（config-if）#ip verify source

3. 防止 ARP 欺骗还有哪些方式？

模块三　ACL 配置概述

学习目标

熟悉 ACL 的作用及应用场景。

掌握 ACL 的主要类型。

掌握 IP 标准 ACL 的配置方法。

掌握 IP 扩展 ACL 的配置方法。

知识学习

7.3.1　ACL 的作用与应用场景

访问控制列表的主要作用有以下两个：

（1）限制路由更新，控制路由更新信息的转发范围，从而控制各网络设备的路由条目及数据走向。

（2）限制网络访问，为了确保网络安全，通过定义规则，可以限制用户访问一些服务（如只需要访问 WWW 和电子邮件服务，其他服务如 Telnet 则禁止），或者仅允许在给定的时间段内访问，或只允许一些主机访问网络等。

例如某公司有行政部、市场部和人力资源部。如果只允许人力资源部可以访问行政部服务器，但不允许市场部访问行政部服务器，则可以通过访问控制列表 ACL 来实现，如图 7-25 所示。

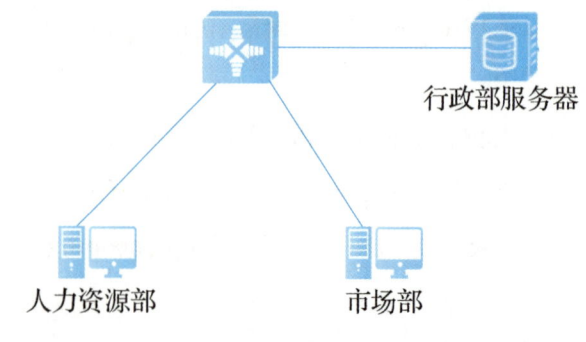

图 7-25　ACL 控制用户通信的典型案例

项目七　网络安全防护

再例如，当网络出现比较明显的病毒攻击，影响局域网的大部分 PC 无法相互访问、无法上网的时候，或者是个别重要服务器经常由于病毒攻击而瘫痪的时候，就可以考虑在接入层交换机的各个端口，或连接服务器区的交换机端口上部署防病毒 ACL，并且该功能也可以作为常规优化手段，推荐在项目实施时提前部署。

ACL(Access Control Lists) 的中文名称为访问控制列表。通过定义一些规则对网络设备接口上的数据报文进行控制。每条规则称之为接入控制列表表项(Access Control Entry, ACE)。每个 ACE 表项都包括满足该表项的匹配条件及匹配了条件后要执行的行为。执行的行为包括允许(Permit)和拒绝(Deny)。

通过对数据流进行过滤，可以限制网络中通信数据的类型，限制网络的使用者或使用的设备。ACL 在数据流通过网络设备时对其进行分类过滤，并对从指定接口输入或输出的数据流进行检查，根据匹配条件决定是允许其通过还是丢弃。

具体来说，如果设备接口配置了 ACL，那么在设备接口接收/发送报文时，检查报文是否与该接口输入 ACL 的某一条规则相匹配；输出 ACL 在设备准备从某一个接口输出报文时，检查报文是否与该接口输出 ACL 的某一条规则相匹配。

在制定不同的过滤规则时，多条规则可能同时被应用，也可能只应用其中几条。只要是符合某条规则，就按照该规则的定义处理报文 Permit 或 Deny。

其中，编制完成的 ACL 规则，如需要根据以太网报文的某些字段来标识以太网报文，则这些字段可包括以下几种。

二层字段：48 位的源 MAC 地址、48 位的目的 MAC 地址、16 位的二层类型字段。

三层字段：源 IP 地址字段、目的 IP 地址字段、协议类型字段。

四层字段：可以申明一个 TCP 的源端口、目的端口或者都申明；可以申明一个 UDP 的源端口、目的端口或者都申明。

此外，过滤域指的是在生成一条规则时，根据报文中的哪些字段用以对报文进行识别、分类。过滤域模板就是这些字段组合的定义。

比如，在生成某一条规则时，希望根据报文的目的 IP 字段对报文进行识别、分类；而在生成另一条规则时，希望根据的是报文的源 IP 地址字段和 UDP 的源端口字段。这样，这两条规则就使用了不同的过滤域模板。

示例：permit tcp 192.168.10.0 0.0.0.255 any eq telnet。

在这条规则中，过滤域的模板为以下字段集合：源 IP 地址字段、IP 协议字段、目的 TCP 端口字段。其中，对应的值(Rules)分别为：

协议=TCP，源 IP 地址=192.168.10.0/24 网段的主机，目标 IP 地址=任何 IP 地址，目的端口=TCP 23 端口，也就是 Telnet 服务。合在一起就是：允许源 IP 为 192.168.10.0/24 网段的主机使用 Telnet 服务访问任意设备。

7.3.2　IP ACL 主要类型

按照匹配的条件，ACL 可分为 MAC ACL 和 IP ACL 等。其中，MAC ACL 是通过数据的 MAC 地址等内容判断该数据是否允许通过。IP ACL 是通过数据的 IP 地址等内容判断该数据是否允许通过。而 IP ACL 可以进一步分为 IP 标准 ACL 和 IP 扩展 ACL。

1. IP 标准 ACL

IP 标准 ACL 是通过 IP 数据包的源 IP 字段对数据进行转发或阻断。在锐捷常见设备中 IP 标准 ACL 的编号范围是 1~99 和 1300~1999。请注意，这是一个通用的范围，具体的范围可能会根据不同的网络设备和配置有所不同。除了使用编号外，也可以使用字母、数字及字符组合而成的名字。

IP 标准 ACL 占用路由器资源很少，是一种最基本最简单的访问控制列表格式。应用比较广泛，经常在要求控制级别较低的情况下使用。

2. IP 扩展 ACL

IP 扩展 ACL 是通过 IP 数据包的协议类型、源 IP 地址、目标 IP 地址、源端口、目标端口等字段对数据进行转发或阻断。同样在锐捷设备中，IP 拓展 ACL 的编号范围是 100~199 和 2000~2699。

相对于 IP 标准 ACL，IP 扩展 ACL 匹配条件更丰富，对数据的过滤更灵活，经常在要求控制级别较高的情况下使用。

7.3.3　IP 标准 ACL 的配置

IP 标准 ACL 在全局配置模式中执行以下命令：

```
Ruijie(config)#ip access- list standardaccess- list- number
Ruijie(config- std- nacl)#{permit|deny}source- ip source- wildcard
```

其中，相关参数说明表 7-6 所示。

表 7-6　IP 标准 ACL 相关参数说明

参数	参数含义
access-list-number	标准 ACL 号码，范围从 0~99，或 1300~1999
permit	条件匹配时允许访问
deny	条件匹配时拒绝访问
source-ip	数据包的源 IP 地址
source-wildcard	数据包源 IP 地址的通配符

需要注意的是：

（1）如果源 IP 地址只包括一个 IP 地址，则可以使用 host+IP 地址的形式。如果源 IP 地址为任何地址，可以使用 any。

（2）在每个访问控制列表的末尾，都隐含着一条"拒绝所有数据流"规则语句，也就是 deny any。因此，如果分组与任何规则都不匹配，将被拒绝。

以下就是 IP 标准 ACL 的典型案例：

```
Ruijie(config)#ip access- list standard 1
Ruijie(config- std- nacl)#permit host 192.168.10.1
Ruijie(config- std- nacl)#deny 192.168.10.0 0.0.0.255
Ruijie(config- std- nacl)#permit any
```

这个 IP 标准 ACL 编号为 1，允许源 IP 为 192.168.10.1 的数据通过，拒绝源 IP 为 192.168.10.0/24 的其余 IP 地址的数据通过，允许其余 IP 报文通过。

7.3.4　IP 扩展 ACL 的配置

IP 扩展 ACL 在全局配置模式中执行以下命令：

```
Ruijie(config)#ip access- list extendedaccess- list- number
Ruijie(config- ext- nacl)#{permit|deny}protocol source- ip source- wildcard [eq source- port] dest- ip dest- wildcard[eq dest- port]
```

其中，相关参数说明表 7-7 所示。

表 7-7　IP 扩展 ACL 相关参数说明

参数	参数含义
access-list-number	标准 ACL 号码，范围从 100~199，或 2000~2699
permit	条件匹配时允许访问
deny	条件匹配时拒绝访问
protocol	指定协议类型，如：IP，TCP，UDP，ICMP 等
source-ip	数据包的源 IP 地址
source-wildcard	数据包源 IP 地址的通配符
source-port	TCP 或 UDP 报文的源端口
dest-ip	数据包的目标 IP 地址
dest-wildcard	数据包目标 IP 地址的通配符
dest-port	TCP 或 UDP 报文的目标端口

需要注意的是：

（1）如果源/目标 IP 地址只包括一个 IP 地址，则可以使用 host+IP 地址的形式。如果源/目标 IP 地址为任何地址，可以使用 any。

（2）在每个访问控制列表的末尾，都隐含着一条"拒绝所有数据流"规则语句，也就是 deny ip any any。因此，如果分组与任何规则都不匹配，将被拒绝。

以下就是 IP 标准 ACL 的典型案例：

```
Ruijie(config)#ip access-list extended test
Ruijie(config-ext-nacl)#permit ip host 192.168.10.1 any
Ruijie(config-ext-nacl)#deny ip 192.168.10.0 0.0.0.255 192.168.20.0 0.0.0.255
Ruijie(config-ext-nacl)#deny tcp any any eq 23
Ruijie(config-ext-nacl)#permit ip any any
```

这个 IP 扩展 ACL 名称为 test，允许源 IP 为 192.168.10.1 的任何 IP 数据包通过，拒绝源 IP 为 192.168.10.0/24 的其余 IP 地址访问 192.168.20.0/24 的报文通过，拒绝所有 Telnet 数据通过，允许其余 IP 报文通过。

7.3.5 在接口模式下调用 IP 标准/扩展 ACL

配置 IP 标准/扩展 ACL 之后，可以在接口模式下使用 ip access-group 命令，将调用具体接口的接收/发送方向。

```
Ruijie(config-if)#ip access-group access-list-number {in|out}
```

其中，相关参数说明表 7-8 所示。

表 7-8 调用 IP 标准/扩展 ACL 的相关参数说明

参数	参数含义
ip access-group	调用 IP 标准/扩展 ACL
access-list-number	IP 标准/扩展 ACL 的编号/名称
in	参数 in 限制特定设备与访问控制列表中地址之间的传入连接
out	参数 out 限制特定设备与访问控制列表中地址之间的传出连接

以下就是 IP 标准 ACL 的典型案例：

```
Ruijie(config)#interface GigabitEthernet 0/1
Ruijie(config-if-GigabitEthernet 0/1)#ip access-group test in
```

这时，G0/1 接口在接收数据时，会按照名称为"test"的 ACL 判断该数据是否能进入。

📝 练习与思考

1. IP 标准/扩展 ACL 无法实现以下（　　）需求。
   A. 防某些端口号固定的病毒数据　　B. 拒绝某个非法 IP 的数据

C. 拒绝某种特定服务(如 Telnet)   D. 拒绝某个特定 MAC 地址的数据

2. 常见锐捷设备中 IP 标准 ACL 的编号为(　　)。

    A. 1~99　　　　　B. 100~199　　　　　C. 1300~1999　　　　　D. 2000~2699

3. 常见锐捷设备中 IP 扩展 ACL 的编号为(　　)。

    A. 1~99　　　　　B. 100~199　　　　　C. 1300~1999　　　　　D. 2000~2699

4. IP 标准 ACL 可以匹配数据包的(　　)字段。

    A. 源 IP　　　　　B. 目标 IP　　　　　C. 协议类型　　　　　D. 端口号

5. IP 标准/扩展 ACL 在接口的调用方向为(　　)。

    A. in　　　　　　　　　　　　　　　　B. out

    C. all　　　　　　　　　　　　　　　　D. 无法指定方向

6. ACL 的主要作用有哪些?

模块四　IP 标准 ACL 配置

学习目标

理解 ACL 的作用。

掌握 IP 标准 ACL 的配置方法。

扫一扫
观看操作讲解

知识学习

7.4.1　网络规划

本模块需要实现以下功能：

(1) 101 办公室只允许 PC1-1(192.168.10.1/24)可以上网(ping 通同网段 IP 及网关)。

(2) 101 办公室不允许 192.168.10.0/24 网段的其他 PC(如 PC1-2)上网。

(3) 为后续考虑，101 办公室允许除 192.168.10.0/24 网段外，其他所有网段数据上网。

通过分析，本项目需要通过 IP 标准 ACL 实现。最终任务可以分为设备清单、接口规划、VLAN 规划、地址规划 4 个部分。

1. 设备清单

设备命名规划如表 7-5 所示，此处不再赘述。

2. 接口规划

接口规划如表 7-2 所示，此处不再赘述。

3. VLAN 规划

VLAN 规划如表 7-3 所示，此处不再赘述。

4. 地址规划

地址规划如表 7-15 所示，此处不再赘述。

5. 网络拓扑

完成规划后得到最终拓扑图，如图 7-26 所示。

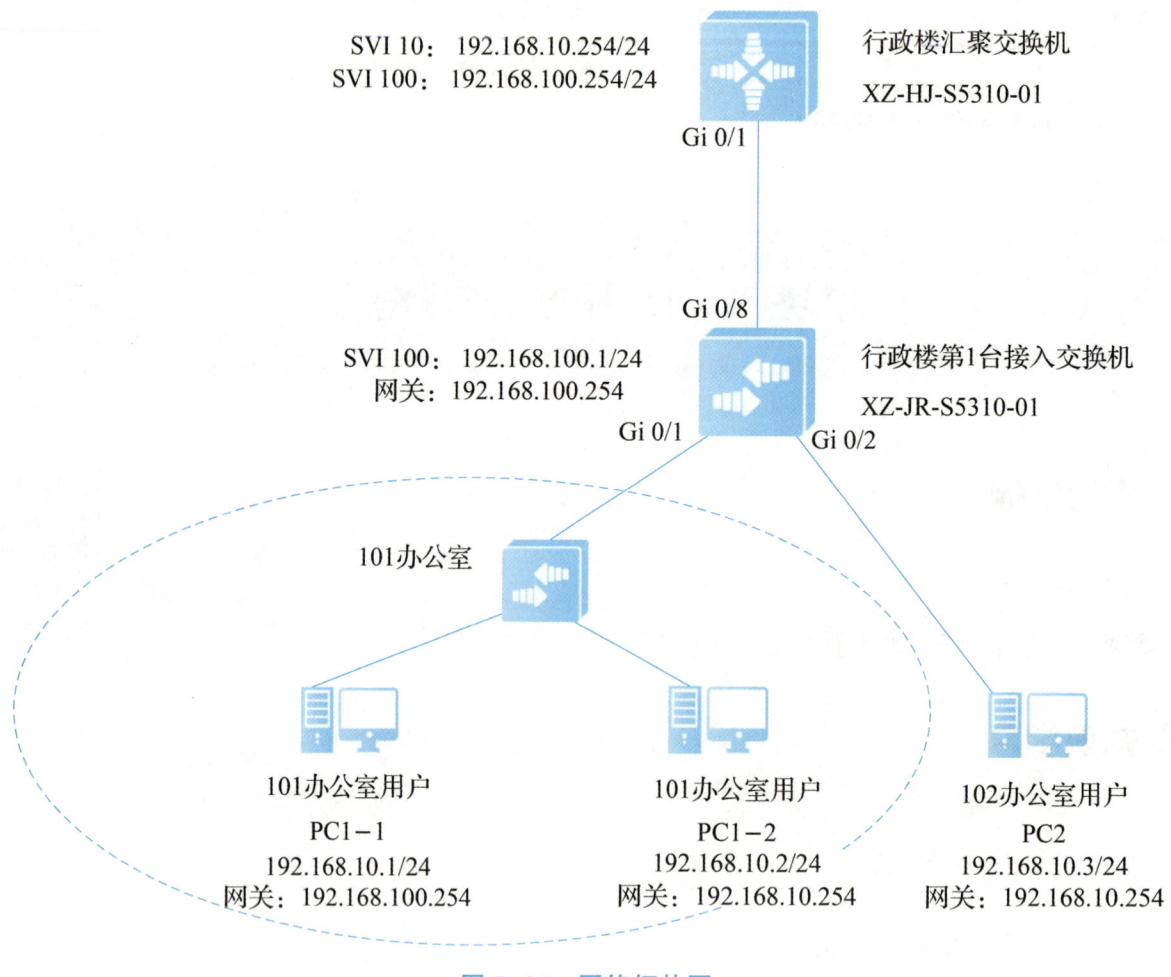

图 7-26　网络拓扑图

7.4.2　基础配置

1. 配置设备基础信息

配置设备的基础信息，包括设备名称和接口描述等内容，因重复性较高，这里使用 XZ-JR-S5310-01 进行演示。

```
Ruijie(config)#hostnameXZ- JR- S5310- 01
XZ- JR- S5310- 01(config)#interface gigabitEthernet 0/8
XZ- JR- S5310- 01(config- if- GigabitEthernet 0/8)#description Con_To_XZ- HJ- S5310- 01_Gi0/1
XZ- JR- S5310- 01(config- if- GigabitEthernet 0/8)#exit
```

2. 配置接口信息

本步骤为配置汇聚层及接入层设备的接口地址、声明规划的 VLAN、将接口划分至对应的 VLAN 当中。这里分别为两台设备配置相应内容。

XZ-HJ-S5310-01

```
XZ- HJ- S5310- 01(config)#vlan 10
XZ- HJ- S5310- 01(config- vlan)#name Yonghu
XZ- HJ- S5310- 01(config- vlan)#vlan 100
XZ- HJ- S5310- 01(config- vlan)#name Guanli
XZ- HJ- S5310- 01(config- vlan)#exit
XZ- HJ- S5310- 01(config)#interface vlan 10
XZ- HJ- S5310- 01(config- if- vlan 10)#ip address 192.168.10.254 255.255.255.0
XZ- HJ- S5310- 01(config- if- vlan 10)#interface vlan 100
XZ- HJ- S5310- 01(config- if- vlan 100)#ip address 192.168.100.254 255.255.255.0
XZ- HJ- S5310- 01(config- if- vlan 100)#interface GigabitEthernet 0/1
XZ- HJ- S5310- 01(config- if- GigabitEthernet 0/1)#switchport mode trunk
XZ- HJ- S5310- 01(config- if- GigabitEthernet 0/1)#exit
```

XZ-JR-S5310-01

```
XZ- JR- S5310- 01(config)#vlan 10
XZ- JR- S5310- 01(config- vlan)#name Yonghu
XZ- JR- S5310- 01(config- vlan)#vlan 100
XZ- JR- S5310- 01(config- vlan)#name Guanli
XZ- JR- S5310- 01(config- vlan)#exit
XZ- JR- S5310- 01(config)#interface GigabitEthernet 0/8
XZ- JR- S5310- 01(config- if- GigabitEthernet 0/8)#switchport mode trunk
XZ- JR- S5310- 01(config- if- GigabitEthernet 0/8)#interfafce range GigabitEthernet 0/1- 7
XZ- JR- S5310- 01(config- if- range)#switchport access vlan 10
XZ- JR- S5310- 01(config- if- range)#interface vlan 100
XZ- JR- S5310- 01(config- if- vlan 100)#ip address 192.168.100.1 255.255.255.0
XZ- JR- S5310- 01(config- if- vlan 100)#exit
XZ- JR- S5310- 01(config)#ip route 0.0.0.0 0.0.0.0 192.168.100.254
```

7.4.3 验证基础配置

本步骤为测试在未配置 IP 标准 ACL 的情况下，用户是否能正常通信。

PC1-1、PC1-2 和 PC2 三台 PC 的 IP 地址分别设置为 192.168.10.1/24、192.168.10.2/24、192.168.10.3/24，网关都设置为 192.168.10.254，如图 7-27~图 7-29 所示。

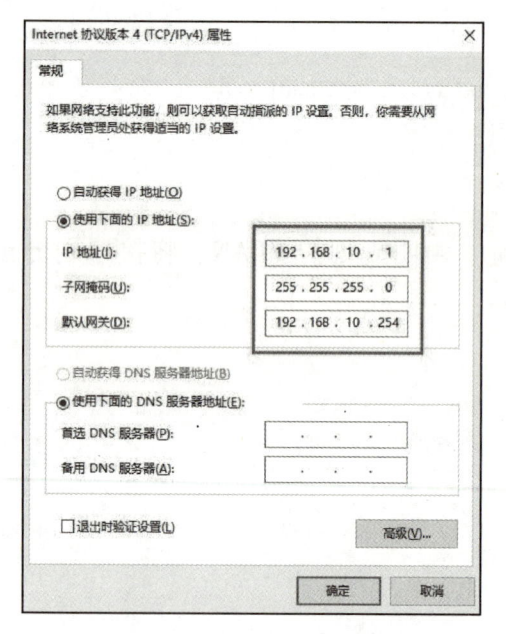

图 7-27　PC1-1 的 IP 地址 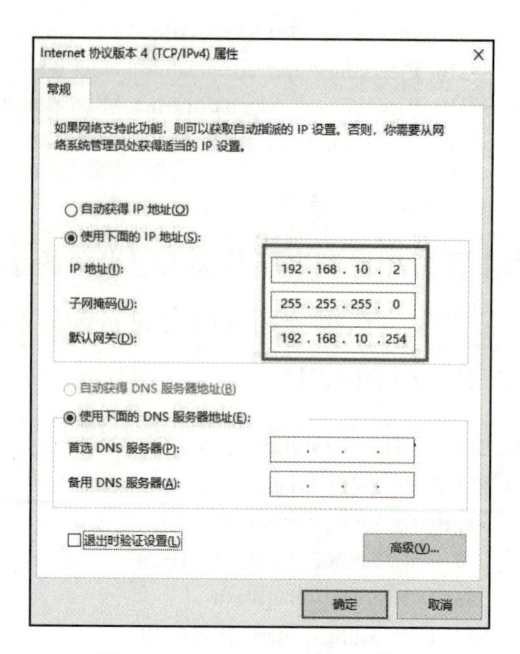　　　　　　　　图 7-28　PC1-2 的 IP 地址

经测试，PC1-1 和 PC1-2 都能 ping 通 PC2 和自身网关，如图 7-30~图 7-33 所示。说明同网段和跨网段都能正常通信。

```
C:\Users\PC1-1>ping 192.168.10.254

正在 Ping 192.168.10.254 具有 32 字节的数据:
来自 192.168.10.254 的回复: 字节=32 时间=2ms TTL=64
来自 192.168.10.254 的回复: 字节=32 时间=2ms TTL=64
来自 192.168.10.254 的回复: 字节=32 时间=2ms TTL=64
来自 192.168.10.254 的回复: 字节=32 时间=1ms TTL=64

192.168.10.254 的 Ping 统计信息:
    数据包: 已发送 = 4, 已接收 = 4, 丢失 = 0 (0% 丢失),
往返行程的估计时间(以毫秒为单位):
    最短 = 1ms, 最长 = 2ms, 平均 = 1ms
```

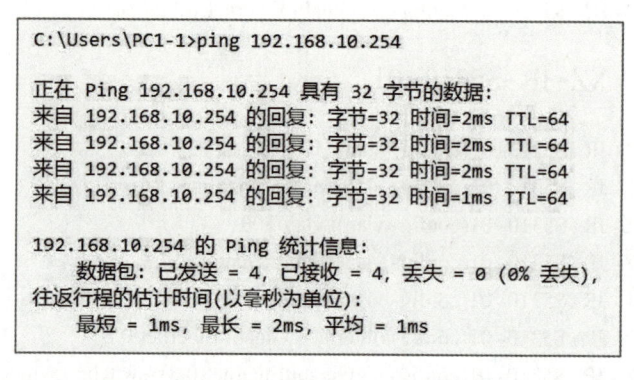

图 7-30　PC1-1 能 ping 通自身网关

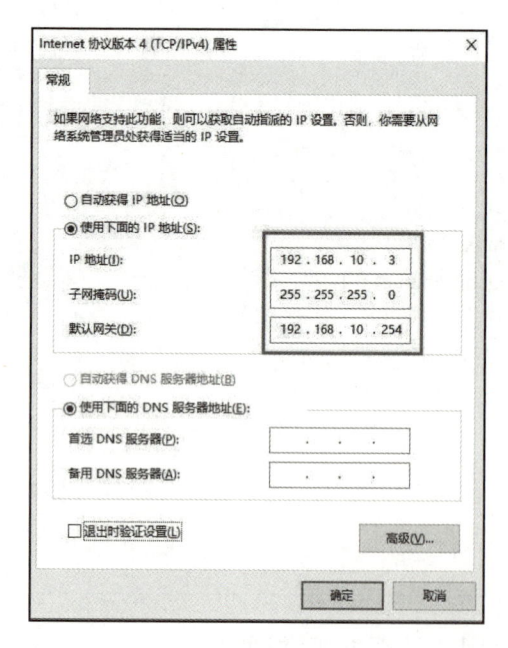

```
C:\Users\PC1-1>ping 192.168.10.3

正在 Ping 192.168.10.254 具有 32 字节的数据:
来自 192.168.10.3 的回复: 字节=32 时间=1ms TTL=64
来自 192.168.10.3 的回复: 字节=32 时间=1ms TTL=64
来自 192.168.10.3 的回复: 字节=32 时间=1ms TTL=64
来自 192.168.10.3 的回复: 字节=32 时间=1ms TTL=64

192.168.10.3 的 Ping 统计信息:
    数据包: 已发送 = 4, 已接收 = 4, 丢失 = 0 (0% 丢失),
往返行程的估计时间(以毫秒为单位):
    最短 = 1ms, 最长 = 1ms, 平均 = 1ms
```

图 7-29　PC2 的 IP 地址

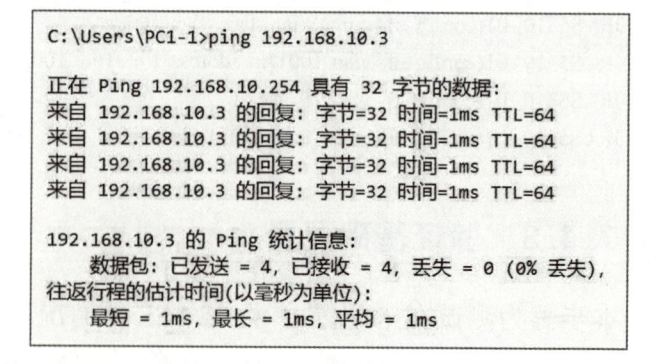

图 7-31　PC1-1 能 ping 通 PC2

```
C:\Users\PC1-2>ping 192.168.10.254

正在 Ping 192.168.10.254 具有 32 字节的数据:
来自 192.168.10.254 的回复: 字节=32 时间=2ms TTL=64
来自 192.168.10.254 的回复: 字节=32 时间=1ms TTL=64
来自 192.168.10.254 的回复: 字节=32 时间=1ms TTL=64
来自 192.168.10.254 的回复: 字节=32 时间=1ms TTL=64

192.168.10.254 的 Ping 统计信息:
    数据包: 已发送 = 4, 已接收 = 4, 丢失 = 0 (0% 丢失),
往返行程的估计时间(以毫秒为单位):
    最短 = 1ms, 最长 = 2ms, 平均 = 1ms
```

图 7-32　PC1-2 能 ping 通自身网关

```
C:\Users\PC1-2>ping 192.168.10.3

正在 Ping 192.168.10.254 具有 32 字节的数据:
来自 192.168.10.3 的回复: 字节=32 时间=1ms TTL=64
来自 192.168.10.3 的回复: 字节=32 时间=1ms TTL=64
来自 192.168.10.3 的回复: 字节=32 时间=1ms TTL=64
来自 192.168.10.3 的回复: 字节=32 时间=1ms TTL=64

192.168.10.3 的 Ping 统计信息:
    数据包: 已发送 = 4, 已接收 = 4, 丢失 = 0 (0% 丢失),
往返行程的估计时间(以毫秒为单位):
    最短 = 1ms, 最长 = 1ms, 平均 = 1ms
```

图 7-33　PC1-2 能 ping 通 PC2

7.4.4　配置 IP 标准 ACL

本步骤通过接入交换机配置 IP 标准 ACL。

XZ-JR-S5310-01(config)#ip access-list standard 1	//创建 IP 标准 ACL
XZ-JR-S5310-01(config-std-nacl)#permit host 192.168.10.1	//配置规则
XZ-JR-S5310-01(config-std-nacl)#deny 192.168.10.0 0.0.0.255	//配置规则
XZ-JR-S5310-01(config-std-nacl)#permit any	//配置规则
XZ-JR-S5310-01(config-std-nacl)#exit	//退回全局配置模式
XZ-JR-S5310-01(config)#interface GigabitEthernet 0/1	//进入接口
XZ-JR-S5310-01(config-if-GigabitEthernet 0/1)#ip access-group 1 in	//调用 IP 标准 ACL
XZ-JR-S5310-01(config-if-GigabitEthernet 0/1)#exit	//退回全局配置模式

本步骤为测试 PC1-1 和 PC1-2 是否能 ping 通自身网关和 PC2。经过测试 PC1-1 可以 ping 通自身网关和 PC2，而 PC1-2 无法 ping 通自身网关和 PC2，实现了用户需求，如图 7-34~图 7-37 所示。

```
C:\Users\PC1-1>ping 192.168.10.254

正在 Ping 192.168.10.254 具有 32 字节的数据:
来自 192.168.10.254 的回复: 字节=32 时间=1ms TTL=64
来自 192.168.10.254 的回复: 字节=32 时间=1ms TTL=64
来自 192.168.10.254 的回复: 字节=32 时间=1ms TTL=64
来自 192.168.10.254 的回复: 字节=32 时间=1ms TTL=64

192.168.10.254 的 Ping 统计信息:
    数据包: 已发送 = 4, 已接收 = 4, 丢失 = 0 (0% 丢失),
往返行程的估计时间(以毫秒为单位):
    最短 = 1ms, 最长 = 1ms, 平均 = 1ms
```

图 7-34   PC1-1 可以 ping 通自身网关

```
C:\Users\PC1-1>ping 192.168.10.3

正在 Ping 192.168.10.254 具有 32 字节的数据:
来自 192.168.10.3 的回复: 字节=32 时间=1ms TTL=64
来自 192.168.10.3 的回复: 字节=32 时间=1ms TTL=64
来自 192.168.10.3 的回复: 字节=32 时间=1ms TTL=64
来自 192.168.10.3 的回复: 字节=32 时间=1ms TTL=64

192.168.10.3 的 Ping 统计信息:
    数据包: 已发送 = 4, 已接收 = 4, 丢失 = 0 (0% 丢失),
往返行程的估计时间(以毫秒为单位):
    最短 = 1ms, 最长 = 1ms, 平均 = 1ms
```

图 7-35   PC1-1 可以 ping 通 PC2

```
C:\Users\PC1-2>ping 192.168.10.254

正在 Ping 192.168.10.254 具有 32 字节的数据:
来自 192.168.10.254 的回复: 无法访问目标主机。
来自 192.168.10.254 的回复: 无法访问目标主机。
来自 192.168.10.254 的回复: 无法访问目标主机。
来自 192.168.10.254 的回复: 无法访问目标主机。

192.168.10.254 的 Ping 统计信息:
    数据包: 已发送 = 4, 已接收 = 4, 丢失 = 0 (0% 丢失),
```

图 7-36   PC1-2 无法 ping 通自身网关

```
C:\Users\PC1-2>ping 192.168.10.3

正在 Ping 192.168.10.2 具有 32 字节的数据:
来自 192.168.10.3 的回复: 无法访问目标主机。
来自 192.168.10.3 的回复: 无法访问目标主机。
来自 192.168.10.3 的回复: 无法访问目标主机。
来自 192.168.10.3 的回复: 无法访问目标主机。

192.168.10.3 的 Ping 统计信息:
    数据包: 已发送 = 4, 已接收 = 4, 丢失 = 0 (0% 丢失),
```

图 7-37   PC1-2 无法 ping 通 PC2

7.4.5 常见问题

调用 ACL 时，要注意调用的方向是 in 还是 out。

拓展延伸

在部署 IP 标准 ACL 时，特别是在锐捷设备上，还有一些需要注意的地方，以确保 ACL 的有效性和正确性：

(1) 规则顺序：在配置 ACL 时，规则的顺序非常重要。ACL 规则是按照顺序逐条匹配的，一旦匹配成功，后续的规则将不再生效。因此，需要确保规则的顺序是按照预期的逻辑顺序来配置的。

(2) 隐式拒绝：在锐捷设备上，默认情况下，如果 ACL 中没有明确允许某种流量的规则，那么这种流量将被隐式拒绝。因此，在配置 ACL 时，需要确保至少包含一个允许所需流量通过的规则，以避免意外拒绝合法流量。

(3) 细化匹配条件：在配置 ACL 规则时，尽量使用最精确的匹配条件来限制流量。例如，可以根据源 IP 地址、目的 IP 地址、协议类型、端口号等条件来过滤流量，以确保只有符合条件的流量被允许通过。

(4) 监控和审计：部署 ACL 后，需要进行定期的监控和审计，以确保 ACL 规则仍然符合实际需求，并及时调整规则以适应网络变化。同时，及时检查 ACL 日志，以发现异常流量或潜在安全威胁。

(5) 性能影响：ACL 规则的数量和复杂度会对设备性能产生影响。因此，在部署 ACL 时，需要权衡安全性和性能，避免配置过于复杂的规则，以免影响设备的正常运行和网络性能。

(6) 备份和恢复：在配置 ACL 之前，建议先备份设备的配置文件，以防意外情况导致配置丢失。同时，在部署 ACL 后，定期备份设备配置，并确保能够及时恢复到之前的正常状态。

练习与思考

1. 为了防止不必要的其他 VLAN 内的广播流量在汇聚交换机与接入交换机之间的链路上泛洪，在校园网中比较常见的是使用什么方法来避免？（　　）

A. 使用 VTP 协议　　　　　　　　B. 使用 Trunk 链路修剪

C. 使用 ACL　　　　　　　　　　D. 使用端口下的风暴控制

2. 标准 ACL 以（　　）作为判别条件。

A. 数据包大小　　　　　　　　　B. 数据包的端口号

C. 数据包的源地址　　　　　　　D. 数据包的目标地址

3. 下列所述的配置中，哪一个是允许来自网段 172.16.0.0/16 的数据包进入路由器的 serial1/0？（　　）

A.

Router(config)#access-list 10 permit 172.16.0.0 0.0.255.255

Router(config)#interface s1/0

Router(config-if)#ip access-group 10 out

B.

Router(config)##access-group 10 permit 172.16.0.0 255.255.0.0

Router(config)#interface s1/0

Router(config-if)##ip access-list 10 out"

C.

Router(config)#access-list 10 permit 172.16.0.0 0.0.255.255

Router(config)#interface s1/0

Router(config-if)#ip access-group 10 in

D.

Router(config)##access-list 10 permit 172.16.0.0 . 255.255.0.0

Router(config)#interface s1/0

Router(config-if)#ip access-group 10 in

4. 你决定用一个标准 IP 访问列表来做安全控制，以下为标准访问列表的例子是（　　）。

A. access-list standard 192.168.10.23

B. access-list 10 deny

C. access-list 10 deny 192.168.10.23 0.0.0.0

D. access-list 101 deny 192.168.10.23 0.0.0.0

E. access-list 101 deny 192.168.10.23 255.255.255.255

模块五　IP 扩展 ACL 配置

学习目标

理解 IP 扩展 ACL 和 IP 标准 ACL 的区别。

掌握 IP 扩展 ACL 的配置方法。

知识学习

7.5.1 网络规划

本模块需要实现以下功能：

（1）101 办公室只允许 PC1－1（192.168.10.1/24）可以访问 PC2，但 PC1－2（192.168.10.2）无法访问 PC2。

（2）PC1-1 无法 ping 通接入层交换机且不能 Telnet 接入层交换机，而 PC1-2 可以 ping 通接入层交换机也可以 Telnet 接入层交换机。

（3）其他情况都可以正常通信。

通过分析，本模块需要通过 IP 扩展 ACL 实现。最终任务可以分为设备清单、接口规划、VLAN 规划、地址规划 4 个部分。

1. 设备清单

设备命名规划如表 7-15 所示，此处不再赘述。

2. 接口规划

接口规划如表 7-2 所示，此处不再赘述。

3. VLAN 规划

VLAN 规划如表 7-3 所示，此处不再赘述。

4. 地址规划

地址规划如表 7-4 所示，此处不再赘述。

7.5.2 网络拓扑

完成规划后得到最终拓扑图，如图 7-26 所示。

7.5.3 基础配置

1. 配置设备基础信息

配置设备的基础信息，包括设备名称和接口描述等内容，因重复性较高，这里使用 XZ-JR-S5310-01 进行演示。

```
Ruijie(config)#hostnameXZ- JR- S5310- 01
XZ- JR- S5310- 01(config)#interface gigabitEthernet 0/8
XZ- JR- S5310- 01(config- if- GigabitEthernet 0/8)#description Con_To_XZ-HJ- S5310- 01_Gi0/1
XZ- JR- S5310- 01(config- if- GigabitEthernet 0/8)#exit
```

2. 配置接口信息

本步骤为配置汇聚层及接入层设备的接口地址、声明规划的 VLAN、将接口划分至对应的 VLAN 当中。这里分别为两台设备配置相应内容。

XZ-HJ-S5310-01

```
XZ- HJ- S5310- 01(config)#vlan 10
XZ- HJ- S5310- 01(config- vlan)#name Yonghu
XZ- HJ- S5310- 01(config- vlan)#vlan 100
XZ- HJ- S5310- 01(config- vlan)#name Guanli
XZ- HJ- S5310- 01(config- vlan)#exit
XZ- HJ- S5310- 01(config)#interface vlan 10
XZ- HJ- S5310- 01(config- if- vlan 10)#ip address 192. 168. 10. 254 255. 255. 255. 0
XZ- HJ- S5310- 01(config- if- vlan 10)#interface vlan 100
XZ- HJ- S5310- 01(config- if- vlan 100)#ip address 192. 168. 100. 254 255. 255. 255. 0
XZ- HJ- S5310- 01(config- if- vlan 100)#interface GigabitEthernet 0/1
XZ- HJ- S5310- 01(config- if- GigabitEthernet 0/1)#switchport mode trunk
XZ- HJ- S5310- 01(config- if- GigabitEthernet 0/1)#exit
```

XZ-JR-S5310-01

```
XZ- JR- S5310- 01(config)#vlan 10
XZ- JR- S5310- 01(config- vlan)#name Yonghu
XZ- JR- S5310- 01(config- vlan)#vlan 100
XZ- JR- S5310- 01(config- vlan)#name Guanli
XZ- JR- S5310- 01(config- vlan)#exit
XZ- JR- S5310- 01(config)#interface GigabitEthernet 0/8
XZ- JR- S5310- 01(config- if- GigabitEthernet 0/8)#switchport mode trunk
XZ- JR- S5310- 01(config- if- GigabitEthernet 0/8)#interfafce range GigabitEthernet 0/1- 7
XZ- JR- S5310- 01(config- if- range)#switchport access vlan 10
XZ- JR- S5310- 01(config- if- range)#interface vlan 100
XZ- JR- S5310- 01(config- if- vlan 100)#ip address 192. 168. 100. 1 255. 255. 255. 0
XZ- JR- S5310- 01(config- if- vlan 100)#exit
XZ- JR- S5310- 01(config)#ip route 0. 0. 0. 0 0. 0. 0. 0 192. 168. 100. 254
```

3. 配置接口信息

本步骤为汇聚层及接入层设备配置 Telnet，密码都使用 WoAiZuGuo。

XZ-HJ-S5310-01

```
XZ- HJ- S5310- 01(config)#enable secret WoAiZuGuo
XZ- HJ- S5310- 01(config)#line vty 0 4
XZ- HJ- S5310- 01(config- line)#password WoAiZuGuo
XZ- HJ- S5310- 01(config- line)#exit
```

XZ-JR-S5310-01

```
XZ- JR- S5310- 01(config)#enable secret WoAiZuGuo
XZ- JR- S5310- 01(config)#line vty 0 4
XZ- JR- S5310- 01(config- line)#password WoAiZuGuo
XZ- JR- S5310- 01(config- line)#exit
```

7.5.4 验证基础配置

本步骤为测试在未配置 IP 标准 ACL 的情况下，用户是否能正常通信。验证过程及结果可参考 7.4.3 节，此处不再赘述。

经测试，PC1-1 和 PC1-2 都能 Telnet 接入交换机，如图 7-38～图 7-39 所示。说明同网段和跨网段都能正常通信。

```
C:\Users\PC1-1>telnet 192.168.100.1
Trying 192.168.100.1, 23...

User Access Verification

Password:********

User's Password is too weak. Please change the password!

XZ-JR-S5310-01>enable

Password:********

User's Password is too weak. Please change the password!
XZ-JR-S5310-01#
```

图 7-38　PC1-1 能 Telnet 接入交换机

```
C:\Users\PC1-2>telnet 192.168.100.1
Trying 192.168.100.1, 23...

User Access Verification

Password:********

User's Password is too weak. Please change the password!

XZ-JR-S5310-01>enable

Password:********

User's Password is too weak. Please change the password!
XZ-JR-S5310-01#
```

图 7-39　PC1-2 能 Telnet 接入交换机

7.5.5 配置 IP 扩展 ACL

1. 在接入交换机上配置 IP 扩展 ACL

本步骤通过在接入交换机上配置 IP 扩展 ACL。

XZ-JR-S5310-01

XZ-JR-S5310-01(config)#ip access-list extended 101	//创建 IP 扩展 ACL
XZ-JR-S5310-01(config-ext-nacl)#deny ip host 192.168.10.2 host 192.168.10.3	//配置规则
XZ-JR-S5310-01(config-ext-nacl)#deny tcp host 192.168.10.1 192.168.100.0 0.0.0.255 eq 23	//配置规则
XZ-JR-S5310-01(config-ext-nacl)#permit ip any any	//配置规则
XZ-JR-S5310-01(config-ext-nacl)#exit	//退回全局配置模式
XZ-JR-S5310-01(config)#interface GigabitEthernet 0/1	//进入接口
XZ-JR-S5310-01(config-if-GigabitEthernet 0/1)#ip access-group 101 in	//调用 IP 扩展 ACL
XZ-JR-S5310-01(config-if-GigabitEthernet 0/1)#exit	//退回全局配置模式

2. 验证 IP 扩展 ACL

本步骤为测试 PC1-1 和 PC1-2 是否能 ping 通自身网关和 PC2。经过测试 PC1-1 可以 ping 通自身网关和 PC2，而 PC1-2 可以 ping 通自身网关但无法 ping 通 PC2，如图 7-40~图 7-43 所示。

```
C:\Users\PC1-1>ping 192.168.10.254

正在 Ping 192.168.10.254 具有 32 字节的数据:
来自 192.168.10.254 的回复: 字节=32 时间=1ms TTL=64
来自 192.168.10.254 的回复: 字节=32 时间=1ms TTL=64
来自 192.168.10.254 的回复: 字节=32 时间=1ms TTL=64
来自 192.168.10.254 的回复: 字节=32 时间=1ms TTL=64

192.168.10.254 的 Ping 统计信息:
    数据包: 已发送 = 4，已接收 = 4，丢失 = 0 (0% 丢失)，
往返行程的估计时间(以毫秒为单位):
    最短 = 1ms，最长 = 1ms，平均 = 1ms
```

图 7-40　PC1-1 可以 ping 通自身网关

```
C:\Users\PC1-1>ping 192.168.10.3

正在 Ping 192.168.10.254 具有 32 字节的数据:
来自 192.168.10.3 的回复: 字节=32 时间=1ms TTL=64
来自 192.168.10.3 的回复: 字节=32 时间=1ms TTL=64
来自 192.168.10.3 的回复: 字节=32 时间=1ms TTL=64
来自 192.168.10.3 的回复: 字节=32 时间=1ms TTL=64

192.168.10.3 的 Ping 统计信息:
    数据包: 已发送 = 4，已接收 = 4，丢失 = 0 (0% 丢失)，
往返行程的估计时间(以毫秒为单位):
    最短 = 1ms，最长 = 1ms，平均 = 1ms
```

图 7-41　PC1-1 可以 ping 通 PC2

```
C:\Users\PC1-2>ping 192.168.10.254

正在 Ping 192.168.10.254 具有 32 字节的数据：
来自 192.168.10.254 的回复: 字节=32 时间=2ms TTL=64
来自 192.168.10.254 的回复: 字节=32 时间=1ms TTL=64
来自 192.168.10.254 的回复: 字节=32 时间=1ms TTL=64
来自 192.168.10.254 的回复: 字节=32 时间=1ms TTL=64

192.168.10.254 的 Ping 统计信息:
    数据包: 已发送 = 4, 已接收 = 4, 丢失 = 0 (0% 丢失),
往返行程的估计时间(以毫秒为单位):
    最短 = 1ms, 最长 = 2ms, 平均 = 1ms
```

图 7-42　PC1-2 可以 ping 通自身网关

```
C:\Users\PC1-2>ping 192.168.10.3

正在 Ping 192.168.10.2 具有 32 字节的数据：
来自 192.168.10.3 的回复: 无法访问目标主机。
来自 192.168.10.3 的回复: 无法访问目标主机。
来自 192.168.10.3 的回复: 无法访问目标主机。
来自 192.168.10.3 的回复: 无法访问目标主机。

192.168.10.3 的 Ping 统计信息:
    数据包: 已发送 = 4, 已接收 = 4, 丢失 = 0 (0% 丢失),
```

图 7-43　PC1-2 无法 ping 通 PC2

经过测试，PC1-1 可以 ping 通接入交换机但无法 Telnet 接入交换机，而 PC1-2 可以 ping 通接入交换机，也可以 Telnet 接入交换机，如图 7-44~图 7-47 所示。

```
C:\Users\PC1-1>ping 192.168.100.1

正在 Ping 192.168.100.1 具有 32 字节的数据：
来自 192.168.100.1 的回复: 字节=32 时间=1ms TTL=64
来自 192.168.100.1 的回复: 字节=32 时间=1ms TTL=64
来自 192.168.100.1 的回复: 字节=32 时间=1ms TTL=64
来自 192.168.100.1 的回复: 字节=32 时间=1ms TTL=64

192.168.100.1 的 Ping 统计信息:
    数据包: 已发送 = 4, 已接收 = 4, 丢失 = 0 (0% 丢失),
往返行程的估计时间(以毫秒为单位):
    最短 = 1ms, 最长 = 1ms, 平均 = 1ms
```

图 7-44　PC1-1 可以 ping 通接入交换机

```
C:\Users\PC1-1>telnet 192.168.100.1
正在连接192.168.100.1...无法打开到主机的连接。 在端口 23: 连接失败
```

图 7-45　PC1-1 无法 Telnet 接入交换机

```
C:\Users\PC1-2>ping 192.168.100.1

正在 Ping 192.168.100.1 具有 32 字节的数据:
来自 192.168.100.1 的回复: 字节=32 时间=1ms TTL=64
来自 192.168.100.1 的回复: 字节=32 时间=1ms TTL=64
来自 192.168.100.1 的回复: 字节=32 时间=1ms TTL=64
来自 192.168.100.1 的回复: 字节=32 时间=1ms TTL=64

192.168.100.1 的 Ping 统计信息:
    数据包: 已发送 = 4，已接收 = 4，丢失 = 0 (0% 丢失)，
往返行程的估计时间(以毫秒为单位):
    最短 = 1ms，最长 = 1ms，平均 = 1ms
```

图 7-46　PC1-2 可以 ping 通接入交换机

```
C:\Users\PC1-2>telnet 192.168.100.1
Trying 192.168.100.1, 23...

User Access Verification

Password:********

User's Password is too weak. Please change the password!

XZ-JR-S5310-01>enable

Password:********

User's Password is too weak. Please change the password!
XZ-JR-S5310-01#
```

图 7-47　PC1-2 能 Telnet 接入交换机

7.5.6　常见问题

配置 IP 扩展 ACL 时，有时会因为在 ACL 结尾少配置 permit ip any any 导致部分数据无法通信。

拓展延伸

除了 IP ACL 外，还有几下几种 ACL。

（1）MAC ACL(MAC 访问控制列表)：MAC ACL 基于设备的 MAC 地址来控制网络流量。管理员可以配置 MAC ACL 来限制特定设备的访问权限，或者限制特定 MAC 地址的流

量通过设备。

（2）用户 ACL（用户访问控制列表）：用户 ACL 可以根据用户身份或者用户组来控制网络访问权限。管理员可以配置用户 ACL 来限制特定用户或用户组的网络访问权限，实现对用户级别的访问控制。

（3）时间 ACL（时间访问控制列表）：时间 ACL 允许管理员根据时间条件来控制网络访问权限。通过配置时间 ACL，管理员可以指定在特定时间段内允许或者禁止特定流量通过设备。

（4）应用 ACL（应用访问控制列表）：应用 ACL 允许管理员根据应用程序类型或协议来控制网络流量。管理员可以配置应用 ACL 来限制特定应用程序或协议的流量通过设备，实现对应用层流量的精细控制。

（5）反向 ACL（反向访问控制列表）：反向 ACL 是一种特殊类型的 ACL，用于控制从设备出口流出的流量。与标准的正向 ACL 相比，反向 ACL 适用于控制出口流量，通常用于实现出口流量的安全策略和控制。

练习与思考

1. 某些接入层的用户向管理员反映他们的主机不能够发送 Email 了，但他们仍然能够接收到新的电子邮件。那么作为管理员，下面哪一个选项是首先应该检查的？（　　）

A. 该 Email 服务器目前是否未连接到网络上

B. 处于客户端和 Email 服务器之间的某设备的接口 ACL 是否存在拒绝 TCP25 号端口流量的条目

C. 处于客户端和 Email 服务器之间的某设备接口 ACL 是否存在 deny any 的条目

D. 处于客户端和 Email 服务器之间的某路由器接口的 ACL 是否存在拒绝 TCP110 号端口流量的条目

2. 你的电脑中毒了，通过抓包软件，你发现本机的网卡在不断向外发目的端口为 8080 的数据包，这时如果在接入交换机上做阻止病毒的配置，则应采取什么技术？（　　）

A. 标准 ACL　　　B. 扩展 ACL　　　C. 端口安全　　　D. NAT

3. 下面能够表示"禁止从 129.9.0.0 网段中的主机建立与 202.38.16.0 网段内的主机的 WWW 端口的连接"的访问控制列表是（　　）。

A. access-list 101 deny tcp 129.9.0.0 0.0.255.255 202.38.16.0 0.0.0.255 eq www

B. access-list 100 deny tcp 129.9.0.0 0.0.255.255 202.38.16.0 0.0.0.255 eq 53

C. access-list 100 deny udp 129.9.0.0 0.0.255.255 202.38.16.0 0.0.0.255 eq www

D. access-list 99 deny ucp 129.9.0.0 0.0.255.255 202.38.16.0 0.0.0.255 eq 80

项目八

互联网接入配置

项目描述

PLK 公司在福建负责药品的研发与销售工作，最近公司为拓展业务，需要新建分公司，经过选址，最终该公司主要包含两块区域，总公司研发、财务、销售部处于区域 1，分公司研发、财务、销售部处于区域 2。现场运营商已经预埋了线缆，为总公司与分公司提供了互联网接入条件。现场规划图如图 8-1 所示。

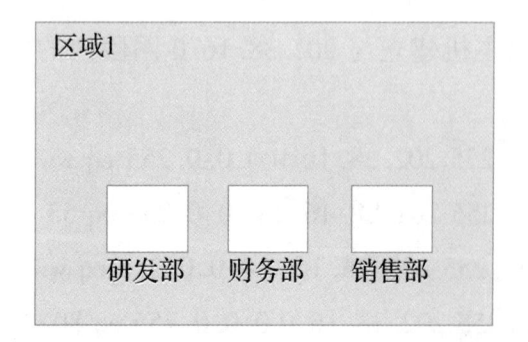

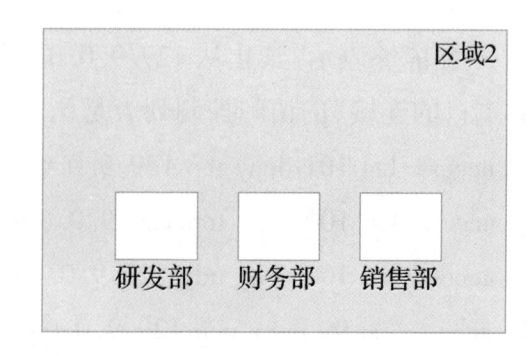

图 8-1 现场规划图

项目八 互联网接入配置

总公司采用 EG 网关的 PPPOE 功能接入互联网，分公司通过电信 300M 专线接入互联网，本项目主要对分公司专线接入互联网进行网络搭建与调测，现需要对区域 2 规划网络，为实现分公司产供销一体化，在分公司部署一台 ERP 服务器对外提供服务，公司员工可以通过外网访问 ERP 系统实时监控订单流转情况，此时需要为 ERP 服务器提供静态 NAT 服务。同时研发部、财务部、销售部访问互联网需要在区域 2 部署动态 NAT 服务，最终逻辑拓扑如图 8-2 所示，现阶段你需要完成区域 2 的基础网络规划与调测。

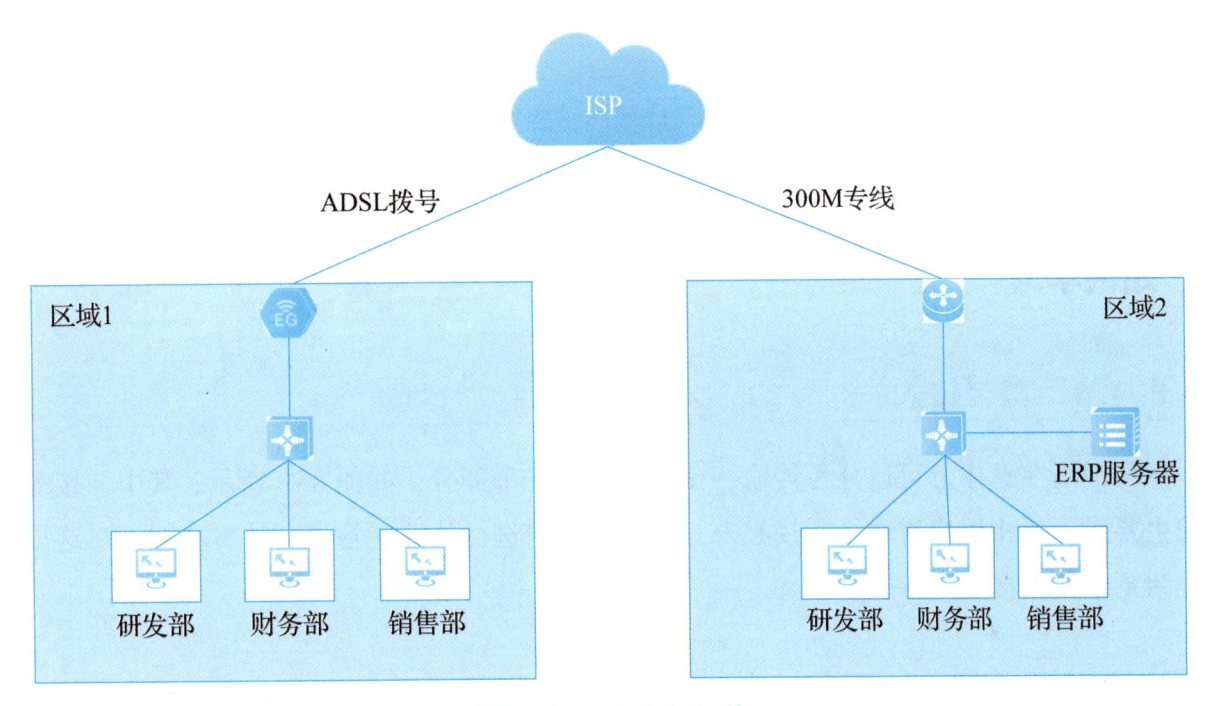

图 8-2　最终逻辑拓扑

项目目标

结合学习的接入知识，知道如何选择网络出口的连接方式。

结合项目要求，完成基础网络以及出口的规划工作。

使用 NAT 技术完成区域 2 企业互联网接入的调测。

模块一　家用以及企业互联网接入认知

学习目标

了解宽带接入使用场景。
了解宽带接入两种常用技术。
了解 PPPoE 两个阶段。

知识学习

8.1.1　宽带接入

宽带网络在总体上可以分为传输、交换和接入三个部分，如图 8-3 所示，其中，接入部分的主要作用是将用户与网络连接起来，实现对用户进行认证、管理、计费功能，在这里着重介绍宽带接入部分。

图 8-3　宽带网络总体组成

宽带接入是相对于传统的窄带接入而言的，窄带接入通过公共电话交换网 PSTN（Public Switched Telephone Network）进行 MODEM 拨号上网。"宽"和"窄"指的是接入的带宽，对用户而言，主要体现在使用网络资源的速度快慢不同。

随着 Internet 的普及和业务种类的丰富，人们对于高速接入的需求越来越多，其中宽带接入类型主要包括 ADSL 接入、以太网接入、电缆调制解调器接入以及无线接入等，从业务接入分类来看最终提供给家用宽带三种不同的业务分别是固定电话、IPTV、普通家庭宽带。

宽带接入对于家庭和企业都非常重要。对于家庭来说，宽带提供了丰富的娱乐资源，如在线电影、音乐和游戏。对于企业来说，宽带接入更是必不可少，它不仅方便了员工之间的沟通，还提高了企业内部办公效率并为企业接入互联网提供了保障。

这里我们主要讲解宽带接入的两种常用方式，包括 ADSL 接入和以太网接入。

1. ADSL 接入简介

ADSL 接入是在普通电话线上发展起来的宽带接入方式，支持在一根电话线上同时传输数据和话音，上行速度可达到 1Mbit/s，下行可达到 8Mbit/s，能够满足视频传输的带宽要求。

与传统接入网方式相比，ADSL 每个用户可用的带宽更大(局域网上每个终端的带宽为 512Kbit/s~1Mbit/s)，上网与打电话互不影响，支持多种应用，并且采用点对点的连接方式，在网络安全性和可靠性上好于共享式的局域网。

采用 ADSL 接入方式的典型组网如图 8-4 所示。

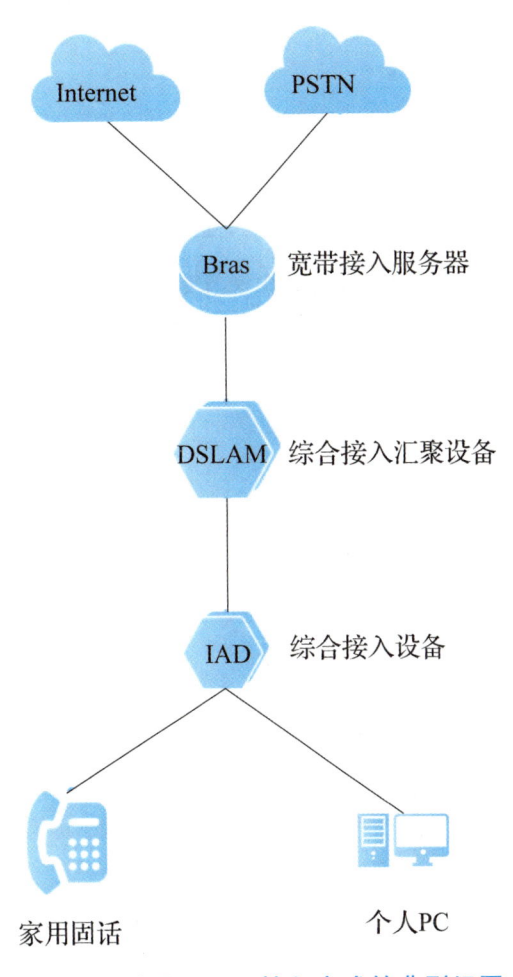

图 8-4　采用 ADSL 接入方式的典型组网

在图 8-4 中，集成接入设备 IAD(Integrated Access Device)是用户侧设备，它提供一个或多个用户接口与用户终端设备(如电话、计算机等)相连；上行通过电话线与电信局的数字用户线接入复接器 DSLAM(Digital Subscriber Line Access Multiplexer)设备相连。ADSL Modem 就是一种 IAD。

DSLAM 提供物理层的多路复用，实现对语音和数据业务的分离。语音内容被传送到传统的 PSTN 网，而数据内容则被传送到宽带接入服务器。

2. 以太网接入简介

以太网接入是用户计算机通过 Switch 或 Hub 直接与宽带接入服务器的以太接口相连，是一种 IP 接入技术。这种接入方式的优点是技术成熟、简单可靠、价格低廉。可选择的速率范围从 10 到 1000Mbit/s，广泛应用在住宅小区、写字楼、校园等接入用户密集的场所。

由于以太网是介质共享的广播网络，所以，在使用以太网接入的时候，需要采用 PPPoE、VLAN 等手段控制用户的接入，实现网络的可管理性。

提供 PPPoE、IPoE 和 VLAN 三种接入方式。PPPoE 用于拨号用户，比较适合个人散户接入，而 IPoE 还可支持持续在线，一般用于专线接入，适合集团用户。

下面我们介绍 PPPoE 接入方式，也是家用宽带接入的常用技术。

8.1.2　PPPOE 接入概述

PPPoE 即 Point-to-Point Protocol over Ethernet，它利用以太网将大量主机组成网络，通过一个远端接入设备连入因特网，并实现对接入主机的控制和计费功能。由于具有很高的性能价格比，PPPoE 被广泛应用于小区组网等环境中。

典型的 PPPoE 接入组网如图 8-5 所示。

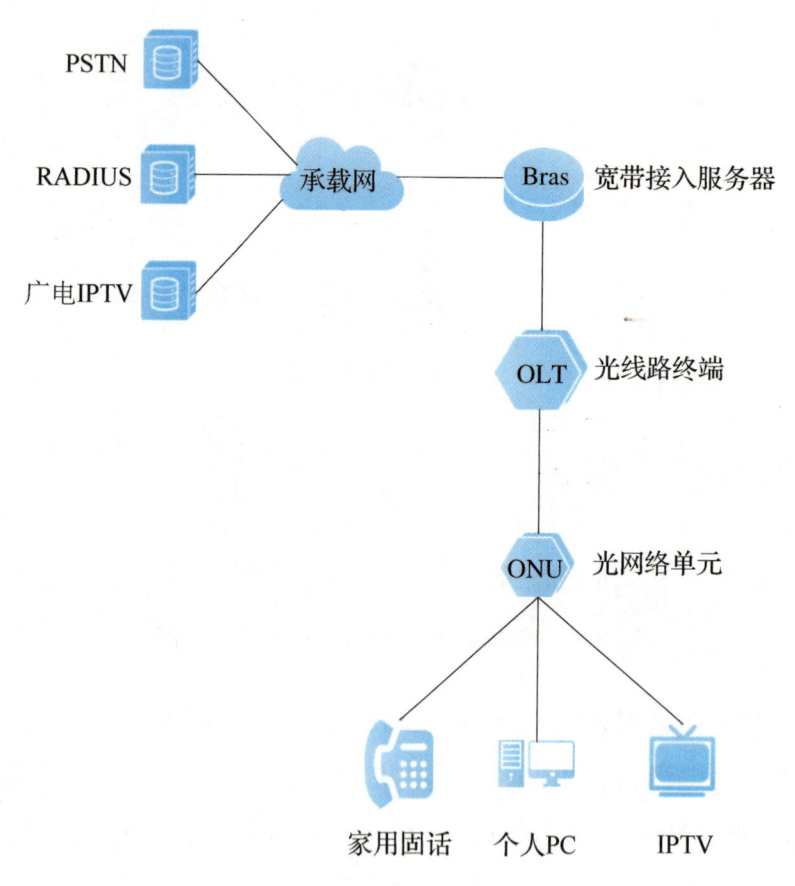

图 8-5　典型的 PPPoE 接入组网

PPPoE 接入在 PPP 协商的认证阶段触发建立连接。在 PPPoE 方式下，用户计算机与宽带接入服务器通过以太网交换机连接，用户计算机上安装 PPPoE 拨号客户端软件（见图 8-6）。上网的时候，用户通过拨号软件，使用预先申请的用户名和密码向宽带接入服务器发起连接。

项目八 互联网接入配置

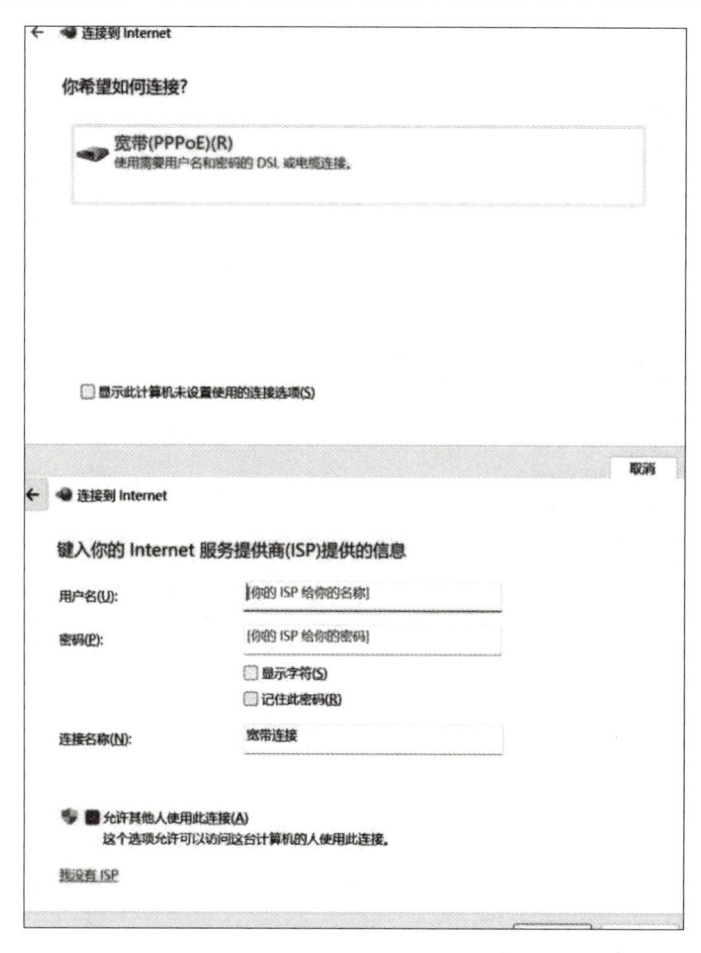

图 8-6 PPPoE 拨号客户端软件

路由器认证通过后，在用户计算机和路由器（BRAS 宽带接入服务器）之间建立 PPP 连接，为用户计算机分配 IP 地址、默认网关、DNS 服务器地址等资源，这时用户就可以正常上网了。用户下网的时候，通过客户端拨号软件断开连接，路由器释放资源，断开连接，一次上网过程结束。交换机只负责将用户的以太报文通过二层端口发送到路由器。

PPPoE 的协议栈结构如图 8-7 所示。

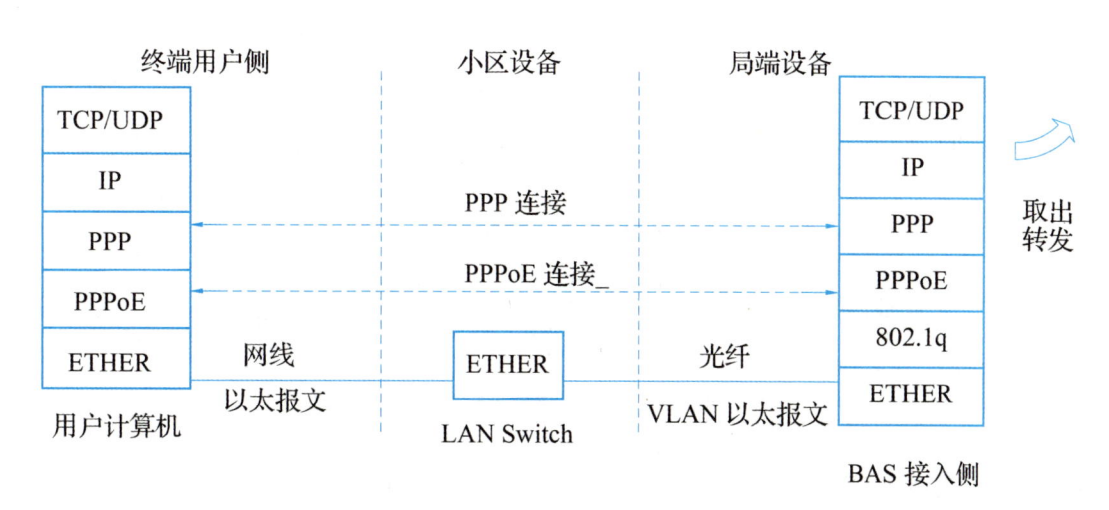

图 8-7 PPPoE 的协议栈结构

201

总体来说，现在主流的家庭宽带用户首选的宽带接入技术为PPPoE。

1. PPPoE 会话

PPPoE 可分为 Discovery 阶段和 PPP Session 阶段。

（1）Discovery 阶段。

当主机开始 PPPoE 进程时，它必须先识别接入端的以太网 MAC 地址，建立 PPPoE 的 Session ID。这就是 Discovery 阶段的目的。

Discovery 阶段包括四个步骤。

1）主机在本以太网内广播一个 PADI（PPPoE Active Discovery Initial）报文，在此报文中包含主机想要得到的服务类型信息。

2）以太网内的所有服务器收到这个 PADI 报文后，将其中请求的服务与自己能提供的服务进行比较，可以提供此服务的服务器发回 PADO（PPPoE Active Discovery Offer）报文。

3）主机可能收到多个服务器的 PADO 报文，主机将依据 PADO 的内容，从多个服务器中选择一个，并向它发回一个会话请求报文 PADR（PPPoE Active Discovery Request）。

4）服务器产生唯一的会话标识，标识和主机的这段 PPPoE 会话。并把此会话标识通过会话确认报文 PADS（PPPoE Active Discovery Session-confirmation）发回给主机，如果没有错误，双方进入 PPP Session 阶段。

（2）PPP Session 阶段。

进入 PPP Session 阶段后，PPP 报文作为 PPPoE 帧的净荷，封装在以太网帧发到对侧。

Session ID 必须是 Discovery 阶段确定的 ID，MAC 地址是对侧的 MAC 地址，PPP 报文从 Protocol ID 开始。

在 Session 阶段，主机或服务器任何一方都可发 PADT（PPPoE Active Discovery Terminate）报文通知对方结束 Session。

2. 企业互联网接入

前面部分我们讲到家庭接入互联网，接下来介绍企业如何接入互联网，我们在这里总结了两种：第一种是通过 EG 网关设备 PPPoE 的方式接入，如图 8-8 所示；第二种是通过 ISP 运营商分配固定的公网 IP 地址使用 NAT 技术来支撑企业互联网的接入，如图 8-9 所示。

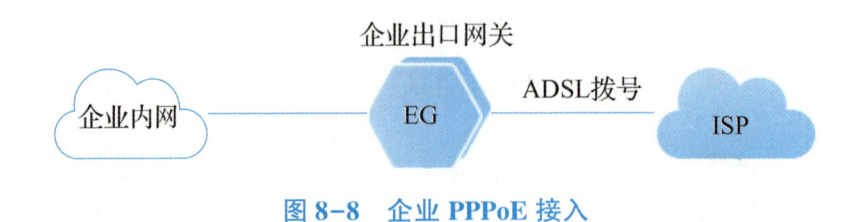

图 8-8 企业 PPPoE 接入

总体来说，现在主流的企业接入互联网首选的技术为企业静态接入通过 ISP 运营商分配固定的公网 IP 地址、企业内网环境通过 NAT 技术接入互联网。

项目八　互联网接入配置

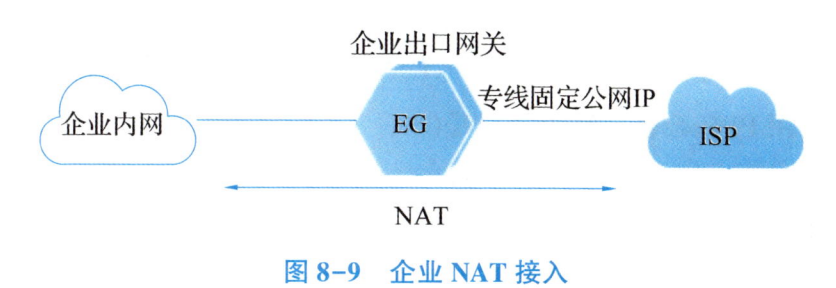

图 8-9　企业 NAT 接入

📖 拓展延伸

1. PPP 介绍

PPP 是在点到点链路上承载网络层数据包的一种链路层协议，由于它能够提供用户验证、易于扩充，并且支持同异步通信，因而获得广泛应用。

PPP 定义了一整套协议，包括链路控制协议 LCP(Link Control Protocol)、网络层控制协议 NCP(Network Control Protocol)和验证协议(PAP 和 CHAP)等。

以下是一些关键特点：

LCP 主要用来建立、拆除和监控数据链路。

NCP 主要用来协商在该数据链路上所传输的数据包的格式与类型。

PAP 和 CHAP 用于网络安全方面的验证。

2. PPP 验证方式

PAP(Password Authentication Protocol)验证为两次握手验证，口令为明文。在 PAP 的安全验证过程中，密码以明文方式在链路上发送，完成 PPP 链路的建立后，被验证方会不停地在链路上反复发送用户名和密码，直到身份验证过程结束，所以安全性不高。

CHAP(Challenge Handshake Authentication Protocol)验证为三次握手验证，口令为密文。它只在网络中传输用户名，而不传输密码，因此安全性比 PAP 高。

总之，我们根据不同的网络环境选择使用不同的PPP验证方式。

📝 练习与思考

1. 在 PPP 中(　　)采用明文形式(　　)采用密文形式。

　A. PAP　　　　　B. CHAP　　　　　C. PPPOE　　　　　D. MD5

2. PPP 是运行在 TCP/IP 模型的(　　)。

　A. 物理层　　　　　　　　　　　B. 应用层

　C. 网络层　　　　　　　　　　　D. 数据链锯层

3. ADSL 上行速度(　　)，下行速度(　　)。

　A. 1 Mbit/s　　　B. 3 Mbit/s　　　C. 6 Mbit/s　　　D. 8 Mbit/s

4. PPPoE 是基于( )。

A. PPP B. P2MP C. NBMA D. P2P

5. 在设备上启用 PPPoE 客户端的命令是( )。

A. R1(config)#pppoe enable

B. R1(config-if)#pppoe disable

C. R1(config)#pppoe client

D. R1(config-if)#pppoe enable

6. PAP 与 CHAP 分别适用于什么场景？

模块二　认识 NAT

学习目标

了解 NAT 使用场景。

了解 NAT 常见的几种分类。

掌握 NAT 的配置方法。

知识学习

8.2.1　NAT 简介

NAT 技术主要用于解决 IP 地址短缺的问题，即用于解决企业网使用私有地址连接公网的问题，一般部署在网络边界路由器或出口网关，并转化数据包中的 IP 地址。

首先我们介绍一下私有地址。私有网络地址是指内部网络或主机的 IP 地址，公有网络地址是指在 Internet 上全球唯一的 IP 地址。Internet 地址分配组织规定将下列的 IP 地址保留用作私有网络地址：

(1) 10.0.0.0~10.255.255.255

(2) 172.16.0.0~172.31.255.255

(3) 192.168.0.0~192.168.255.255

也就是说这三个范围内的地址不会在 Internet 上被分配，可在一个单位或公司内部使用。各企业在预见未来内部主机和网络的数量后，选择合适的内部网络地址。不同企业的内部网络地址可以相同。如果一个公司选择上述 3 个范围之外的其他网段作为内部网络地址，则当与其他网络互通时有可能会造成混乱。

8.2.2 NAT 优缺点

1. NAT 的优点：

可以使内部网络用户方便地访问 Internet。

可以使内部局域网的许多主机共享一个 IP 地址上网。

可以屏蔽内部网络的用户，提高内部网络的安全性。

可以提供给外部网络 WWW、FTP、Telnet 服务。

2. NAT 的缺点

对于报文内容中含有有用的地址信息的情况很难处理。

不能处理 IP 报头加密的情况。

由于隐藏了内部主机地址，有时候会使网络调试变得复杂。

影响报文转发的效率。

无法确定源地址。

因为同样的内部地址在不同时刻的外部地址是不一样的，所以如果从内部网络攻击外部网络，将造成定位攻击源的困难。

3. NAT 的改进

对 NAT 流量进行日志记录，通过日志信息了解 NAT 转换前的地址信息，并根据报文的源 IP 地址、转换后的源 IP 地址、目标 IP 地址、源端口、转换后的源端口、目标端口、协议号等 7 元组来标识一条流，并生成该 NAT 流的日志记录，根据日志记录可以方便地追踪一些非法活动以及不正当的操作等，提高网络设备的可用性和安全性。

8.2.3 NAT 相关术语

内部/外部：主机相对于 NAT 设备的物理位置，分别对应内网和外网。

本地/全局：用户相对于 NAT 设备的位置或视角。

相应地，随着这些概念的提出也产生了 4 类地址。

内部本地地址(Inside Local)：分配给内部网络中的主机 IP 地址，是私有地址。

内部全局地址(Inside Global)：对外代表一个或多个内部本地私有 IP 地址，是公有地址。

外部全局地址(Outside Global)：外部网络中的主机真实地址。

外部本地地址(Outside Local)：在内部网络中看到的外部主机的地址。

NAT 逻辑拓扑如图 8-10 所示。

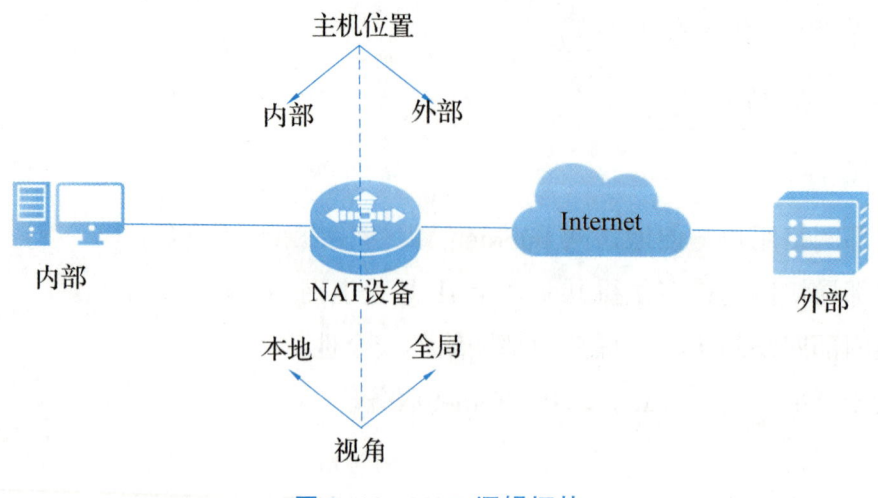

图 8-10　NAT 逻辑拓扑

8.2.4　NAT 基本工作原理

NAT 技术的工作原理是在子网内部(内网或私网)使用局部地址(私有 IP 地址)，在子网外部(外网或公网)使用少量的全局地址，将内部网络主机的 IP 地址和端口替换为路由器的外部网络地址和端口，以及将路由器的外部网络地址和端口转换为内部网络主机的 IP 地址和端口。也就是<私有地址+端口>与<公有地址+端口>之间的转换。

典型的 NAT 访问的逻辑图如图 8-11 所示。

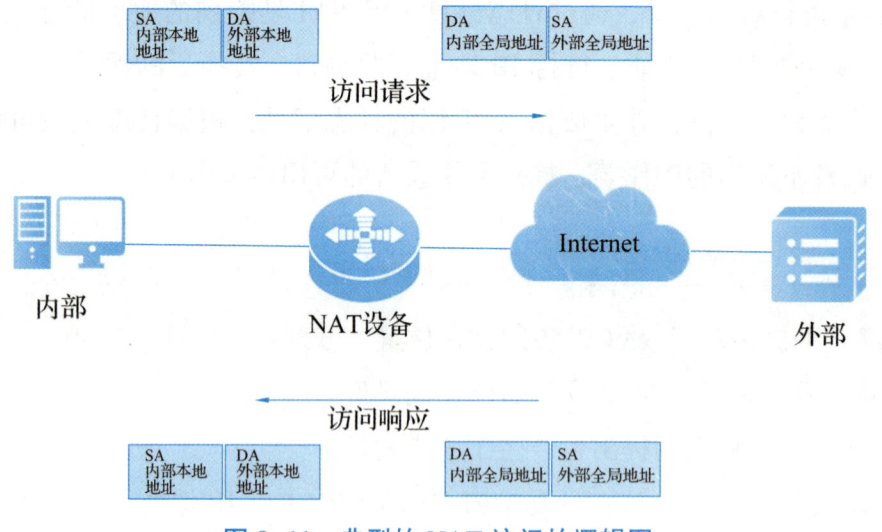

图 8-11　典型的 NAT 访问的逻辑图

8.2.5　NAT 的实现方式

NAT 实现方式可分为 NAT 方式和 NAPT 方式。

1. NAT 方式

在出方向上转换 IP 报文头中的源 IP 地址，而不对端口进行转换。

在私有网络地址和外部网络地址之间建立一对一映射，实现比较简单。

只转换 IP 报文头中的 IP 地址，所以适用于所有 IP 报文转换。

2. NAPT 方式

NPAT(Nat & Port Address Translation)方式的地址转换也是利用了 TCP/UDP 协议的端口号进行地址转换。

私网地址和公网地址之间建立了多对多的映射关系。

NPAT 方式也是采用"地址+端口"的映射关系，因此可以使内部局域网的多个主机共享多个 IP 地址访问 Internet。

总体来说，现在企业接入互联网时、由于目前的公网 IP 地址有限，所以均采用 NAT 技术来解决公网 IP 地址受限的问题。

拓展延伸

IP 地址分类及范围

在 IP 网络上，需要为网络上的主机分配 IP 地址。如果用户要将一台计算机连接到 Internet 上，就需要向 ISP 申请一个 IP 地址。

IP 地址的长度为 32 比特，由以下两部分组成。

（1）网络号：网络号码字段的前几位称为类别字段，用来区分 IP 地址的类型。

（2）主机号：用于区分一个网络内的不同主机。

为了方便 IP 地址的管理以及组网，IP 地址分成以下几类。

（1）私有地址：私有地址将 IP 地址唯一性作用范围限制在一个局域网内，含私有地址的数据包不能直接发送到公网上，私有地址的范围如下：

A 类：10.0.0.0~10.255.255.255

B 类：172.16.0.0~172.31.255.255

C 类：192.168.0.0~192.168.255.255

（2）公有地址：公有地址的 IP 地址唯一性作用范围是整个 Internet，除了上述的私有地址，ABC 类地址均为公有地址。

另外，IP 地址中有几类特殊地址：

（1）环回地址：127.0.0.0/8 主要探测 TCP/IP 是否可达，一般不会分配给网络设备。

（2）主机号全 0 地址：主机号全 0 的地址标识本网络的网络号，不能分配给主机或网络设备，常见于三层路由设备的路由表中，用于表示特定的目标网络。

（3）未知地址：0.0.0.0/0 表示主机未知的地址，一般用于静态路由配置以及采用 DHCP 方式的系统启动时允许本主机利用它进行临时通信，并且永远不是有效目标地址。

练习与思考

1. NAT 工作方式有（　　　）。

A. NAT B. PAT C. NAPT D. NAP

2. NAT 运行在 TCP/IP 模型的( )。

A. 物理层 B. 应用层 C. 网络层 D. 数据链路层

3. NAT 的四元组为( )。

A. Inside Local B. Inside Global

C. Outside Global D. Outside Local

4. 以下是 NAT 的优点的是( )。

A. 可以使内部局域网的许多主机共享一个 IP 地址上网

B. 对于报文内容中含有有用的地址信息的情况很难处理

C. 可以屏蔽内部网络的用户，提高内部网络的安全性

D. 可以提供给外部网络 WWW、FTP、Telnet 服务

5. 在企业网中，企业向外提供 Web 服务，此时应选用哪种 NAT 方式？( )

A. NAT B. 动态 NAPT C. 静态 NAPT

6. 静态 NAT 与动态 NAT 分别适用于什么场景？

模块三　企业互联网接入(实现静态 NAT 的配置)

学习目标

完成区域 2 网络的 VLAN 与地址规划。

使用 NAT 技术(静态 NAT)完成区域 2 的网络调测。

知识学习

8.3.1　网络规划

在本项目的区域 2 中需要为每个部门配置 VLAN 隔离，并为 ERP 服务器配置静态 NAT 向外提供服务，所以需要配置相应的 VLAN 将接口隔离，最终任务可以分为主机命名、VLAN 规划、接口规划和地址规划 4 个部分。

1. 主机命名

设备命名规划表如表 8-1 所示。其中代号 PLK 代表公司名，HJ 代表汇聚层设备，S5310 指明设备型号，01 指明设备编号。

表 8-1　设备命名规划表

设备型号	设备主机名	备注
RG-S5310-24GT4XS	PLK-HJ-S5310-02	区域 2 汇聚交换机
RG-RSR20	PLK-HX-RSR20-02	出口路由器

2. VLAN 规划

根据不同部门进行 VLAN 的划分，分别是区域 2 的研发部、财务部、销售部和服务器。这里规划 4 个 VLAN 编号（VLAN ID），使用对应 SVI 接口作为网关。VLAN 规划表如表 8-2 所示。

表 8-2　VLAN 规划表

序号	功能区	VLAN ID	VLAN Name
1	研发部	10	YFB
2	财务部	20	CaiWuBu
3	销售部	30	Xiaoshou
4	服务器	100	Fuwuqi

提问：将研发部的 VLAN ID 设置成 20 或者 30，网络是否会出现故障？为什么？

3. 接口规划

网络设备之间的接口互连规划规范为：Con_To_对端设备名称_对端接口名。本项目中只针对网络设备互连接口进行描述，默认采用靠前的接口承担接入工作，靠后的接口负责设备互连，具体规划如表 8-3 所示。

表 8-3　接口互连规划表

本端设备	接口	接口描述	对端设备	接口	VLAN
PLK-HJ-S5310-02	Gi0/0	Con_To_PLK-HX-RSR20-02_Gi0/1	PLK-HX-RSR20-02	Gi0/1	—
	Gi0/1	Con_To_Yanfabu_PC	PC	Eth0	10
	Gi0/2	Con_To_Caiwubu_PC	PC	Eth0	20
	Gi0/3	Con_To_Xiaoshoubu_PC	PC	Eth0	30
	Gi0/4	Con_To_Fuwuqi_server	Server	Eth0	100
PLK-HX-RSR20-02	Gi0/0	Con_To_ISP	ISP	—	—
	Gi0/1	Con_To_PLK-HJ-S5310-02_Gi0/0	PLK-HJ-S5310-02	Gi0/0	—

4. 地址规划

设备互连地址规划表如表 8-4 所示。

表 8-4 设备互连地址规划表

序号	本端设备	接口	本端地址	对端设备	接口	对端地址
1	PLK-HX-S5310-01	G0/0	10.1.1.2/30	PLK-HJ-RSR20-01	G0/1	10.1.1.1/30
2	PLK-HJ-RSR20-02	G0/0	110.166.173.10/29	ISP	—	110.166.173.9/29

另外这里还需要对各个 VLAN 内的网段与网关进行规划，我们选用 SVI 接口作为网关接口，且网关地址为网段中最后一个可用地址，网络地址规划表如表 8-5 所示。

表 8-5 网络地址规划表

序号	VLAN	地址段	网关
1	10	192.168.1.0/24	192.168.1.254
2	20	192.168.2.0/24	192.168.2.254
3	30	192.168.3.0/24	192.168.3.254
4	100	192.168.100.0/24	192.168.100.254

8.3.2 网络拓扑

完成规划后得到网络拓扑图，如图 8-12 所示。

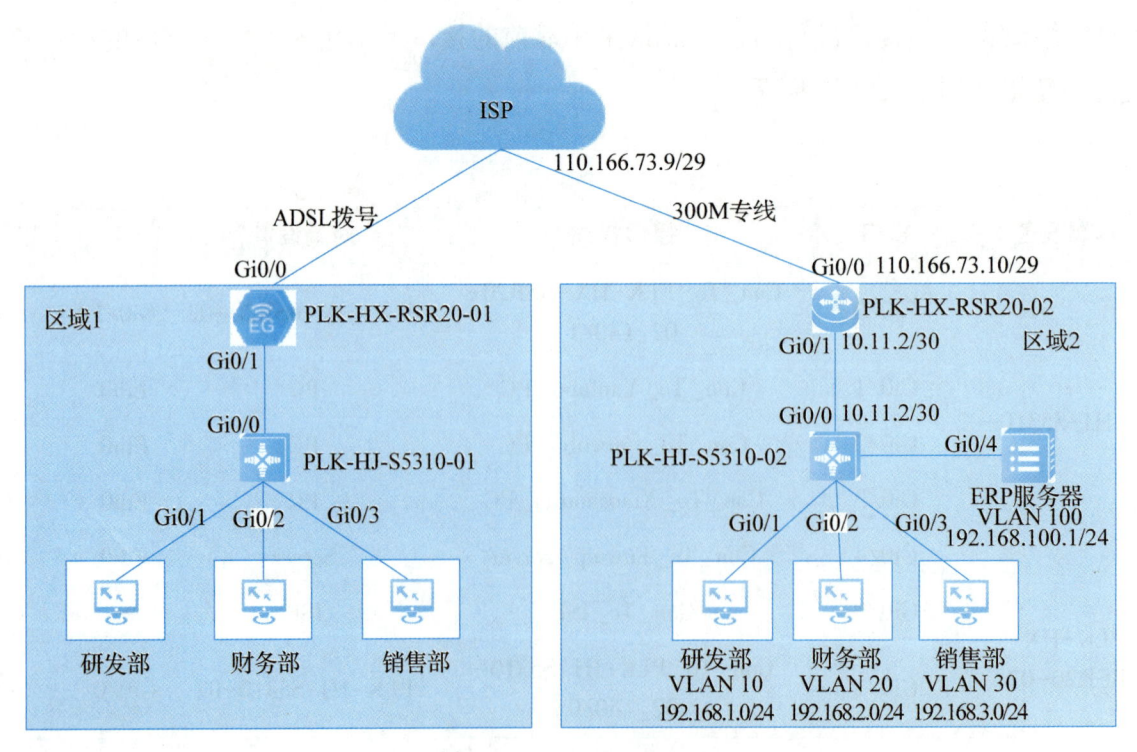

图 8-12 网络拓扑图

8.3.3 基础配置

1. 配置设备基础信息

配置设备的基础信息，包括设备名称和接口描述等，以下是 PLK-HX-RSR20-02 的配置。

```
Ruijie(config)#hostname PLK-HX-RSR20-02
PLK-HX-RSR20-02(config)#interface gigabitEthernet 0/0
PLK-HX-RSR20-02(config-if-GigabitEthernet 0/0)#description Con_To_ISP
PLK-HX-RSR20-02(config-if-GigabitEthernet 0/0)#interface gigabitEthernet 0/1
PLK-HX-RSR20-02(config-if-GigabitEthernet 0/1)#description Con_To_PLK-HJ-S5310-02_Gi0/0
PLK-HX-RSR20-02(config-if-GigabitEthernet 0/1)#exit
```

2. 配置接口信息

本步骤为配置设备的接口地址、声明规划的 VLAN、将接口划分至对应的 VLAN 中。这里分别为两台设备配置相应内容。

PLK-HX-RSR20-02

```
PLK-HX-RSR20-02(config)#interface gigabitEthernet 0/0
PLK-HX-RSR20-02(config-if-GigabitEthernet 0/0)#no switchport
PLK-HX-RSR20-02(config-if-GigabitEthernet 0/0)#ip address 110.166.73.10 29
PLK-HX-RSR20-02(config-if-GigabitEthernet 0/0)#interface gigabitEthernet 0/1
PLK-HX-RSR20-02(config-if-GigabitEthernet 0/1)#no switchport
PLK-HX-RSR20-02(config-if-GigabitEthernet 0/1)#ip address 10.1.1.1 30
```

PLK-HJ-S5310-02

```
PLK-HJ-S5310-02(config)#interface gigabitEthernet 0/0
PLK-HJ-S5310-02(config-if-GigabitEthernet 0/0)#no switchport
PLK-HJ-S5310-02(config-if-GigabitEthernet 0/0)#ip address 10.1.1.2 30
PLK-HJ-S5310-02(config-if-GigabitEthernet 0/0)#exit
PLK-HJ-S5310-02(config)#vlan 10
PLK-HJ-S5310-02(config-vlan)#vlan 20
PLK-HJ-S5310-02(config-vlan)#vlan 30
PLK-HJ-S5310-02(config-vlan)#vlan 100
PLK-HJ-S5310-02(config-vlan)#exit
PLK-HJ-S5310-02(config)#interface gigabitEthernet 0/1
PLK-HJ-S5310-02(config-if-GigabitEthernet 0/1)#switchport access vlan 10
PLK-HJ-S5310-02(config-if-GigabitEthernet 0/1)#exit
PLK-HJ-S5310-02(config)#interface gigabitEthernet 0/2
PLK-HJ-S5310-02(config-if-GigabitEthernet 0/2)#switchport access vlan 20
PLK-HJ-S5310-02(config-if-GigabitEthernet 0/2)#exit
PLK-HJ-S5310-02(config)#interface gigabitEthernet 0/3
PLK-HJ-S5310-02(config-if-GigabitEthernet 0/3)#switchport access vlan 30
PLK-HJ-S5310-02(config-if-GigabitEthernet 0/3)#exit
PLK-HJ-S5310-02(config)#interface gigabitEthernet 0/4
PLK-HJ-S5310-02(config-if-GigabitEthernet 0/4)#switchport access vlan 100
```

```
PLK- HJ- S5310- 02(config- if- GigabitEthernet 0/4)#exit
PLK- HJ- S5310- 02(config)#interface vlan 10
PLK- HJ- S5310- 02(config- if- VLAN 10)#ip address 192. 168. 1. 254 24
PLK- HJ- S5310- 02(config- if- VLAN 10)#interface vlan 20
PLK- HJ- S5310- 02(config- if- VLAN 20)#ip address 192. 168. 2. 254 24
PLK- HJ- S5310- 02(config- if- VLAN 20)#interface vlan 30
PLK- HJ- S5310- 02(config- if- VLAN 30)#ip address 192. 168. 3. 254 24
PLK- HJ- S5310- 02(config- if- VLAN 30)#interface vlan 100
PLK- HJ- S5310- 02(config- if- VLAN 100)#ip address 192. 168. 100. 254 24
```

8.3.4 静态路由配置

本步骤为配置静态路由，使各个网段互联互通。

PLK-HX-RSR20-02

```
PLK- HX- RSR20- 02(config)#ip route 0. 0. 0. 0 0. 0. 0. 0 110. 166. 73. 9          //配置到 ISP 运营商的默认路由
PLK- HX- RSR20- 02(config)#ip route 192. 168. 1. 0 255. 255. 255. 0 10. 1. 1. 2    //配置到研发部的回程路由
PLK- HX- RSR20- 02(config)#ip route 192. 168. 2. 0 255. 255. 255. 0 10. 1. 1. 2    //配置到财务部的回程路由
PLK- HX- RSR20- 02(config)#ip route 192. 168. 3. 0 255. 255. 255. 0 10. 1. 1. 2    //配置到销售部的回程路由
PLK- HX- RSR20- 02(config)#ip route 192. 168. 100. 0 255. 255. 255. 0 10. 1. 1. 2  //配置到 ERP 服务器的回程路由
```

PLK-HJ-S5310-02

```
PLK- HJ- S5310- 02(config)#ip route 0. 0. 0. 0 0. 0. 0. 0 10. 1. 1. 1             //配置到区域 2 出口路由器的默认路由
```

8.3.5 配置静态 NAT

PLK 公司的 ERP 服务器要对外提供服务，要使外网的客户能够正常访问公司的 ERP 系统来实时查看订单信息，必须将服务器地址和端口号映射至公网，此时需要采用静态 NAT 进行实现，建立地址之间的永久性映射。注意，这里必须是永久性映射，否则外网客户有可能无法访问 ERP 系统。本步骤是为 ERP 服务器配置静态 NAT。

```
PLK- HX- RSR20- 02(config)#interface gigabitethernet0/0                           //进入接口
PLK- HX- RSR20- 02(config if- GigabitEthernet 0/0)#ip nat outside                 //配置外网口
PLK- HX- RSR20- 02(config)#interface gigabitethernet0/1                           //进入接口
PLK- HX- RSR20- 02(config if- GigabitEthernet 0/1)#ip nat Inside                  //配置内网口
PLK- HX- RSR20- 02(config)#ip nat inside source static tcp
192. 168. 100. 1 65500 110. 166. 73. 10 65500 permit- inside                      //配置 ERP 服务器的静态 NAT
```

说明：ERP 服务器系统使用端口号为 65500。

8.3.6 任务验证

本步骤使用 show ip nat translations 命令在出口路由器 PLK-HX-RSR20-02 查看 NAT 会话，以及远端访问 ERP 系统，如图 8-13 所示为 NAT 会话，图 8-14 所示为远端访问 ERP

系统的结果。

```
PLK-HX-RSR20-02(config)#  show ip nat translations
Pro Inside global        Inside local        Outside local       Outside global
tcp 110.166.73.10:65500  192.168.100.1:65500 110.166.73.9:55810  110.166.73.9:55810
tcp 110.166.73.10:65500  192.168.100.1:65500 110.166.73.9:55811  110.166.73.9:55811
```

图 8-13　NAT 会话

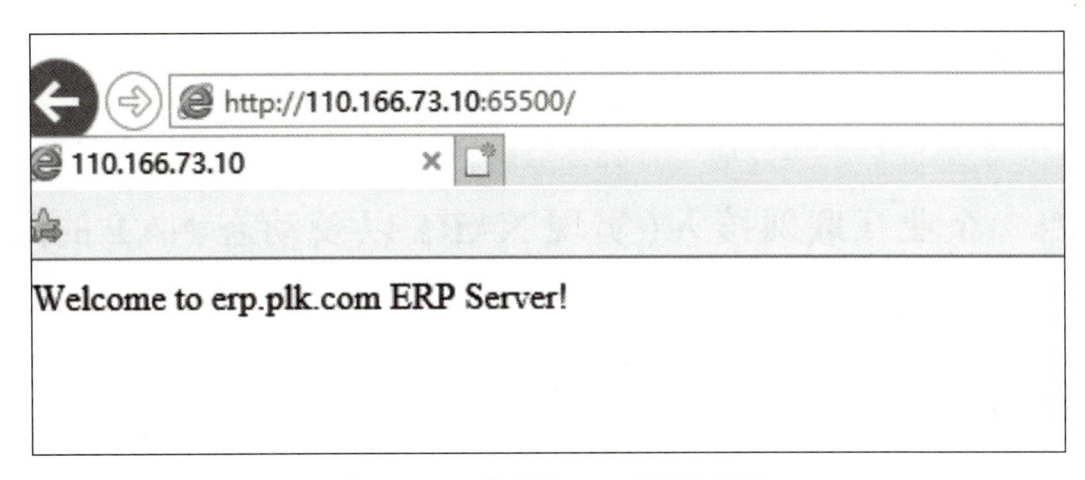

图 8-14　远端访问 ERP 系统的结果

8.3.7　常见问题

出入接口未配置 NAT。

回程路由未配置，导致业务路由不通。

出口路由器 NAT 映射配置有误，导致没有会话产生。

练习与思考

1. 内部 LAN 中的用户无法连接到 WWW 服务器。网络管理员 ping 该服务器并确认 NAT 工作正常。管理员接下来应该从哪个 OSI 层开始排除故障？（　　）

　　A. 物理层　　　　B. 数据链路层　　　C. 网络层　　　　D. 应用层

2. 某公司使用 NAT 服务器接入 Internet，假设其内部 PC 的 IP 地址为 192.168.0.*，ISP 提供的地址为 210.21.122.241，则下面说法中，正确的是（　　）。

　　A. 所有 192.168.0.* 的地址都映射为 210.21.122.241

　　B. 所有 PC 分时段映射为 210.21.122.241

　　C. 需要更多的 ISP 提供的公网 IP 地址，以保证每台机器都有一个公网 IP 地址

　　D. 需要一台 ICS 服务器

3. 下列设备中，不支持 NAT 的是（　　）。

A. 路由器 B. 防火墙
C. 双网卡的 Windows 主机 D. 二层交换机

4. 在使用静态 NAPT 实现内部主机某端口开放给互联网用户时，内部主机的端口号与公网开放的端口号必须一致，否则将导致用户无法访问该端口对应的服务。这种说法是（　　）。

A. 正确的 B. 错误的

5. 你是否还有其他的方案实现同样的效果？

模块四　企业互联网接入（实现 NAPT 以及动态 NAT 的配置）

学习目标

完成区域 2 网络的 VLAN 与地址规划。

使用 NAT 技术（NAPT 以及动态 NAT）完成区域 2 的网络调测。

知识学习

8.4.1　网络规划

在本项目的区域 2 中需要为每个部门配置 VLAN 隔离，并配置 NAPT 以及动态 NAT 给区域 2 内网提供互联网接入服务，所以需要配置相应的 VLAN 将接口隔离，最终任务可以分为主机命名、VLAN 规划、接口规划和地址规划 4 个部分。

1. 主机命名

设备命名规划表如表 8-1 所示，此处不再赘述。

2. VLAN 规划

VLAN 规划表如表 8-2 所示，此处不再赘述。

提问：将研发部的 VLAN ID 设置成 20 或者 30，网络是否会出现故障？为什么？

3. 接口规划

接口互连规划表如表 8-3 所示，此处不再赘述。

4. 地址规划

设备互连地址规划表如表 8-4 所示，此处不再赘述。

网络地址规划表如表 8-5 所示，此处不再赘述。

8.4.2 网络拓扑

完成规划后得到最终拓扑图,如图 8-12 所示。

8.4.3 基础配置

1. 配置设备基础信息

配置设备的基础信息,包括设备名称和接口描述等,以下是 PLK-HX-RSR20-02 的配置。

```
Ruijie(config)#hostname PLK-HX-RSR20-02
PLK-HX-RSR20-02(config)#interface gigabitEthernet 0/0
PLK-HX-RSR20-02(config-if-GigabitEthernet 0/0)#description Con_To_ISP
PLK-HX-RSR20-02(config-if-GigabitEthernet 0/0)#interface gigabitEthernet 0/1
PLK-HX-RSR20-02(config-if-GigabitEthernet 0/1)#description Con_To_PLK-HJ-S5310-02_Gi0/0
PLK-HX-RSR20-02(config-if-GigabitEthernet 0/1)#exit
```

2. 配置接口信息

本步骤为配置设备的接口地址、声明规划的 VLAN、将接口划分至对应的 VLAN 中。这里分别为两台设备配置相应内容。

PLK-HX-RSR20-02

```
PLK-HX-RSR20-02(config)#interface gigabitEthernet 0/0
PLK-HX-RSR20-02(config-if-GigabitEthernet 0/0)#no switchport
PLK-HX-RSR20-02(config-if-GigabitEthernet 0/0)#ip address 110.166.73.10 29
PLK-HX-RSR20-02(config-if-GigabitEthernet 0/0)#interface gigabitEthernet 0/1
PLK-HX-RSR20-02(config-if-GigabitEthernet 0/1)#no switchport
PLK-HX-RSR20-02(config-if-GigabitEthernet 0/1)#ip address 10.1.1.1 30
```

PLK-HJ-S5310-02

```
PLK-HJ-S5310-02(config)#interface gigabitEthernet 0/0
PLK-HJ-S5310-02(config-if-GigabitEthernet 0/0)#no switchport
PLK-HJ-S5310-02(config-if-GigabitEthernet 0/0)#ip address 10.1.1.2 30
PLK-HJ-S5310-02(config-if-GigabitEthernet 0/0)#exit
PLK-HJ-S5310-02(config)#vlan 10
PLK-HJ-S5310-02(config-vlan)#vlan 20
PLK-HJ-S5310-02(config-vlan)#vlan 30
PLK-HJ-S5310-02(config-vlan)#vlan 100
PLK-HJ-S5310-02(config-vlan)#exit
PLK-HJ-S5310-02(config)#interface gigabitEthernet 0/1
PLK-HJ-S5310-02(config-if-GigabitEthernet 0/1)#switchport access vlan 10
PLK-HJ-S5310-02(config-if-GigabitEthernet 0/1)#exit
PLK-HJ-S5310-02(config)#interface gigabitEthernet 0/2
PLK-HJ-S5310-02(config-if-GigabitEthernet 0/2)#switchport access vlan 20
PLK-HJ-S5310-02(config-if-GigabitEthernet 0/2)#exit
```

```
PLK-HJ-S5310-02(config)#interface gigabitEthernet 0/3
PLK-HJ-S5310-02(config-if-GigabitEthernet 0/3)#switchport access vlan 30
PLK-HJ-S5310-02(config-if-GigabitEthernet 0/3)#exit
PLK-HJ-S5310-02(config)#interface gigabitEthernet 0/4
PLK-HJ-S5310-02(config-if-GigabitEthernet 0/4)#switchport access vlan 100
PLK-HJ-S5310-02(config-if-GigabitEthernet 0/4)#exit
PLK-HJ-S5310-02(config)#interface vlan 10
PLK-HJ-S5310-02(config-if-VLAN 10)#ip address 192.168.1.254 24
PLK-HJ-S5310-02(config-if-VLAN 10)#interface vlan 20
PLK-HJ-S5310-02(config-if-VLAN 20)#ip address 192.168.2.254 24
PLK-HJ-S5310-02(config-if-VLAN 20)#interface vlan 30
PLK-HJ-S5310-02(config-if-VLAN 30)#ip address 192.168.3.254 24
PLK-HJ-S5310-02(config-if-VLAN 30)#interface vlan 100
PLK-HJ-S5310-02(config-if-VLAN 100)#ip address 192.168.100.254 24
```

8.4.4 静态路由配置

本步骤为配置静态路由，使各个网段互联互通。

PLK-HX-RSR20-02

```
PLK-HX-RSR20-02(config)#ip route 0.0.0.0 0.0.0.0 110.166.73.9            //配置到ISP运营商的默认路由
PLK-HX-RSR20-02(config)#ip route 192.168.1.0 255.255.255.0 10.1.1.2      //配置到研发部的回程路由
PLK-HX-RSR20-02(config)#ip route 192.168.2.0 255.255.255.0 10.1.1.2      //配置到财务部的回程路由
PLK-HX-RSR20-02(config)#ip route 192.168.3.0 255.255.255.0 10.1.1.2      //配置到销售部的回程路由
PLK-HX-RSR20-02(config)#ip route 192.168.100.0 255.255.255.0 10.1.1.2    //配置到ERP服务器的回程路由
```

PLK-HJ-S5310-02

```
PLK-HJ-S5310-02(config)#ip route 0.0.0.0 0.0.0.0 10.1.1.1                //配置到区域2出口路由器的默认路由
```

8.4.5 配置静态 NAT

PLK公司的区域2内网环境需要接入互联网，因此需对区域2的3个部门配置NAPT及动态NAT，使其能够接入互联网访问公网，以下是在区域2出口路由器配置NAPT及动态NAT。

```
PLK-HX-RSR20-02(config)#interface gigabitethernet0/0                     //进入接口
PLK-HX-RSR20-02(config if-GigabitEthernet 0/0)#ip nat outside            //配置外网口
PLK-HX-RSR20-02(config)#interface gigabitethernet0/1                     //进入接口
PLK-HX-RSR20-02(config if-GigabitEthernet 0/1)#ip nat Inside             //配置内网口
PLK-HX-RSR20-02(config)#ip access-list extended 2000                     //配置ERP服务器的静态NAT
PLK-HX-RSR20-02 (config-ext-nacl)#permit ip 192.168.1.0 0.0.0.255 any    //允许研发部
PLK-HX-RSR20-02 (config-ext-nacl)#permit ip 192.168.2.0 0.0.0.255 any    //允许财务部
PLK-HX-RSR20-02 (config-ext-nacl)#permit ip 192.168.3.0 0.0.0.255 any    //允许销售部
PLK-HX-RSR20-02 (config-ext-nacl)#deny ip any any                        //拒绝其他
PLK-HX-RSR20-02(config)#ip nat pool NAT netmask 255.255.255.248          //创建NAT地址池
PLK-HX-RSR20-02(config)#address 110.166.73.10 110.166.73.11
match interface gigabitethernet 0/0                                      //匹配出接口
PLK-HX-RSR20-02(config)#ip nat Inside source list 2000 pool NAT overload //配置NAPT
```

8.4.6 任务验证

本步骤使用 show ip nat translations 命令在出口路由器 PLK-HX-RSR20-02 查看 NAPT 会话，如图 8-15 所示。

```
PLK-HX-RSR20-02(config)#show ip nat translations
Pro  Inside global         Inside local         Outside local        Outside global
tcp  110.166.73.11:57852   192.168.1.3:57852    222.88.88.88:53      222.88.88.88:53
udp  110.166.73.11:52468   192.168.1.3:52468    222.88.88.88:53      222.88.88.88:53
udp  110.166.73.11:56739   192.168.1.3:56739    114.114.114.114:53   114.114.114.114:53
udp  110.166.73.11:56739   192.168.1.3:56739    222.88.88.88:53      222.88.88.88:53
udp  110.166.73.11:58831   192.168.1.3:58831    114.114.114.114:53   114.114.114.114:53
udp  110.166.73.11:64501   192.168.1.3:64501    222.88.88.88:53      222.88.88.88:53
udp  110.166.73.11:64501   192.168.1.3:64501    114.114.114.114:53   114.114.114.114:53
udp  110.166.73.11:52468   192.168.1.3:52468    114.114.114.114:53   114.114.114.114:53
udp  110.166.73.11:56365   192.168.1.3:56365    222.88.88.88:53      222.88.88.88:53
udp  110.166.73.11:58831   192.168.1.3:58831    222.88.88.88:53      222.88.88.88:53
udp  110.166.73.11:56365   192.168.1.3:56365    114.114.114.114:53   114.114.114.114:53
```

图 8-15　NAT 会话

8.4.7 常见问题

出入接口未配置 NAT。

回程路由未配置，导致业务路由不通。

出口路由器 NAT 映射配置有误，导致没有会话产生。

练习与思考

1. 在启用 PAT 的锐捷路由器上查看 PAT 转换条目的命令是(　　)。

A. show ip nat translations

B. show ip nat statistics

C. show ip nat convert

D. show ip nat table

2. 通过域名解析来实现的负载均衡技术是(　　)。

A. 基于特定服务器软件的负载均衡

B. 基于 DNS 的负载均衡

C. 反向代理负载均衡

D. 基于 NAT 的负载均衡技术

3. 由于所有源自内部的数据包都会被连接 Internet 的 NAT 设备将源地址转换为合法的公网 IP 地址，因此内部网络的编址即使不遵循 RFC1918，用户上网也不会出现任何问题。这种说法是(　　)。

A. 正确的 B. 错误的 C. 无法判断的

4. NAT 配置中如果在定义地址映射的语句中含有 overload，则表示（　　）。

A. 配置需要重启才能生效 B. 启用 NAPT

C. 启用动态 NAT D. 无意义

5. 你是否还有其他的方案实现同样的效果？

项目九

构建无线局域网

项目描述

杭州 DY 公司为新开发的楼盘新建了一个专用的售楼中心，该售楼中心有两层，一层为大厅，区域占地面积为 350 平方米，二层为办公区域，区域占地面积为 300 平方米。该公司希望通过在售楼中心两层搭建高质量的无线网络环境，为前来咨询或购房的客户以及办公人员提供便捷的网络服务，提升客户的体验感。现场规划图如图 9-1 所示。

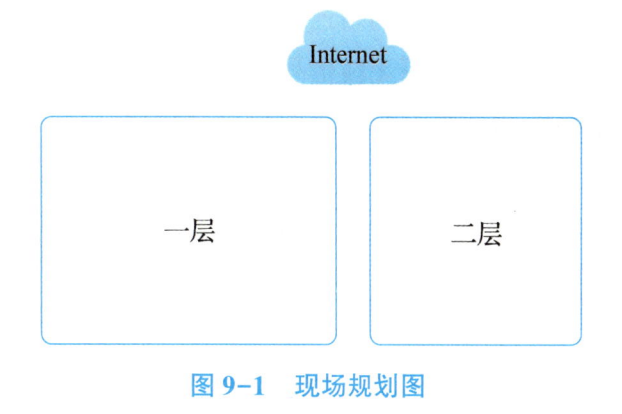

图 9-1 现场规划图

项目目标

能够复述无线网络的特点，知道常见的无线部署模式。

根据对本章所学的无线知识，能针对项目使用两种无线部署方式，完成网络基础信息以及无线网络的规划。

模块一　无线网络特点及应用场景

学习目标

了解无线网络的特点。
了解无线网络技术的应用场景。

知识学习

9.1.1　无线网络技术

无线局域网（Wireless Local Area Network，WLAN）是一种基于无线通信技术的局域网，它是计算机网络和无线通信技术相结合的产物，它利用射频（Radio Frequency，RF）技术弥补传统的有线网络连接不足，无线局域网利用电磁波在空气中发送和接收数据，而无须线缆介质。它使用无线信号传输数据，取代了传统有线网络中的网线连接，在网络的接入层实现智能移动终端接入本地的局域网络。

无线网络技术有很多种，如表 9-1 所示，有蓝牙、WiFi、HyperLAN2 等。其中，Wi-Fi 技术由于其实现相对简单、通信可靠、灵活性高和实现成本相对较低等特点，成为 WLAN 的主流技术标准。

表 9-1　无线局域网种类

	PAN	WLAN	WMAN	WWAN
协议标准	Bluetooth	WiFi	WiFi WiMAX16.e	GSM，GPRS，CDMA，1xRTT，3G/HSDPA
传输速率	<1Mbit/s	802.11a/b/g：11 to 54 Mbit/s 802.11n：300Mbp	11 to 54 Mbit/s WiMAX 16.e：15Mbit/s	10Kbit/s~2Mbit/s HSDPA：14Mbit/s
覆盖范围	Short	100m	100~5000m	Very Long
应用模型	设备对设备对等网络	企业、校园网络	宽带接入	移动电话、蜂窝数据

由于无线电波不要求建立物理的连接通道，无线信号是发散的，从理论上讲，很容易监

听到无线电波广播范围内的任何信号,造成通信信息泄漏。为了防止这种安全威胁,设计了对应的安全防护措施,如链路认证和用户接入认证、数据加密等。

无线局域网的特点包括无线性、灵活性、便携性和扩展性等,其中,"无线"描述了网络连接的方式,这种连接方式省去了有线网络中的传输线缆,利用电磁波技术实现信息传输;"局域网"定义了网络的应用范围,可以是一个房间、一个建筑物内,也可以是一个校园或者大致几千米区域。

9.1.2 无线网络的发展

说到无线网络的发展,离不开协议的制定,这里列出一些 WLAN 相关组织和标准。

1. Wi-Fi 联盟

非牟利的国际协会成立于 1999 年,拥有 Wi-Fi 的商标。它负责 Wi-Fi 认证与商标授权的工作,总部位于美国德州奥斯汀(Austin),它旨在认证基于 IEEE 802.11 产品的互操作性和推动其新标准的制定,提出 802.11i(安全)中的 WPA、802.11e(QoS)中的 WMM。

2. IETF

互联网工程任务组,是一个松散的、自律的、志愿的民间学术组织,其主要任务是负责互联网相关技术规范的研发和制定。

3. CAPWAP

IETF 中目前有关于无线控制器与 FIT AP 间控制和管理标准化的工作组提出的重要标准有 Architecture Taxonomy for CAPWAP 与 LWAPP,用于无线控制器与 FIT AP 间的管理和控制。

4. WAPI 联盟

制定并推广中国无线网络产品国标中的安全机制标准 WAPI,其包括无线局域网鉴别(WAI)和保密基础结构(WPI)两部分。

5. IEEE

美国电气与电子工程师学会,自 1997 年以来先后公告 802.11、802.11b、802.11a、802.11g 等多个 802.11 协议相关标准,如图 9-2 所示。

图 9-2 WLAN 相关组织

在技术的定义阶段,IEEE 802.11 系列协议族在与 HomeRF、Bluetooth 以及 HiperLAN2

协议标准的局域网之争中脱颖而出，主要归功于其高度的灵活性、可靠性和兼容性，而 IEEE 802.11 就是由 IEEE 负责指定的一种无线局域网标准，它由 IEEE 802 标准委员会制定，主要解决局域网中用户无线接入问题。IEEE 802.11 协议族有以下优点。

（1）灵活性：IEEE 802.11 协议族提供了多种传输速率和频段选择，能够适应不同环境和应用需求。

（2）可靠性：IEEE 802.11 协议族的设计考虑了无线通信的特性，包括干扰、信号衰减等问题，采用了多种技术如分频复用、空分复用、多输入多输出（MIMO）等来提高信号质量和数据传输速率。

（3）兼容性：IEEE 802.11 协议族的各个版本之间具有良好的向后兼容性，这使得新的设备可以无缝地加入现有的网络中。

（4）产业支持：IEEE 802.11 协议族得到了广泛的产业支持，包括硬件制造商、软件开发商和服务提供商等，形成了一个庞大的技术生态系统。

相比之下，HomeRF、Bluetooth 和 HiperLAN2 等其他无线局域网标准在某些方面可能没有达到与 IEEE 802.11 相当的性能。例如，HomeRF 的数据传输速率较低，Bluetooth 主要针对短距离低功耗的设备间通信，而 HiperLAN2 虽然提供了较高的数据传输速率，但并未得到广泛的产业支持，因此，IEEE 802.11 系列协议族在无线局域网技术的竞争中脱颖而出，成为当前最主流的无线局域网标准。

9.1.3 无线局域网的优点

如图 9-3 所示的多种无线技术应用场景，显示了 WLAN、有线窄带 Modem、有线宽带 ADSL/LAN 以及无线 3G 等接入方式在无线化和宽带化两个方向的对比。

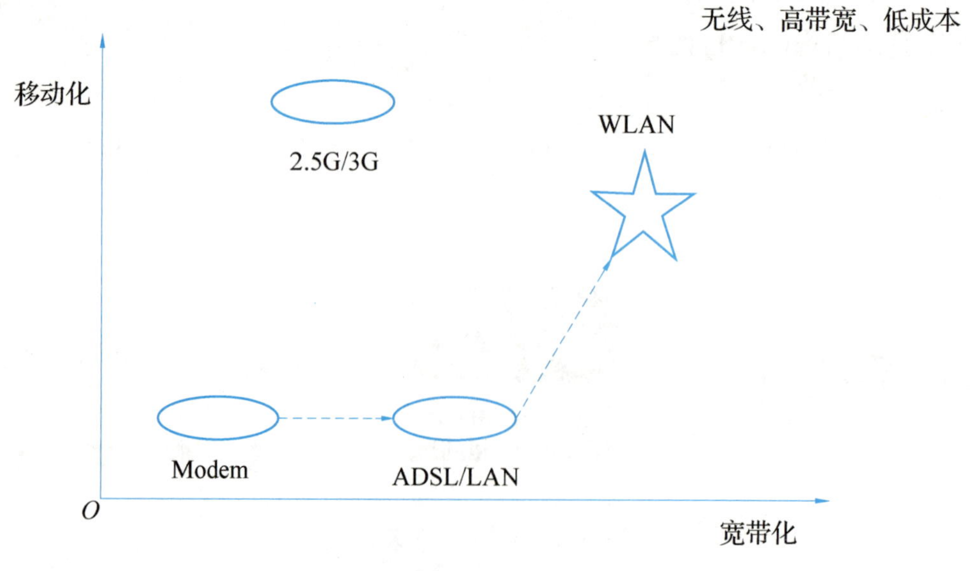

图 9-3 多种无线技术应用场景比较

相比 ADSL、LAN 等有线的方式，WLAN 能提供高带宽、无线接入功能，帮助用户摆脱线缆束缚。相比 GPRS、CDMA1x 等无线宽带接入成本，WLAN 可提供 1Gbit/s 或更高的速率，且价格低廉。

WLAN 利用电磁波在空气中发送和接收数据，成本低。与有线网络接入部分相比，WLAN 具有以下优点：

（1）移动性。

在有线网络中接入网络设备的组网受网络位置的限制；而无线局域网中，在无线信号覆盖区域内的任何位置都可以接入网络。无线局域网最大的优点在于其移动性，连接到 WLAN 的用户可以在移动中方便快捷地接入网络。

（2）安装便捷。

WLAN 的安装简单，不需要烦琐布线，可以免去或最大程度地减少网络布线的工作量，一般只要安装一台或多台接入点设备，就可建立覆盖整个区域的 WLAN 局域网。

（3）易于进行网络规划和调整。

对于有线网络来说，办公地点或网络拓扑的改变通常意味着重新建网。重新布线是一个昂贵、费时、浪费和琐碎的过程，无线局域网可以避免或减少以上情况的发生。

（4）易于扩展。

利用 WLAN 技术，可以迅速构建一个小型、临时性的群组网络供会议或办公使用，WLAN 的扩充十分方便，增加一台无线接入设备，即可扩展无线覆盖范围，用户端不再需要到处布线、组网。

9.1.4 无线局域网的缺点

无线局域网在能够给网络用户带来便捷和实用的同时，也存在着一些缺陷。无线局域网的不足之处体现在以下几个方面：

（1）无线局域网是依靠无线电波进行传输，这些电波通过无线发射装置进行发射，而建筑物、车辆、树木和其他障碍物都可能阻碍电磁波的传输，会影响网络的性能。

（2）无线信道的传输速率与有线信道相比要低得多，无线局域网的最大传输速率为 1Gbit/s，只适合于个人终端和小规模网络应应用，不适合汇聚和核心。

（3）无线信号发散传播。理论上，无线信号覆盖范围内都很容易监听到无线电波广播范围内的任何信号，造成通信信息的泄露。

9.1.5 无线网络的应用场景

无线技术给人们带来的影响规模空前，全球范围内的无线用户数量目前已经超过数十亿，WLAN 技术被广泛应用于各种场景，如图 9-4 所示。

（1）家庭和办公场所：无线网络使得在家庭和办公场所中无须布线即可连接多台设备，方便用户共享网络资源和进行在线工作。

（2）公共场所：许多公共场所，如咖啡店、图书馆、机场和酒店等，提供无线网络接入，方便人们随时上网。

（3）移动设备：智能手机、平板电脑和笔记本电脑等移动设备通常通过无线网络连接到互联网，以实现随时随地的通信、娱乐和信息获取。

（4）物联网：无线网络是连接物联网设备的重要手段，如智能家居、智能穿戴设备和智能城市应用等。

（5）教育领域：学校和教育机构利用无线网络为学生和教师提供在线学习资源和教学工具。

（6）医疗行业：无线网络在医疗机构中用于电子病历管理、医疗设备连接和远程医疗等应用。

（7）工业和制造业：无线网络用于工业自动化、物流管理和生产监控等领域，提高生产效率和灵活性。

（8）智能交通：无线网络支持智能交通系统，如车辆通信、交通信号灯控制和导航服务等。

（9）无线城市：一些城市正在建设无线网络覆盖区域，提供免费或付费的无线网络服务，以促进数字包容和城市发展。

写字楼

咖啡厅

侯机厅

风景区

图 9-4　广泛应用的 WLAN 技术场景

这些只是无线网络的一些常见应用场景，随着技术的不断发展，无线网络的应用范围还在不断扩大。

拓展延伸

Wi-Fi 是 Wi-F 联盟制造商的商标，可作为产品的品牌认证，是一个创建于 IEEE 802.11 标准的无线局域网络（WLAN）设备。基于两套系统的密切相关，也常有人把 Wi-Fi 当作 IEEE 802.11 标准的同意词术语。

并不是每样符合 IEEE 802.11 的产品都申请 Wi-Fi 联盟的认证，相对的缺少 Wi-Fi 认证的产品并不一定意味着不兼容 Wi--Fi 设备。

IEEE 802.11 设备已安装在市面上的许多产品中，如个人电脑、游戏机、MP3 播放器、智能电话、打印机以及其他周边设备。

Wi-Fi 联盟成立于 1999 年，当时的名称叫作 Wireless Ethernet Compatibility Alliance（WECA）。在 2002 年 10 月，正式改名为 Wi-Fi Alliance。

练习与思考

1. 无线网络应用场景有（　　）。（多选）

   A. 候机厅　　　　　　　　　　B. 风景区
   C. 咖啡厅　　　　　　　　　　D. 学校

2. 无线网络的优点是（　　）。（多选）

   A. 移动性　　　　　　　　　　B. 易于进行网络规划和调整
   C. 安装便捷　　　　　　　　　D. 易于扩展

3. 无线局域网 WLAN 与有线局域网 LAN 相比有哪些优势？

模块二　无线射频技术及协议标准

学习目标

了解无线射频技术。
了解无线网络中应用的主要协议。

知识学习

9.2.1 无线射频技术

1. 射频(RF)

电流流过导体,导体周围会形成磁场;交变电流通过导体,导体周围会形成交变的电磁场,称为电磁波。在电磁波频率低于 100 kHz 时,电磁波会被地表吸收,不能形成有效传输;但电磁波频率高于 100 kHz 时,电磁波可以在空气中传播,并经大气层外缘的电离层反射,形成远距离传输能力。把具有远距离传输能力的高频电磁波称为射频电流,是高频交流变化电磁波的简称。

通常把每秒变化小于 1 000 次的交流电称为低频电流,大于 10 000 次的称为高频电流。而射频就是一种高频电流,是对高频交流变化电磁波的统称。微波频段是射频中的较高频段,如图 9-5 所示。

射频表示可以辐射到大气空间的电磁频率,频率范围为 300 kHz~300 GHz。在射频通信中,一台设备发送振动信号,并由一台或多台设备接收,这种振动信号基于一个常数,称为频率。发送方使用固定的频率,接收方调到相同的频率,以便接收该信号。

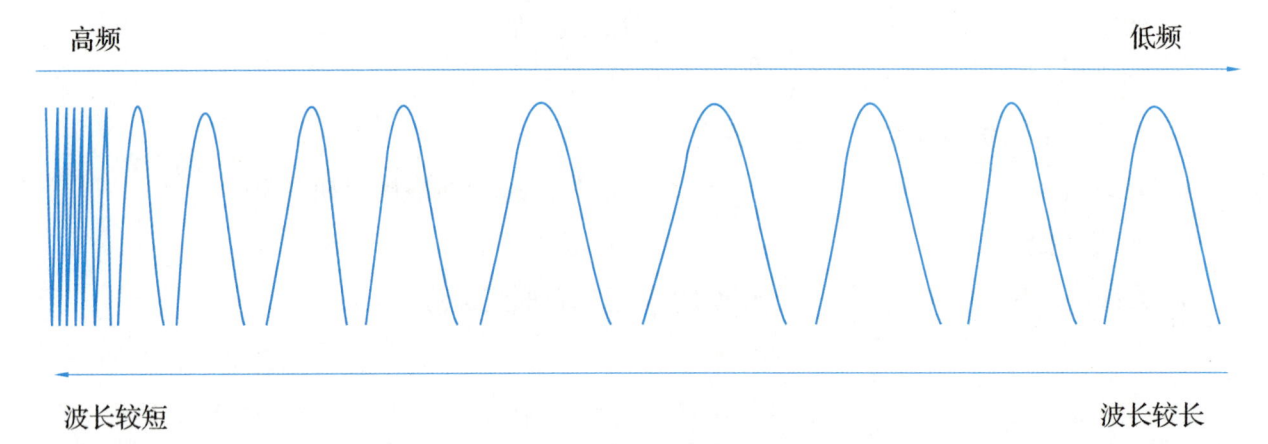

高频　　　　　　　　　　　　　　　　　　　　　　　　　　　低频

波长较短　　　　　　　　　　　　　　　　　　　　　　　　　波长较长

图 9-5　微波频段划分和应用

2. 射频传输组件

射频在传输的过程中使用多种组件传输和接收射频信号。

(1) 发射机。

发射机是无线通信媒介中的初始组件,计算机将数据信号传递给发射机后,发射机随即开始射频通信。发射机把收到的数据生成交流电流信号,该交流信号决定了传输频率。其中,每秒钟振荡的次数就是电磁波的频率。

发射机把要传输的数据信息通过调制技术进行交流信号调制,将数据在信号中进行编码。这个被调制的交流信号，作为载波信号容纳需要发送的数据。载波信号随即被直接或通过馈线发送给天线。

发射机除生成特定频率的信号，还决定原始传输振幅，即发射机的功率等级。无线电波的振幅越高，能量就越强，传送也越远。发射机允许的功率等级由所在国家的监管部门规定，如美国的联邦通信委员会(FCC)。

(2) 天线。

天线在通信系统中提供两种功能：当天线连接在发射机上时，天线收集从发射机传来的交流信号，根据天线类型按特定的模式将射频波发射出去。当天线连接接收机时，天线把接收的射频电波转换为交流信号后再发给接收机，接收机再将交流信号转换成比特和字节。

(3) 接收机。

接收机是无线通信媒介中的最后一个组件。接收机从天线接收载波信号，并把信号调制成 1 和 0，再把这些数据信号传输给计算机处理。

接收机接收的信号因为受距离和自由空间路径损耗(FSPL)的影响，要比发送时的信号减弱很多，且信号也经常受到其他射频源的干扰和多径效应的干扰。

(4) 主动辐射器(IR)。

根据美国联邦法规，对主动辐射器定义为：主动生成并通过辐射或感应的方式发射射频能量的设备。这是专门用来产生射频信号的组件，虽说有些设备自身也会产生射频信号，但通常只能作为其主要功能的副功能。

主动辐射器包括从发射机到天线之间的所有组件，如电缆、连接器及其他设备(接地装置、避雷器、放大器、衰减器等，但不包括天线)。

9.2.2 无线协议标准

IEEE 802.11 协议簇是国际电工电子工程师学会 IEEE 组组织，为无线局域网制定的标准，规范了无线局域网中的一系列通信标准和规则。

(1) IEEE 802.11 标准。

为满足人们对 WLAN 日益增长的需求，20 世纪 90 年代初，IEEE 组织成立专门 WLAN 标准工作组，在 1997 年 6 月推出第一代 WLAN 协议 IEEE 802.11。

IEEE 802.11 是 IEEE 制定的第一个无线局域网标准，工作在 2.4G 频段，主要解决办公网中无线用户终端接入，传输速率最高为 2 Mbit/s。由于在速率和传输距离上都不能满足人们的需要，因此很快被 IEEE 802.11b 标准取代。

(2) IEEE 802.11b 标准。

1999 年 9 月，同样工作在 2.4G 频段的 IEEE 802.11b 被正式批准，该标准是对 IEEE

802.11 标准的修订，通过采用补偿编码键控调制方式，传输速率提升到 11 Mbit/s，传输距离控制在 50~150 m，大大地改善了 WLAN 的应用。

IEEE 802.11b 标准传输速率最高可达 11 Mbit/s，与有线网络中 10Base-T 标准处于同一水平，大大扩大了无线局域网的应用领域。另外 IEEE 802.11b 使用开放的 2.4 GHz 频段，既可作为有线网补充，也可独立组网，使用户摆脱网线的束缚，实现真正意义上的移动应用。

IEEE 802.11b 是早期标准中应用最广的标准，被多数厂商采用，所推出的产品广泛应用于办公室、家庭、宾馆、车站、机场等众多场合。

(3) IEEE 802.11a 标准。

1999 年同期推出的 IEEE 802.11a 标准，也是 IEEE 802.11 标准的修订，并把 WLAN 的工作频段提升到 5.15~5.825 GHz，扩充了 IEEE 802.11 标准的物理层的传输范围。

IEEE 802.11a 标准设计初衷希望取代 IEEE 802.11b 标准，然而，由于工作于 5.15~8.825 GHz 频带需要执照，一些公司仍没有对 IEEE 802.11a 标准的支持。

(4) IEEE 802.11g 标准。

2001 年 11 月，1EEE 802.11g 草案问世，希望开发既能提供 54 Mbit/s 速率，又能向下兼容 IEEE 802.11b 标准，该草案在 2003 年成为正式标准。

(5) IEEE 802.11n 标准。

2002 年，IEEE 802.11 任务组 N(Task Group n) 成立，开始研究目标为 100 Mbit/s 的更快 WLAN 传输技术。但由于小组内专家对相关技术的选择有争议，直到 2009 年 9 月才正式推出 IEEE 802.11n 标准。

在长达 7 年的制定过程中，IEEE 802.11n 传输速率也从最初规划的 100 Mbit/s，最后达到 600 Mbit/s，采用双频工作模式，同时支持 2.4 GHz 和 5 GHz，兼容之前所有标准。

(6) IEEE 802.11ac 标准。

IEEE 802.11n 标准刚刚尘埃落定，IEEE 组织又开始下一代 WLAN 标准 IEEE 802.11ac 的制定。并在 2013 年正式推出 IEEE 802.11ac 标准，该标准工作在 5GHz 频段，兼容 IEEE 802.11n 和 IEEE 802.11a。IEEE 802.11ac 沿用 IEEE 802.11n 技术，并做了多项技术改进，使无线传输速率达到 1.3 Gbit/s。

(7) IEEE 802.11i 标准。

IEEE 802.11i 标准结合 IEEE 802.1x 的用户端口身份验证，通过对 MAC 层修改，定义了更严格的加密格式和认证机制，以改善 WLAN 安全。IEEE 802.11i 标准在 WLAN 网络建设中相当重要，数据的安全性是 WLAN 设备制造商和网络运营商首先考虑的头等工作。

Wi-Fi 联盟也采用 IEEE 802.11i 标准作为 WPA 的第 2 个版本，并于 2004 年初开始实行。IEEE 802.11i 标准包括"Wi-Fi 保护访问"技术和"强健安全网络"(RSN) 两项内容。

IEEE 802.11ac 在 2018 年被 Wi-Fi 联盟改名为 Wi-Fi 5。这是为了方便非专业用户记忆、理解和区分 Wi-Fi 标准。而在之后发布新技术时沿用了这个命名标准，2019 年 IEEE 发布新的 Wi-Fi 标准 IEEE 802.11ax，即 Wi-Fi6。它在 Wi-Fi 5（IEEE 802.11ac）的基础上引入了许多新的技术，拥有高带宽、高并发、低延时、低功耗等特点。

Wi-Fi 7（也称为 IEEE 802.11be）是下一代 Wi-Fi 标准，它在 Wi-Fi 6 的基础上引入了更多的新技术，例如支持更高的带宽，带宽最大支持 320MHz、支持多 AP 的协作、引入多链路操作技术，允许一个设备同时联入多个接入点。Wi-Fi 7 预计能够支持高达 30Gbit/s 的吞吐量，大约是 Wi-Fi 6 的 3 倍。

拓展延伸

IEEE 802.11 有三种类型。

数据帧：负责工作站之间搬运数据，它可能会因为网络环境所处的不同而有所差异，将上层协议的数据置于帧主体加以传递。

控制帧：通常与数据搭配使用，负责区域的清空、信道的取得以及载波监听的维护。

管理帧：负责监督，主要用来加入或退出无线网络以及处理接入点之间关联的转移事宜。

练习与思考

1. 一个学生在自习室使用无线连接到他的试验合作者的笔记本电脑，他使用的是（　　）模式。

　　A. Ad-Hoc　　　　B. 基础结构　　　C. 固定基站　　　D. 漫游

2. WLAN 的通信标准主要采用（　　）标准。

　　A. IEEE 802.2　　　　　　　　　　B. IEEE 802.3

　　C. IEEE 802.11　　　　　　　　　 D. IEEE 802.16

3. WLAN 常用的传输介质为（　　）。

　　A. 载波电流　　　B. 红外线　　　　C. 无线电波　　　D. 激光

4. 在 WLAN 中，下列哪种方式是用于对无线数据进行加密的？（　　）

　　A. SSID 隐藏　　　B. MAC 地址过滤　　C. WEP　　　　D. 802.1X

模块三　胖 AP 与瘦 AP

学习目标

了解胖 AP 与瘦 AP。
了解胖 AP 与瘦 AP 应用场景。

知识学习

9.3.1　FAT AP

在无线办公网中，由于办公网中需要接入的智能终端少，在办公室中放置一台 AP 即可完成无线办公网组建，因此，该台 AP 也称为放装式 AP。

放装式 AP 除承担无线射频信号接入外，还需要实现 WLAN 网络管理、网络优化、DHCP 服务、DNS 服务以及 VPN 接入、无线网络安全管理等安全功能，通常将这种"大而全"的无线接入 AP 设备称为 FAT AP，即胖 AP，或者智能 AP，如图 9-6 所示。

胖 AP 主要应用在家庭、小型商户或 SOHO 办公网场景中的无线信号覆盖，把少量的无线智能终端接入有线网络中，还能实现无线网络路由、无线网络安全防范等功能。如图 9-7 所示的小规模无线网络覆盖的 SOHO 场景中，胖 AP 是不错的选择。

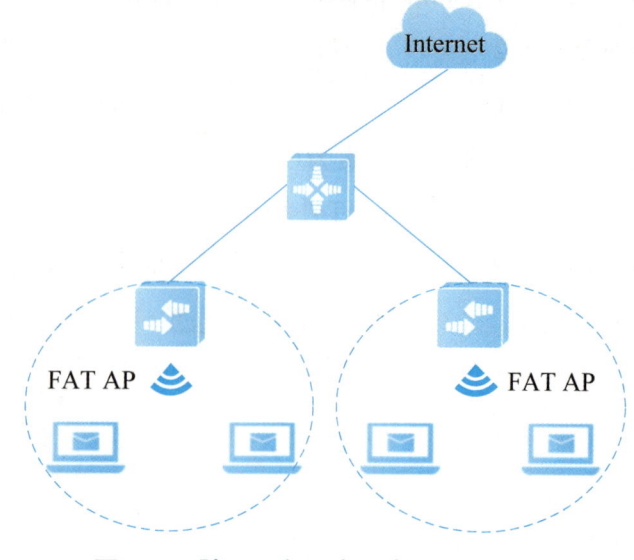

图 9-6　锐捷无线胖 AP 设备　　图 9-7　胖 AP 主要应用在 SOHO 场景

但在大规模无线网络部署，如大型企业网无线应用、行业无线应用以及运营级无线网络，胖 AP 在安装和配置过程中，配置和管理无线网络困难增多，并且 AP 越多，管理费用就越高，因此胖 AP 无法支撑大规模无线网络的部署。

9.3.2 胖 AP 的基础配置

1. AP 上通过全局配置模式下 ap-mode 命令配置

【命令格式】ap-mode{fit | fat[dhcp]}

【参数说明】

fit：切换为瘦 AP 模式。

fat：切换为胖 AP 模式。

dhcp：ap-mode fat 命令若携带该参数，则配置 AP 切换为胖 AP 模式后，AP 缺省。

【缺省配置】无。

【命令模式】AP 的全局配置模式。

【使用指导】在进行胖瘦切换之后，需要重启以保证配置的一致性。

2. 创建 dot11radio 子接口

必须配置，FAT AP 才能提供 WLAN 服务，使用 interface dot11radio 命令可以创建或删除 dot11radio 子接口。若无特殊要求，应在 AP 设备的全局配置模式下配置。

【命令格式】interface dot11radio interface-num

【参数说明】interface-num：指定 dot11radio 子接口编号。

【缺省配置】无。

【命令模式】全局配置模式。

【使用指导】无。

3. 配置 dot11radio 子接口封装的 VLAN

必须配置 dot11radio 子接口封装的 VLAN 属性，FAT AP 才能正常转发数据；否则，可能导致无线用户可以接入，却无法进行正常通信。使用 encapsulation dot1Q 命令可以配置指定 dot11radio 子接口的 VLAN 属性。若无特殊要求，应在 AP 设备的 dot11radio 子接口配置模式下配置。

【命令格式】encapsulation dot1Q vlan-id

【参数说明】vlan-id：指定 VLAN ID，或者 VLAN GROUP ID。

【缺省配置】无。

【命令模式】dot11radio 子接口配置模式。

【使用指导】无。

4. 配置映射到 dot11radio 子接口的 WLAN ID

必须配置，映射到 dot11radio 子接口的 WLAN ID，FAT AP 才能提供 WLAN 服务。使用

broadcast-ssid 命令可以配置是否广播 SSID。

若无特殊要求，应在 AP 设备的 dot11radio 子接口配置模式下配置。

【命令格式】wlan-id wlan-id

【参数说明】wlan-id：指定 WLAN ID。

【缺省配置】无。

【命令模式】dot11radio 子接口配置模式。

【使用指导】无。

9.3.3 FIT AP

FIT AP 俗称瘦 AP，形象地理解为胖 AP 瘦身，即减少 FAT AP 设备上交换、DNS、DHCP 等诸多无线网络管理功能，仅保留无线射频信号的接入，提供有线/无线信号转换、发射功能。

在无线局域网 FIT AP+AC 组网方案中，瘦 AP 仅仅承担无线网络中智能终端设备的射频信号接入，借助无线控制器 AC 实现集中管理，组建 FIT AP+AC 架构的无线组网系统，如图 9-8 所示。

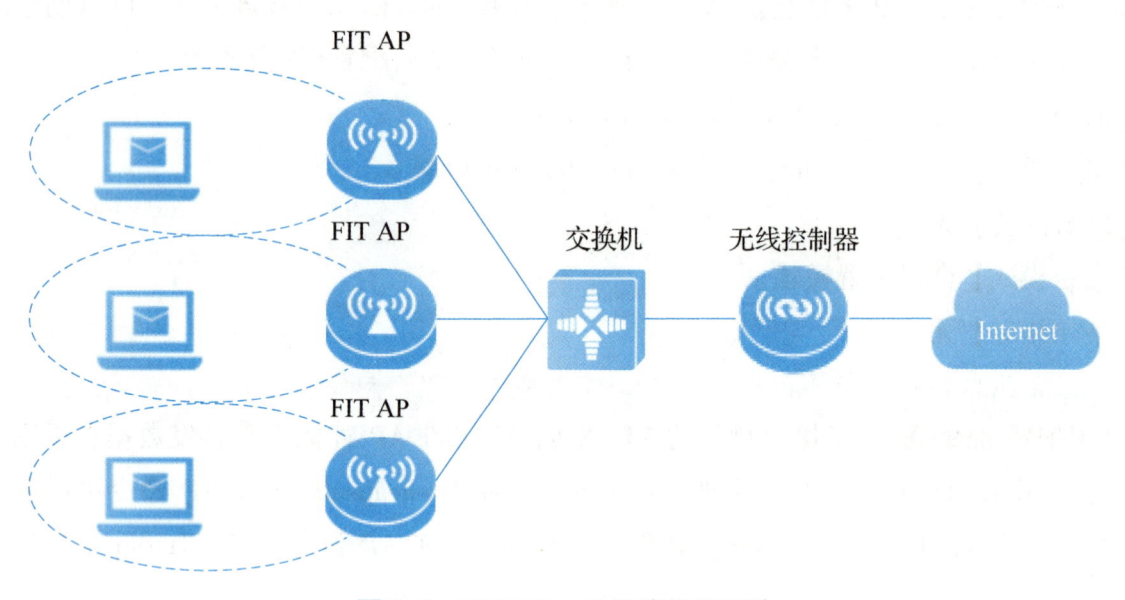

图 9-8 FIT AP+AC 无线组网系统

9.3.4 FIT AP+AC 组网方案

在传统的 WLAN 组网方案中，FAT AP 设备承担了全网的无线认证、无线网络管理、漫游切换、动态密钥产生等诸多功能。安装在 WLAN 无线网络中的每一台 FAT AP 设备，都需要经过复杂的配置才可以实现其无线信号的覆盖功能。

随着无线局域网的组网技术的不断发展，出现了以无线控制器 AC 为中心实现无线集中管理的"FIT AP+AC"的无线局域网组网方案。在该组网方案中，使用 FIT AP 设备进行无线覆盖时，通过无线控制器 AC 进行全网无线的管理和控制，如图 9-9 所示。

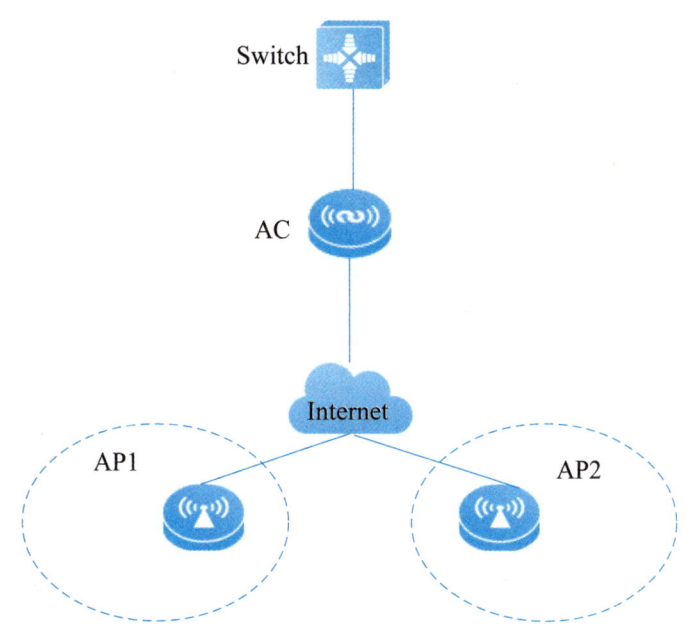

图 9-9 以 AC 为中心的"FIT AP+AC"的无线组网方案

其中，所有 FIT AP 零配置安装，在无线网络中 FIT AP 仅仅负责无线射频信号的发送和接收，承担 IEEE 802.11 数据报文的加密、解密，接受无线控制器 AC 的管理、无线射频信号管理的功能等工作任务。

无线控制器 AC 作为无线局域网络核心设备，完成全网无线信号的集中控制和管理，原先由 FAT AP 设备承载的无线网络认证、无线漫游切换、无线安全管理等无线网络管理业务，都转移到无线控制器 AC 上进行。通过无线控制器 AC 负责整个无线局域网络的接入控制、无线信号转发和无线统计、AP 的配置监控、漫游管理、安全控制等无线网络的组网、安全和管理等任务。

在"FIT AP+AC"的组网方案中，所有 FIT AP 零配置安装，减少了单台 AP 设备的手工配置工作，提高了整网的工作效率。此外，还可以很方便地通过升级 AC 软件版本，实现更丰富的无线网络业务功能。

9.3.5 AC 与 AP 直连模式

直连模式组网是指 FIT AP 和 AC 组网，中间不经过其他节点，如图 9-10 所示是一种非典型的"FIT AP+AC"的 WLAN 部署模式，由于大型无线园区网的组网复杂，因此在生活中很少见，但在 WLAN 教学中，该种模式结构简单，易于了解 FIT AP 和 AC 直连传输过程。

虽然 FIT AP 和 AC 之间直连，但也需要在 FIT AP 和 AC 之间建立 CAPWAP 通信隧道：AC 通过 CAPWAP 隧道对 FIT AP 设备实现集中配置和管理；无线网络中用户发出的业务数据也需要通过 CAPWAP 进行封装且在 FIT AP 与 AC 之间转发(隧道转发模式)，或者由 AP 在本地转发。

由于直连模式组网中 AC 和 AP 之间直连，故多采用本地转发模式实现用户业务数据在 AP 上转发：首先，AC 启动 DHCP Server 功能，给 AP 分配 IP 地址；其次，AP 通过 DHCP Option 138 方式发现 AC，建立数据业务通道；最后，AP 设备实现用户的业务数据本地转发。

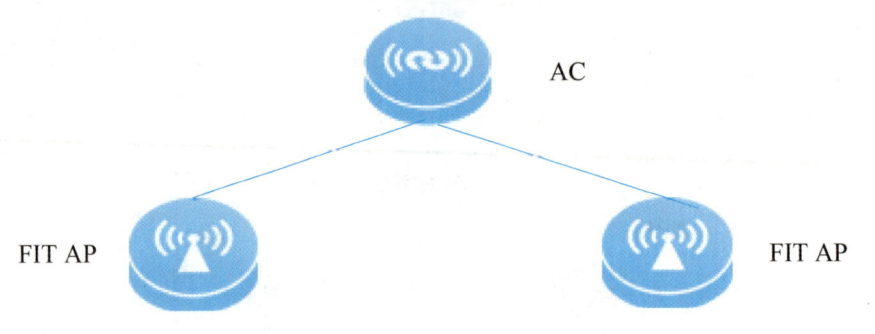

图 9-10　FIT AP 和 AC 直连模式组网

9.3.6　AC+AP 的基础配置

由于 AC+AP 的模式特性，所有配置是先在 AC 上完成，然后再通过下发将配置传输至 AP 中，因此基础配置均在 AC 上。

配置步骤可以总结为以下 5 个步骤。

(1) 定义 WLAN。

(2) 定义 WLAN 的安全参数(可选)。

(3) 定义 VLAN。

(4) 定义 ap-group。

(5) 配置 AP。

其中的命令格式、分数、模式和使用指导有以下几种。

1. 通过 wlan-config 命令创建 WLAN

【命令格式】wlan-config wlan-id［profile-string］［ssid-string］

【参数说明】

wlan-id：指定 WLAN 的 ID 号，取值范围 1~4094。

profile-string：该 WLAN 的描述符，可省略，最大长度为 32 字节。

ssid-string：SSID 标识符，最大长度为 32 字节。创建 WLAN 时，必须指定该 WLAN 关联的 SSID。

【缺省配置】不存在 WLAN。

【命令模式】全局配置模式。

【使用指导】

一个 SSID 可以对应多个 WLAN，但一个 WLAN 不能同时关联多个 SSID。

2. 通过 ap-config 命令创建 AP 配置/进入 AP 配置模式

【命令格式】

ap-config ap-name

【参数说明】ap-name：AP 配置名称。

【缺省配置】无。

【命令模式】全局配置模式。

【使用指导】无。

3. AC 设备上，进入 AP 组配置模式，通过 interface-mapping 命令进行配置

【命令格式】

interface-mapping wlan-id ［vlan-id I group vlan-group-id I list vlan-list ［def-vlan def-vlan-id］］［radio {radio-id | 802.11b | 802.11a} ］［ap-wlan-id ap-wlan-id］

【参数说明】

wlan-id：指定的 WLAN，该 WLAN 必须已经创建，取值范围为 1~4094。

vlan-id：指定的 VLAN，取值范围为 1~4094。

vlan-group-id：指定的 vlan-group，取值范围为 1~128。

vlan-list：指定的 VLAN 列表，VLAN 取值范围为 1~4094，列表中 VLAN 可配的个数为 1~32。

def-vlan-id：指定 VLAN 列表的默认 VLAN，取值范围为 1~4094。

radio-id：指定 AP 的 radio-id，取值范围为预留标准定义的 1~96，若不指定 radio-id 参数，会应用到该 AP 组内所有 AP 的所有 radio 上。

802.11b：该 mapping 会被应用到该 AP 组内所有 AP 的 2.4G 的 radio 上。

802.11a：该 mapping 会被应用到该 AP 组内所有 AP 的 5.8G 的 radio 上。

ap-wlan-id：指定 interface-mapping 中 wlan-id 在 AP 上使用的 wlan-id，取值范围为 1~64。

【缺省配置】缺省情况不会部署到任何 AP 上。

【命令模式】AP 组配置模式。

【使用指导】

若不指定 ap-wlan-id 参数，则该 mapping 自动选择空闲的一个 ap-wlan-id 来使用。

若不指定 def-vlan-id 参数，则该 mapping 自动选择 vlan 列表中首个 vlan 来使用。

拓展延伸

随着 WLAN 技术的成熟和应用的普及，越来越多的企业开始大规模部署 WLAN 网络，对于企业 WLAN 来说，其接入的用户数和无线设备的规模都在成倍增长，选用一套好的、最合适自己企业的无线网络设备将越来越重要。

目前，WLAN 组网方式通常分为两种：胖 AP+有线交换机的分布式 WLAN 组网模式和瘦 AP+无线控制器集中式 WLAN 管理模式。

练习与思考

1. 用来描述天线对发射功率的汇聚程度的指标是(　　)。

A. 带宽　　　　　　B. 功率　　　　　　C. 增益　　　　　　D. 极性

2. 无线局域网通信方式主要有哪几种，具体内容是什么？
3. IEEE 802.11 MAC 层报文可以分成几类，每种类型的用途是什么？

模块四　使用胖 AP 实现基础无线网络设计部署

学习目标

以一层楼为样例，完成网络的 VLAN 与地址规划。

同样以一层楼为样例，使用胖 AP 模式完成该楼层的无线网络覆盖。

知识学习

9.4.1　网络规划

在本项目中需要对两个无线用户进行规划，最终任务可以分为主机命名、VLAN 规划、接口规划和地址规划 4 个部分。

1. 主机命名

设备命名规划表如表 9-2 所示。其中代号 DY 代表公司名，HX 代表核心层设备，S5310 指明设备型号，01 指明设备编号。

表 9-2　设备命名规划表

设备型号	设备主机名	备注
RG-S5310-24GT4XS	DY-HX-S5310-01	一层核心交换机
AP850	AP-1	AP

2. VLAN 规划

VLAN 规划表如表 9-3 所示。

表 9-3　VLAN 规划表

序号	功能区	VLAN ID	VLAN Name
1	一层用户 VLAN	10	YC-user
2	一层管理 VLAN	99	MGMT

3. 接口规划

接口规划表如表 9-4 所示。

表 9-4　接口规划表

本端设备	接口	接口描述	对端设备	接口	VLAN
DY-HX-S5310-01	Gi0/1	—	AP-1	Gi0/1	—

4. 地址规划

网络地址规划表如表 9-5 所示，管理网段规划表如表 9-6 所示。

表 9-5　网络地址规划表

序号	VLAN	地址段	网关
1	10	192.168.10.0/24	192.168.10.254

表 9-6　管理网段规划表

序号	VLAN	地址段	对端
1	99	192.168.99.52/24	192.168.99.51

9.4.2　网络拓扑

完成规划后得到最终网络拓扑图，如图 9-11 所示。

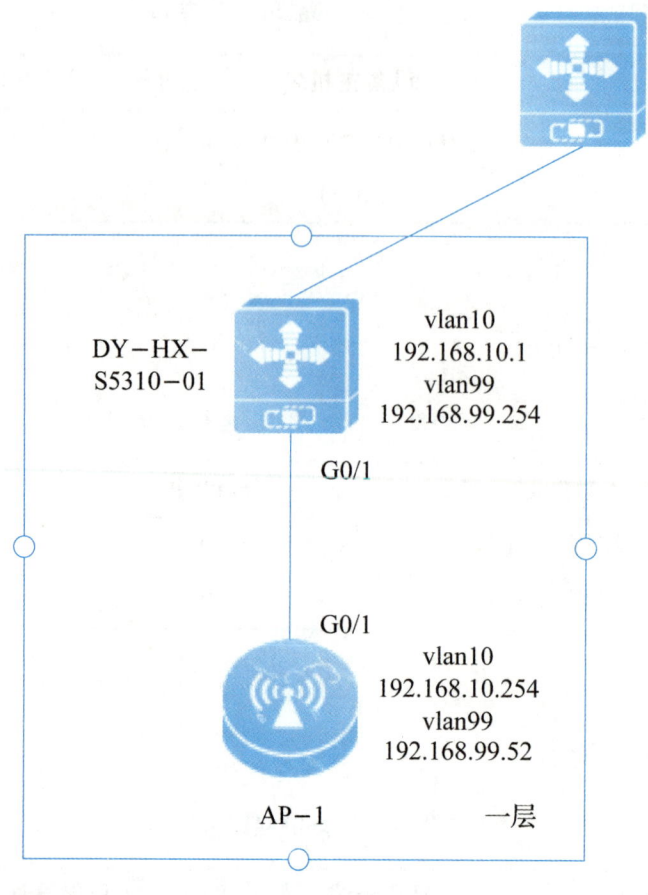

图 9-11　网络拓扑图

9.4.3　项目配置

1. 配置基础信息

```
Ruijie(config)#hostname DY-HX-S5310-01
DY-HX-S5310-01(config)#interface gigabitEthernet 0/1
DY-HX-S5310-01(config-if-GigabitEthernet 0/1)#switchport mode trunk
DY-HX-S5310-01(config-if-GigabitEthernet 0/1)#switchport trunk native vlan 10    //设定 Trunk 接口的 native vlan 为 10
DY-HX-S5310-01(config-if-GigabitEthernet 0/0)#exit
DY-HX-S5310-01(config)#vlan 10
DY-HX-S5310-01 (config-if)#interface vlan 10
DY-HX-S5310-01 (config-if)#ip address 192.168.10.1 255.255.255.0
DY-HX-S5310-01 (config-if)#exit
DY-HX-S5310-01 (config)#vlan 99
DY-HX-S5310-01 (config)#interface vlan 99
DY-HX-S5310-01 (config-if)#ip address 192.168.99.254 255.255.255.0
DY-HX-S5310-01 (config-if)#exit
```

2. 在胖 AP（AP-1）上配置 DHCP 服务器与无线信号

```
AP-1(config)#vlan 10
AP-1(config-if)#vlan 99
AP-1(config-if)#exit
AP-1(config)#int bvi 99
AP-1(config-if)#ip address 192.168.99.52 255.255.255.0
AP-1(config-if)#exit
AP-1(config)#int bvi 1
AP-1(config-if)#ip address 192.168.10.254 255.255.255.0
AP-1(config)#service dhcp                                   //开启 DHCP 服务
AP-1(config)#ip dhcp pool AP1                               //创建无线用户的地址池
AP-1(config-dhcp)#network 192.168.10.0 255.255.255.0        //指定分配网段
AP-1(config-dhcp)#default-router 192.168.10.1               //指定网关
AP-1(config-dhcp)#dns-server 114.114.114.114                //指定 DNS
AP-1(config)#exit
AP-1(config)#ip dhcp excluded-address 192.168.10.254        //指定排除地址
AP-1(config)#ip route 0.0.0.0 0.0.0.0 192.168.10.1          //指定默认路由
AP-1(config)#intreface gi 0/1
AP-1(config-if)#encapsulation dot1Q 10
AP-1(config-if)#exit
AP-1(config)#dot11 wlan 1                                   //创建 dot11 wlan 1
AP-1(dot11-wlan-config)#ssid ZhongRui111                    //指定 SSID
AP-1(dot11-wlan-config)#exit
AP-1(config)#interface dot11radio 1/0
AP-1(config-if-Dot11radio 1/0)#encapsulation dot1Q 10       //将射频卡上连接的用户与 VLAN 关联
AP-1(config-if-Dot11radio 1/0)#wlan-id 1                    //将射频卡与 SSID 关联
```

9.4.4 任务验证

本步骤可以使用带有无线网卡的 PC 连接 AP-1，连接好之后，查看 IP 地址分配情况，如图 9-12 所示。

图 9-12　PC 连接 zhongrui111 无线信号，及获取 IP 地址信息

9.4.5 常见问题

AC 与交换机连通性测试 ping 是否可以通信。

AP 模式切换、胖瘦 AP 调整。

练习与思考

1. 在设计规划 WLAN 时,要确保相邻 AP 的信道不重叠,IEEE 802.11 无线局域网不重叠的信道为( )。

A. 1 6 11 B. 1 2 3 C. 9 10 11 D. 2 7 12

2. 不同国家对 WLAN 的射频频段、信道、功率的规定有所不同,在配置 AP 前,工程师需要明确该 AP 所支持的国家代码。对于锐捷 AP 设备,默认情况下支持的国家代码是( )。

A. CN B. EN C. CH D. US

3. 在设计点对点(Ad Hoc)模式的小型无线局域网时,应选用的无线局域网设备是( )。

A. 无线网卡 B. 无线接入点 C. 无线网桥 D. 无线路由器

4. 项目中如果继续部署二层的网络,核心交换机做 DHCP 服务,将要如何配置?

模块五 使用 AC+AP 实现基础无线网络设计部署

学习目标

以一层楼为样例,完成网络的 VLAN 与地址规划。

同样以一层楼为样例,使用 AC+AP 模式,完成该楼层的无线网络覆盖。

知识学习

9.5.1 网络规划

1. 主机命名

设备命名规划表如表 9-7 所示。其中代号 DY 代表公司名,WS6008 指明设备型号。

表 9-7 设备主机名表

设备型号	设备主机名	备注
RG-WS6008	DY-WS6008	无线控制器
AP520	AP-2	AP

2. VLAN 规划

VLAN 规划表如表 9-8 所示。

表 9-8 VLAN 规划表

序号	功能区	VLAN ID	VLAN Name
1	一层用户 VLAN	20	YC-user
2	一层管理 VLAN	100	MGMT

3. 接口规划

接口规划表如表 9-9 所示。

表 9-9 接口规划表

本端设备	接口	接口描述	对端设备	接口	VLAN
DY-WS6008	Gi0/1	—	AP-2	—	—

4. 地址规划

网络地址规划表如表 9-10 所示，管理网段规划表如表 9-11 所示。

表 9-10 网络地址规划表

序号	VLAN	地址段	网关
1	20	192.168.20.0/24	192.168.20.254

表 9-11 管理网段规划表

序号	VLAN	地址段	对端
1	100	192.168.100.0/24	192.168.100.254

9.5.2 网络拓扑

完成规划后得到最终网络拓扑图，如图 9-13 所示。

```
                                    vlan20
                                    192.168.20.254
      DY-WS6008                     vlan100
                                    192.168.100.254

                        G0/1


                        G0/1
                                    vlan10
                                    192.168.20.254
                                    vlan99
                                    192.168.99.52
           AP-2                     一层
```

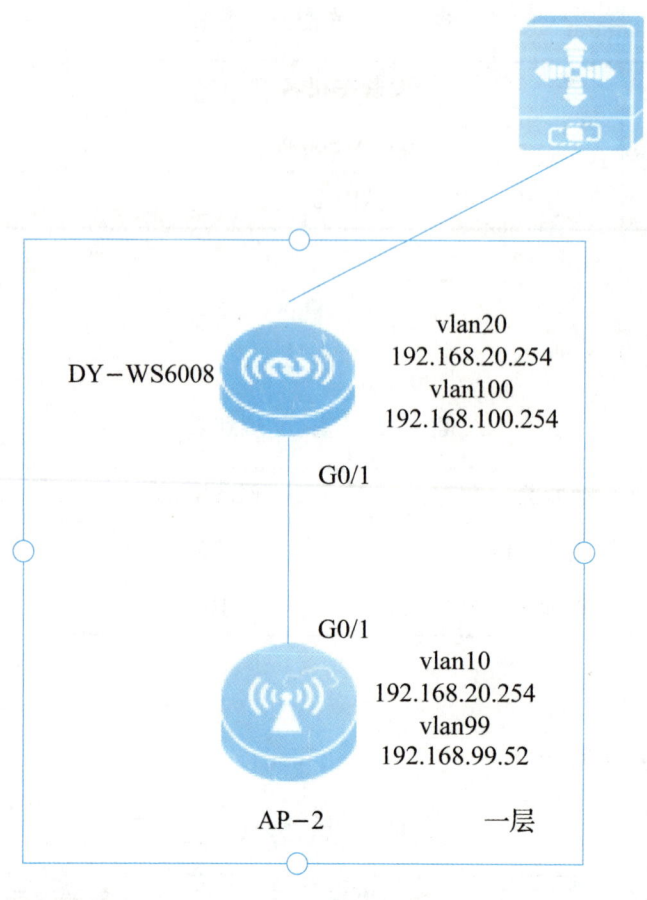

图 9-13 网络拓扑图

9.5.3 项目配置

```
DY-WS6008(config)#interface loopback 0                //指定 AC 环回接口,用于 AP 注册
DY-WS6008(config-if)#ip address 1.1.1.1 255.255.255.255
DY-WS6008(config)#exit
DY-WS6008(config)#vlan range 20,100
DY-WS6008(config)#exit
DY-WS6008(config)#interface vlan 20
DY-WS6008(config-if)#ip address 192.168.20.254 255.255.255.0
DY-WS6008(config-if)#interface vlan 100
DY-WS6008(config-if)#ip add 192.168.100.254 255.255.255.0
DY-WS6008(config-if)#exit
DY-WS6008(config)#service dhcp                        //开启 DHCP 服务
DY-WS6008(config-dhcp)#ip dhcp pool AP2-MGMT          //指定 AP 的管理地址分配的地址池
DY-WS6008(config-dhcp)#network 192.168.100.0 255.255.255.0
DY-WS6008(config-dhcp)#option 138 ip 1.1.1.1          //指定 Option 138 为 1.1.1.1
DY-WS6008(config-dhcp)#default-router 192.168.100.254 //指定网关
DY-WS6008(config-dhcp)#dns-server 114.114.114.114
DY-WS6008(config-dhcp)#exit
DY-WS6008(config)#ip dhcp pool AP2-User               //指定用户使用的地址池
DY-WS6008(config-dhcp)#network 192.168.20.0 255.255.255.0
```

```
DY-WS6008(config-dhcp)#default-router 192.168.20.254
DY-WS6008(config-dhcp)#dns-server 114.114.114.114
DY-WS6008(config-dhcp)#exit
DY-WS6008(config)#interface gi 0/1
DY-WS6008(config-if)#switchport access vlan 20          //连接 AP 的接口配置为 Access 类型,并且划入 vlan20
DY-WS6008(config-if)#exit
DY-WS6008(config)#wlan-config 1 ZhongRui222             //指定 SSID
DY-WS6008(config)#exit
DY-WS6008(config)#ap-group abc                          //创建 AP 组,名为 abc
DY-WS6008(config-ap-group)#interface-mapping 1 20       //将 wlan-id1 1 和 vlan20 进行关联
DY-WS6008(config-ap-group)#exit
```

9.5.4 任务验证

使用带有无线网卡的 PC 连接 AP-2,连接好之后,查看 IP 地址分配情况,如图 9-14 所示。

```
无线局域网适配器 WLAN:

   连接特定的 DNS 后缀 . . . . . . . :
   IPv6 地址 . . . . . . . . . . . : 240e:466:1d4:34c6:8942:4cba:d663:7240
   临时 IPv6 地址. . . . . . . . . : 240e:466:1d4:34c6:b161:5e76:e8fe:5773
   本地链接 IPv6 地址. . . . . . . . : fe80::1bf4:d0cb:6610:71fb%21
   IPv4 地址 . . . . . . . . . . . : 192.168.20.2
   子网掩码  . . . . . . . . . . . : 255.255.255.0
   默认网关. . . . . . . . . . . . : fe80::5c0e:54ff:febe:ca6e%21
                                      192.168.20.254
```

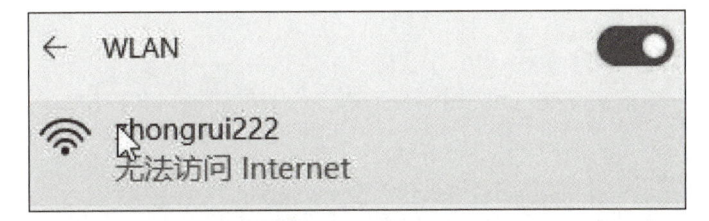

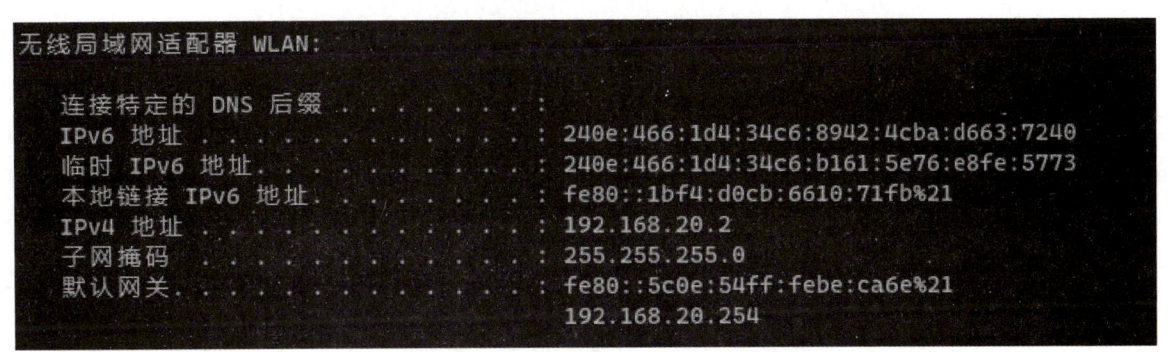

图 9-14 关联无线信号后地址获取情况

练习与思考

1. 下列协议标准中,传输速率最快的是(　　)。

　　A. IEEE 802.11a　　B. IEEE 802.11g　　C. IEEE 802.11n　　D. IEEE 802.11b

2. 以下不属于无线网络面临的问题的是(　　)。

　　A. 无线信号传输易受干扰　　　　　B. 无线网络产品标准不统一
　　C. 无线网络的市场占有率低　　　　D. 无线信号的安全性问题

3. 无线局域网相对于有线网络的主要优点是(　　)。

A. 可移动性　　　　B. 传输速度快　　　　C. 安全性高　　　　D. 抗干扰性强

4. 以下对 IEEE 802.11a、802.11b、IEEE 802.11g 的陈述，正确的是哪一项？（　　）

A. IEEE 802.11a 和 IEEE 802.11b 工作在 2.4G 频段，IEEE 802.11g 工作在 5G 频段

B. IEEE 802.11a 带宽能达到 54Mbit/s，而 IEEE 802.11g 和 IEEE 802.11b 只有 11Mbit/s

C. IEEE 802.11g 兼容 IEEE 802.11b，但二者不兼容 IEEE 802.11a

D. IEEE 802.11a 传输距离最远，其次是 IEEE 802.11b，传输距离最近的是 IEEE 802.11g

项目十

构建 IPv6 网络

项目描述

EA 公司福州分部收到瑞士总公司的统一 IPv6 升级改造计划，将于未来按计划逐步进行 IPv4 向 IPv6 升级的操作，在第一阶段为了保证前端产能部门原有业务的稳定运行，先进行后勤部门即财务、HR 部门以及服务器区的 IPv6 升级改造规划，并实现 IPv6 的互联互通。第一阶段进行为期三个月的使用测试，评估其使用过程的稳定性、兼容性问题，为第二阶段总体升级作准备。EA 公司 IPv6 阶段规划拓扑图如图 10-1 所示。

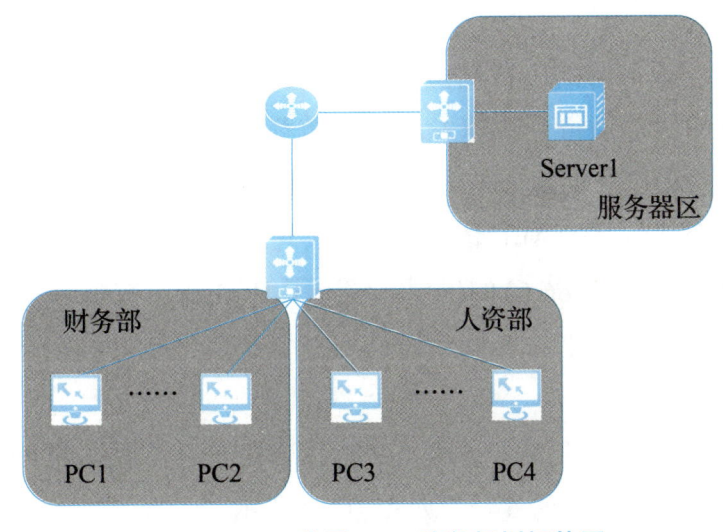

图 10-1　EA 公司 IPv6 阶段规划拓扑图

项目目标

对 IPv6 技术有一定的认识，知道 IPv6 和 IPv4 的差异。

可以结合项目，设计规划 EA 公司的 IPv6 网络，并完成设备的基础配置。

使用无状态地址获取方式，能使客户端自动获取 IPv6 地址。

可以通过静态路由方式实现全网段的互联互通。

通过实践，了解实际生产环境中 IPv6 的部署与应用，拓展个人技术宽度，增强职业素养。

模块一 IPv6 协议简介

学习目标

了解 IPv6 技术背景。

了解 IPv6 地址格式与分类。

了解 IPv6 报文结构。

掌握 IPv6 基本配置。

知识学习

10.1.1 IPv6 技术背景

IPv4 协议是目前广泛部署的因特网协议。在因特网发展初期，IPv4 以其协议简单、易于实现、互操作性好的优势而得到快速发展。但随着因特网的迅猛发展，IPv4 设计的不足也日益明显，包括但不限于公网地址枯竭（2011 年 2 月已经分配完毕）、IPv4 公网地址分配不均匀、包头设计不合理、对于 ARP 依赖性太强、广播泛滥等。

IPv6（Internet Protocol version 6）的出现，解决了 IPv4 的一些弊端，它是 Internet 工程任务组 IETF（Internet Engineering Task Force）设计的一套规范，是 IPv4（Internet Protocol version 4）的升级版本。

IPv6 的优点包括几乎无限的地址空间、更加简洁和高可扩展性的 IPv6 头部、天然支持 ESP 等安全封装、更好地自动化配置等，如图 10-2 所示。

但是相较于国际上的 IPv6 的发展部署，从 2008 年以后，我国 IPv6 的发展速度放缓，开始落后于国际水平。中国的 IPv6 发展,总体表现可以概括为"起了个大早,赶了个晚集"。

IPv4

包头设计不合理

公网地址枯竭

依赖ARP

分配不均匀

……

广播报文泛滥

IPv6

几乎无限的地址空间

天然支持ESP等安全封装

……

更加简洁和高可扩展性的IPv6头部

更好地自动化配置

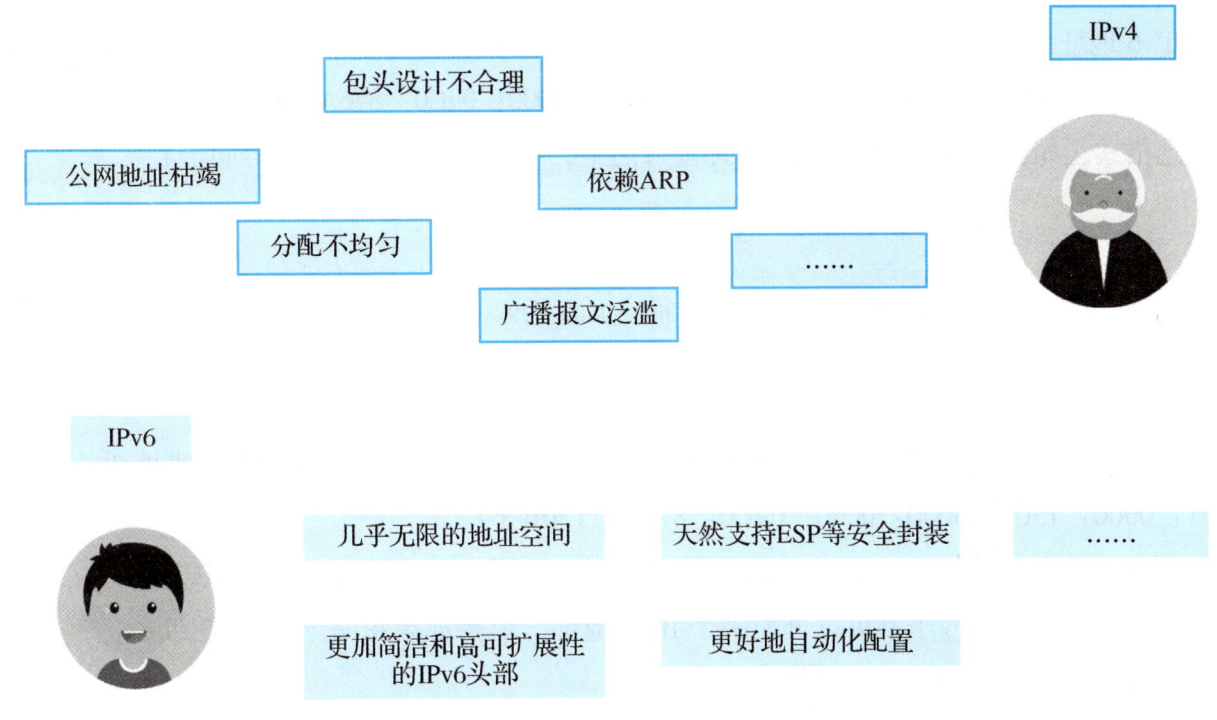

图 10-2　IPv6 逐渐取代 IPv4 登上历史舞台

IPv6 在中国的发展和规划如图 10-3 所示。2017 年 11 月,中共中央办公厅、国务院办公厅印发了《推进互联网协议第六版(IPv6)规模部署行动计划》中,明确指出部署加快推进基于 IPv6 的下一代互联网规模工作,2025 年末中国 IPv6 规模要达到世界第一。

中国的IPv6

2004年

IPv6国家级主干网

2004年建成第二代教育和科研计算机网CERNET

2011年

IPv6商用时间表

2011年底和2012年初,我国政府相关部门从战略高度明确提出IPv6在我国的商用时间表

2016年

雪人计划

互联网国家工程中心牵头发起"雪人计划"。到2016年,形成了13台"原有根"服务器加25台"IPv6根"服务器的新格局

2016年

BAT的IPv6

国内BAT等一大批互联网公司均已接入了IPv6网络,并逐步推进内容资源对IPv6的支持

2017年

建立全球最大的IPv6商用网络

2025年末我国IPv6规模要达到世界第一

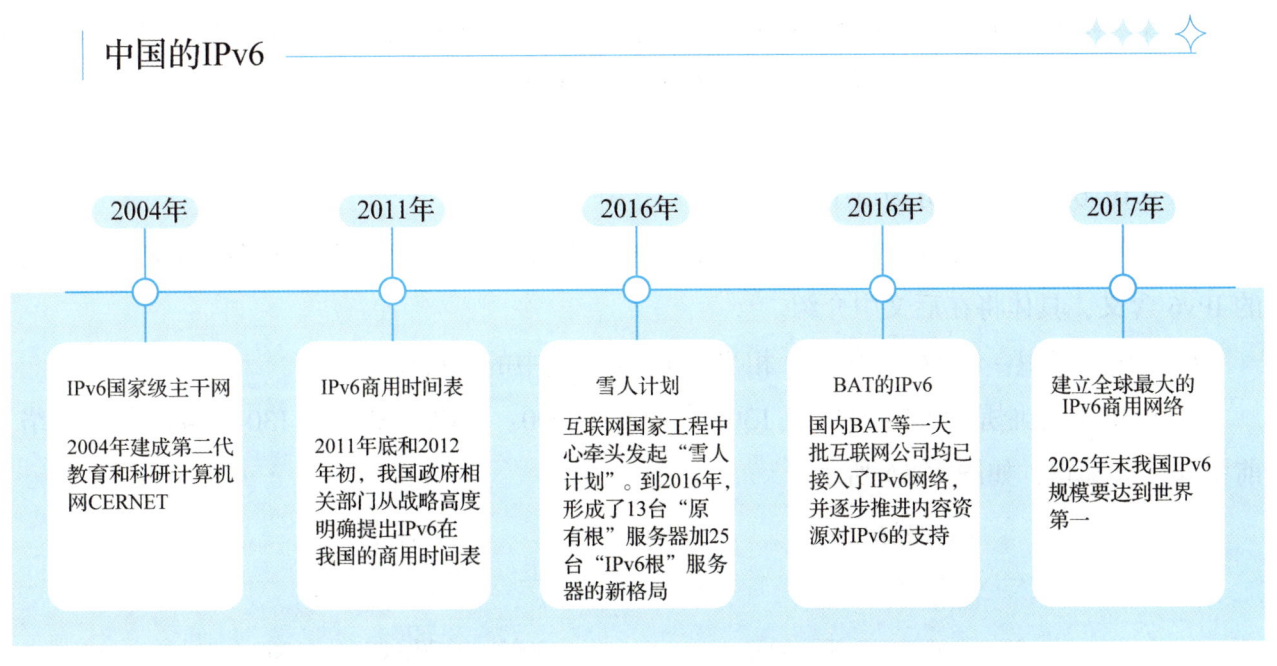

图 10-3　IPv6 在中国的发展和规划

247

10.1.2　IPv6 地址格式与结构

IPv6 地址总长度为 128 bit，通常分为 8 组，每组由 4 个十六进制数组成，每组十六进制数之间用冒号分隔。例如 2001：0000：130F：0000：0000：09C0：876A：130B，这是 IPv6 地址的首选格式，如图 10-4 所示，在 IPv6 地址表达中，不区分大小写，即 F 等同于 f。

```
   1      2      3      4      5      6      7      8
 2001 ： 0000 ： 130F ： 0000 ： 0000 ： 09C0 ： 876A ： 130B
```

图 10-4　IPv6 地址

与 IPv4 地址类似，IPv6 同样也是用掩码进行表示，例如上面的 IPv6 地址可以写成 2001：0000：130F：0000：0000：09C0：876A：130B/64。

IPv6 地址长度为 128 bit，这就意味着 IPv6 拥有 2^{128} 个 IP 地址，约有 340 万亿万亿万亿个地址，相当于每粒沙子都可以分配一个 IPv6 地址。但是如果每一个 IPv6 地址我们都需要完整书写，那么将是相当大的工作量。

为了书写方便，IPv6 提供了压缩格式，以上述 IPv6 地址为例，具体压缩规则为：

(1) 每组中的前导 0 都可以省略。

根据这一原则，上述地址可写简写为 2001：0：130F：0：0：9C0：876A：130B。

(2) 地址中包含的连续两个或多个均为 0 的组。

当遇到这种情况，可以用双冒号"::"来代替，所以上述地址又可以进一步简写为 2001：0：130F::9C0：876A：130B。但是要注意，在一个 IPv6 地址中只能使用一次双冒号"::"，否则当计算机将压缩后的地址恢复成 128 位时，无法确定每个"::"代表 0 的个数。

1. IPv6 地址的结构

一个 IPv6 地址可以分为以下两部分：

(1) 网络前缀：n 比特，相当于 IPv4 地址中的网络位，不同类型的网络前缀被赋予不同的 IPv6 含义，具体将在后文中介绍。

(2) 接口标识：$(128-n)$ 比特，相当于 IPv4 地址中的主机位。

如果 IPv6 地址是 2001：0000：130F：0000：0000：09C0：876A：130B/64，那么网络前缀和接口标识，如图 10-5 所示。

网络前缀	接口标识
2001：0000：130F：0000：	0000：09C0：876A：130B

图 10-5　IPv6 地址结构

接口标识有 3 种方式可以产生。

1）IEEE EUI-64 规范。

IEEE EUI-64 规范自动生成最为常用。IEEE EUI-64 规范是将接口的 MAC 地址转换为 IPv6 接口标识的过程。MAC 地址的前 24 位为公司标识，后 24 位为扩展标识符。从高位数，第 7 位是 0 表示了 MAC 地址本地唯一。转换的第一步将 FFFE 插入 MAC 地址的公司标识和扩展标识符之间，第二步将从高位数，第 7 位的 0 改为 1 表示此接口标识全球唯一。例如，某设备接口以太网 MAC 地址为 08-ab-cd-ef-00-01，则通过 EUI-64 转换而来的接口标识方式如图 10-6 所示。

MAC地址（十六进制）	08:AB:CD:EF:00:01
MAC地址（二进制）	00001000-10101011-11001101-11101111-00000000-00000001
第7位取反	00001010-10101011-11001101-11101111-00000000-00000001
插入FFFE	00001010-10101011-11001101-11111111-11111110-11101111-00000000-00000001
IEEE EUI-64规范接口标识	0A-AB-CD-FF-FE-EF-00-01

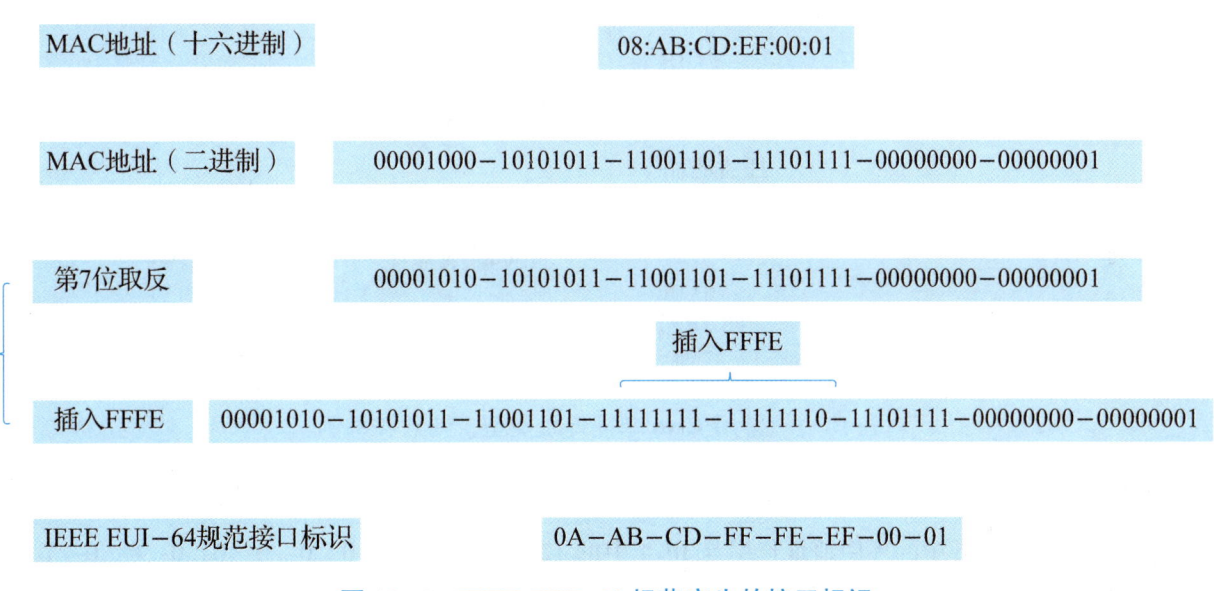

图 10-6　IEEE EUI-64 规范产生的接口标识

2）设备随机生成。

设备采用随机生成的方法产生一个接口 ID，目前 Windows 操作系统使用该方式。

3）手动配置

人为指定接口 ID 来实现。

2. IPv6 地址的类型

IPv6 地址分为单播地址、任播地址（Anycast Address）、组播地址 3 种类型。和 IPv4 相比，取消了广播地址类型，以更丰富的组播地址代替，同时增加了任播地址类型，如图 10-7 所示。

3. IPv6 单播地址

IPv6 单播地址标识了一个接口，由于每个接口属于一个节点，因此每个节点的任何接口上的单播地址都可以标识这个节点。发往单播地址的报文，由此地址标识的接口接收。

IPv6 定义了多种单播地址，目前常用的单播地址有：环回地址、链路本地地址、可聚合全球单播地址、唯一本地地址 ULA（Unique Local Address）。常用 IPv6 单播地址类型、特点和举例如表 10-1 所示。

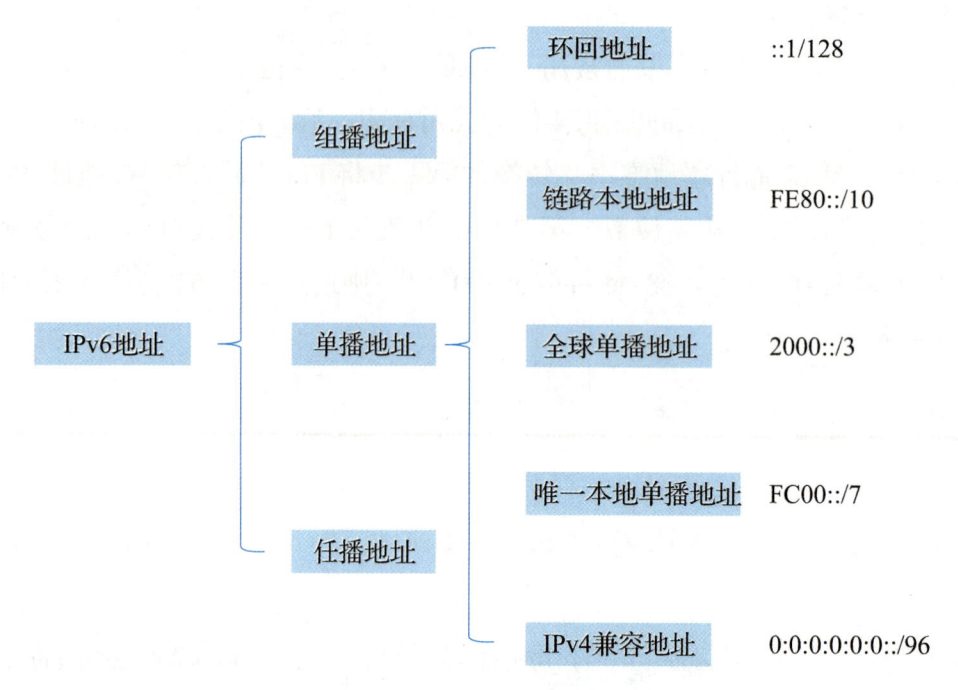

图 10-7 IPv6 地址分类

表 10-1 常用 IPv6 单播地址类型、特点和举例

类型	特点	例子
环回地址	IPv6 中的环回地址作用与 IPv4 中的 127.0.0.1 作用相同，主要用于设备给自己发送报文	0：0：0：0：0：0：0：1/128 或者::1/128。
链路本地地址	链路本地地址只能在连接到同一本地链路的节点之间使用。它使用了特定的本地链路前缀 FE80::/10（最高 10 位值为 1111111010）。当一个节点启动 IPv6 协议栈时，节点的每个接口会自动配置一个链路本地地址(其固定的前缀+EUI-64 规则形成的接口标识)。 这种机制使两个连接到同一链路的 IPv6 节点不需要做任何配置就可以通信。所以链路本地地址广泛应用于邻居发现协议，无状态地址配置等应用。 以链路本地地址为源地址或目标地址的 IPv6 报文不会被路由设备转发到其他链路	FE80：：274：9CFF：FE94：E081/64
全球单播地址	前三个 bit 是 001，全球单播地址是带有全球单播前缀的 IPv6 地址，其作用类似于 IPv4 中的公网地址。这种类型的地址允许路由前缀的聚合，从而限制了全球路由表项的数量。 全球单播地址由全球路由前缀（Global routing prefix）、子网 ID（Subnet ID）和接口标识（Interface ID）组成	2000：：1：2345：6789：abcd/64

续表

类型	特点	例子
唯一本地单播地址	相当于IPv4内的私网地址，前缀为FC00::/7，目前仅使用了FD00::/8地址段。FC00::/8预留为以后拓展用	FD00：1AC0：872E::1/64

4. IPv6 组播地址

（1）众所周知的组播地址。

IPv6的组播与IPv4相同，用来标识一组接口，一般这些接口属于不同的节点。发往组播地址的报文被组播地址标识的所有接口接收。知名的组播地址如表10-2所示。

表10-2 知名的组播地址

IPv6知名组播地址	IPv4知名组播地址	组播组
	节点-本地范围	
FF01::1	224.0.0.1	所有-节点地址
FF01：2	224.0.0.2	所有-路由器地址
	链路-本地范围	
FF02::1	224.0.0.1	所有-节点地址
FF02::2	224.0.0.2	所有-路由器地址
FF02::5	224.0.0.5	OSPF IGP
FF02::6	224.0.0.6	OSPF IGP DR
FF02::9	224.0.0.9	RIP 路由器
FFO2::D	224.0.0.13	PIM 路由器
	站点-本地范围	
FF05::2	224.0.0.2	所有-路由器地址
	任何有效范围	
FF0X::101	224.0.1.1	网络时间协议 NTP

一个IPv6组播地址由前缀、标志(Flag)字段、范围(Scope)字段以及组播组ID(Global ID)4个部分组成，如图10-8所示。

前缀：IPv6组播地址的前缀是FF00::/8。

标志字段(Flag)：长度4 bit，目前只使用了最后一个比特(前三位必须置0)，当该位值为0时，表示当前的组播地址是由IANA所分配的一个永久分配地址；当该值为1时，表示

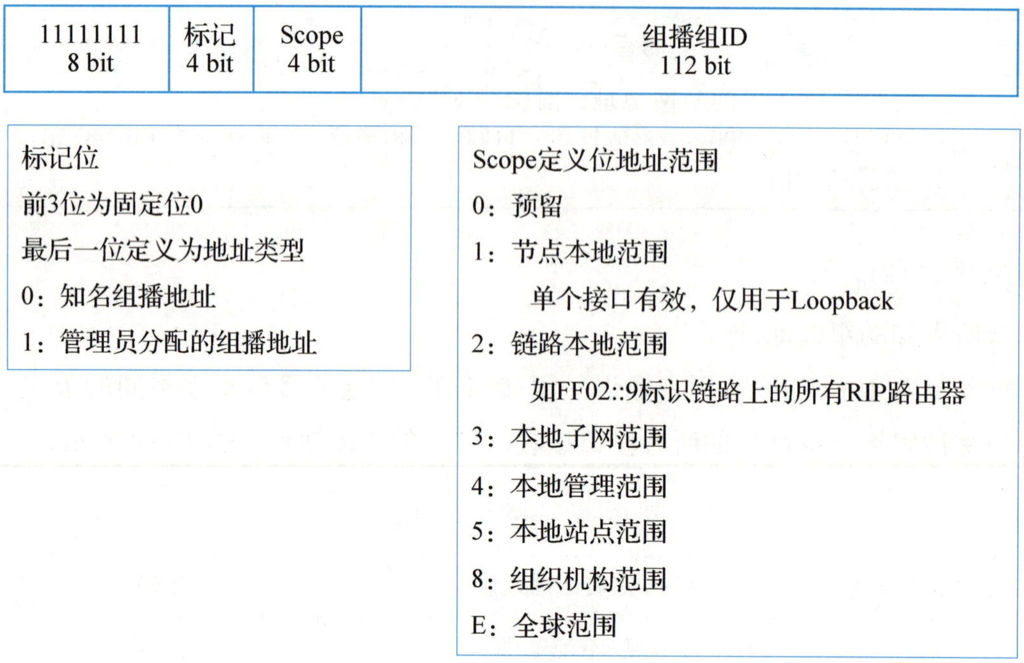

11111111 8 bit	标记 4 bit	Scope 4 bit	组播组ID 112 bit

标记位
前3位为固定位0
最后一位定义为地址类型
0：知名组播地址
1：管理员分配的组播地址

Scope定义位地址范围
0：预留
1：节点本地范围
　　单个接口有效，仅用于Loopback
2：链路本地范围
　　如FF02::9标识链路上的所有RIP路由器
3：本地子网范围
4：本地管理范围
5：本地站点范围
8：组织机构范围
E：全球范围

图 10-8　IPv6 组播地址结构

当前的组播地址是一个临时组播地址（非永久分配地址）。

范围字段（Scope）：长度 4 bit，用来限制组播数据流在网络中发送的范围，该字段取值和含义的对应关系如图 10-8 所示。

组播组 ID（Group ID）：长度 112 bit，用以标识组播组。

目前，RFC2373 并没有将所有的 112 位都定义成组标识，而是建议仅使用该 112 位的最低 32 位作为组播组 ID，将剩余的 80 位都置 0。这样每个组播组 ID 都映射到一个唯一的以太网组播 MAC 地址（RFC2464），就不会出现 IPv4 组播中，多个组播 IP 地址对应一个 MAC 地址的情况。

（2）被请求节点组播地址。

IPv6 中没有广播地址，也不使用 ARP。但是仍然需要从 IP 地址解析到 MAC 地址的功能。在 IPv6 中，这个功能通过邻居请求 NS（Neighbor Solicitation）报文完成。当一个节点需要解析某个 IPv6 地址对应的 MAC 地址时，会发送 NS 报文，该报文的目标 IP 就是需要解析的 IPv6 地址对应的被请求节点组播地址；只有具有该组播地址的节点会检查处理。

当一个节点具有了单播地址，就会对应生成一个被请求节点组播地址，并且加入这个组播组。一个单播地址对应一个被请求节点组播地址。该地址主要用于邻居发现机制和地址重复检测功能。

被请求节点组播地址由前缀 FF02::1:FF00:0/104 和单播地址的最后 24 位组成，如图 10-9 所示。

| IPv6地址 | 单播地址前缀 | 接口ID | 复制24 bit |

| MAC地址 | FF02 | 0000 | 0000 | 0000 | 0000 | 0001 | FF | 复制24 bit |

图 10-9　IPv6 被请求节点组播地址结构

10.1.3　IPv6 报文结构

IPv6 报文由 IPv6 基本报头、IPv6 扩展报头（可选）以及上层协议数据单元（TCP/UDP/ICMPv6 等）3 部分组成，下面介绍前两个。

1. IPv6 基本报头

IPv6 基本报头有 8 个字段，固定大小为 40 字节，每一个 IPv6 数据报都必须包含报头，如图 10-10 所示。

IPv6报头格式

| 版本号4 bit | 流量等级8 bit | 流标签20 bit |
| 数据长度16 bit | 下一报头8 bit | 跳限制8 bit |
| 源地址128 bit |
| 目标地址128 bit |

图 10-10　IPv6 基本报头格式

IPv6 基本报头主要参数及含义如表 10-3 所示。基本报头提供报文转发的基本信息，会被转发路径上面的所有设备解析。

表 10-3　IPv6 基本报头主要参数及含义

主要参数	含义
版本号（Version）	同 IPv4，指示 IP 版本
流量等级（Traffic Class）	类似 IPv4 中的 TOS 字段，指示 IPv6 数据类别或优先级
流标签（Flow Label）	标记需要特殊处理的数据流，用于某些对连接的服务质量有特殊要求的通信，诸如音频或视频等实时数据传输

续表

主要参数	含义
数据长(Payload Length)	包含有效载荷数据的 IPv6 报文总长度
下一个报头(Next Header)	该字段定义了紧跟在 IPv6 报头后面的，第一个扩展报头(如果存在)的类型，或者上层协议数据单元中的协议类型
跳限制(Hop Limit)	类似于 IPv4 中的 TTL 字段，它定义了 IP 数据包所能经过路由器的最大跳数
源地址(Source Address)	128 bit 的 IPv6 地址
目标地址(Destination Address)	128 bit 的 IPv6 地址

IPv6 和 IPv4 相比，去除了 IHL、identifiers、Flags、Fragment Offset、Header Checksum、Options、Padding 域，只增了流标签域，因此 IPv6 报文头的处理较 IPv4 大大简化，提高了处理效率。

2. IPv6 扩展报头

在 IPv4 中，IPv4 报头包含可选字段 Options，内容涉及 Security、Timestamp、Record Route 等，这些 Options 不但增加了头部长度，在转发过程中，处理携带这些 Options 的 IPv4 报文会占用设备很大的资源，因此实际中也很少使用。

IPv6 将这些 Options 从 IPv6 基本报头中剥离，放到了扩展报头中，扩展报头被置于 IPv6 报头和上层协议数据单元之间。一个 IPv6 报文可以包含 0 至多个扩展报头，仅当需要设备或目的节点做某些特殊处理时，才由发送方添加一个或多个扩展头。IPv6 扩展头的添加方式如图 10-11 所示。

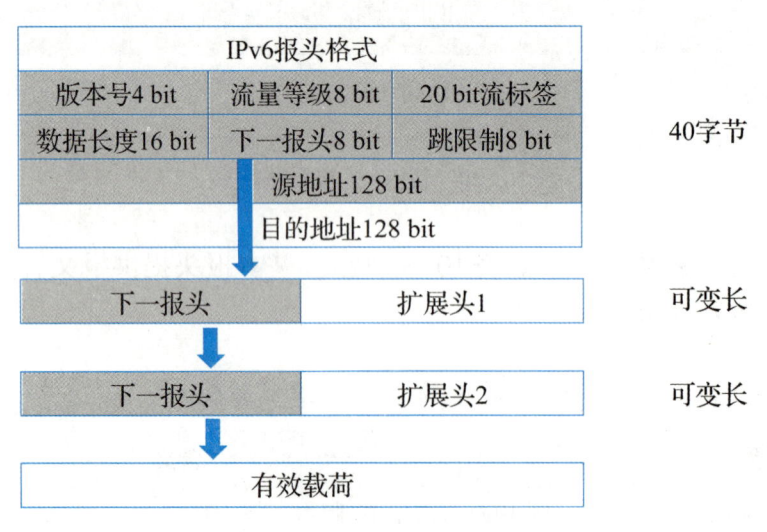

图 10-11　IPv6 扩展头的添加方式

与 IPv4 不同，IPv6 扩展头长度任意，不受 40 字节限制，这样便于日后扩充新增选项，这一特征加上选项的处理方式使 IPv6 选项能得以真正的利用。但是为了提高处理选项头和传输层协议的性能，扩展报头总是 8 字节长度的整数倍。

当使用多个扩展报头时，前面报头的 Next Header 字段指明下一个扩展报头的类型，这样就形成了链状的报头列表。当超过一种扩展报头被用在同一个分组时，报头必须按照下列顺序出现：逐跳选项报头、目的选项报头、路由报头、分段报头、认证报头、封装安全净载报头。

10.1.4 IPv6 基本配置

所有支持 IPv6 协议栈的网络设备、终端设备等都可以进行 IPv6 地址的配置，配置的方式包括手动配置和自动配置，采取哪一种方式进行配置，管理员需要根据实际情况而定。

1. 手动配置

（1）进入接口。

【命令格式】interface gi0/0

【参数说明】如果是二层端口，必须执行"no switchport"转换成三层端口。

【命令模式】全局模式。

【使用指导】本命令用来进入某个三层物理接口。

（2）配置 IPv6 地址。

【命令格式】ipv6 address ipv6-prefix/prefix-length [eui-64]

【参数说明】如果指定参数 eui-64，只需指定前缀，接口标识符是按 EUI-64 格式自动生成，最终生成的 IPv6 地址是把配置的前缀和接口标识组合后形成的。

【命令模式】三层接口模式

【使用指导】如果在接口上配置 IPv6 地址，那么接口的 IPv6 协议就会自动打开，无须再在接口下使用 ipv6 enable 命令开启 IPv6 功能。

2. 自动配置

自动配置分为无状态自动分配和有状态自动分配（DHCPv6），前者将在后续模块中详细介绍。

拓展延伸

IPv6 任播地址

任播地址标识一组网络接口（通常属于不同的节点）。目标地址是任播地址的数据包将发送给其中路由意义上最近的一个网络接口。如图 10-12 所示为任播地址使用场景。

任播地址适合 One-to-One-of-Many（一对一组中的一个）的通信场合，设计用来在给多个主机或者节点提供相同服务时提供冗余功能和负载分担功能。目前，任播地址的使用通过共享单播地址方式来完成。将一个单播地址分配给多个节点或者主机，这样在网络中如果存

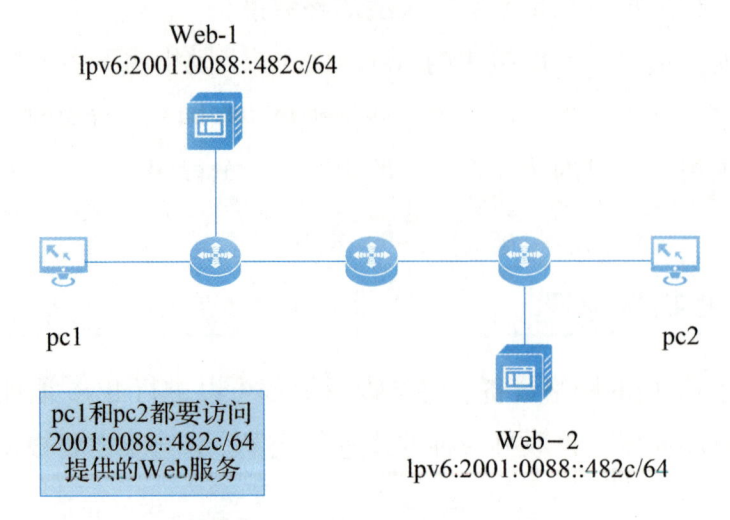

图 10-12 任播地址使用场景

在多条该地址路由，当发送者发送以任播地址为目标 IP 的数据报文时，发送者无法控制哪台设备能够收到，这取决于整个网络中路由协议计算的结果。

IPv6 中没有为任播地址规定单独的地址空间，任播地址和单播地址使用相同的地址空间。目前 IPv6 中任播主要应用于移动 IPv6。IPv6 任播地址仅可以被分配给路由设备，不能应用于主机。

练习与思考

1. 若 IPv6 前缀是 2010：1998：：/64，PC 的 MAC 地址是 00：19：C5：0D：19：03，那么 PC 通过 EUI-64 生成的全局单播地址是（　　）。

A. 2010：1998：：219：C5FF：FF0D：1903

B. 2010：1998：：2019：C5FF：FE0D：1903

C. 2010：1998：：2019：C5FE：FF0D：1903

D. 2010：1998：：219：C5FF：FE0D：1903

2. IPv6 采用（　　）表示法来表示地址。

A. 冒号十六进制 B. 点分十进制

C. 冒号十进制   D. 点分十六进制。

3. IPv4 地址包含网络部分、主机部分和子网掩码等。与之相对应，IPv6 地址包含了（　　）。

A. 网络部分、主机部分、网络长度 B. 前缀、接口标识符、前缀长度

C. 前缀、接口标识符、网络长度   D. 网络部分、主机部分、前缀长度

4. IPv6 链路本地地址属于（　　）地址类型。

A. 单播   B. 组播   C. 广播   D. 任播

5. 关于 IPv6 地址 2001：0410：0000：0001：0000：0000：0000：45FF 的压缩表达方

式,下列正确的是( )。(选择一项或多项)

A. 2001∶410∶0∶1∶0∶0∶0∶45FF　　B. 2001∶41∶0∶1∶0∶0∶0∶45FF

C. 2001∶410∶0∶1∷45FF　　　　　D. 2001∶410∷1∷45FF

6. IPv6 是否具有广播功能?

模块二　IPv6 无状态地址分配

学习目标

了解 ICMPv6 的功能。

了解 ICMPv6 的报文格式与类型。

掌握 IPv6 无状态地址分配的配置。

知识学习

10.2.1　ICMPv6 概述

在 IPv4 中,ICMP 允许主机或设备报告差错情况。ICMP 报文作为 IP 报文的数据部分,再封装上 IP 报文首部,组成完整的 IP 报文发送出去。常用的 Ping、Tracert 等命令都是基于 ICMP 实现的。

IPv6 定义了 ICMPv6(Internet Control Message Protocol for IPv6),除了提供类似 ICMP 的功能外,还有诸多扩展。邻居发现协议(Neighbor Discovery Protocol,以下简称 NDP)便是基于 ICMPv6 实现的,作为 IPv6 的关键协议,NDP 提供了如前缀发现、重复地址检测、地址解析和重定向等功能。

10.2.2　ICMPv6 报文格式与类型

ICMPv6 报文格式如图 10-13 所示。

ICMPv6 的协议类型号(即 IPv6 报文中的 Next Header 字段的值)为 58。

ICMPv6 报文的消息类型分为"差错消息"和"信息消息",两种 ICMPv6 的类型中,又可以根据 Type 的不同而继续细分为不同的功能,同一种类型的 ICMPv6 报文又会根据 Code 代码的不同,而进一步细分。

版本号	流量等级	流标签
数据长度	下一报头(58)	跳限制
源地址			
目的地址			

ICMP报头	

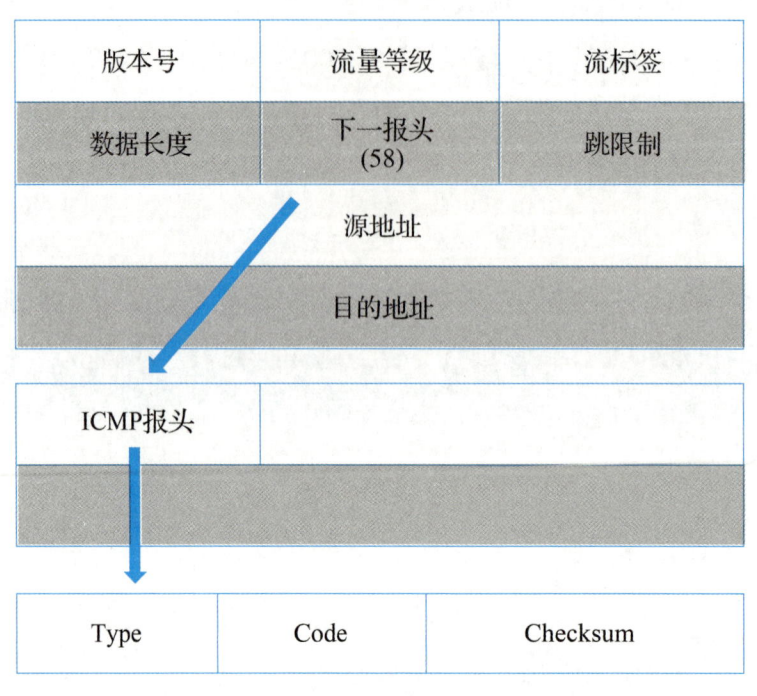

Type	Code	Checksum

图 10-13　ICMPv6 报文格式

1. ICMPv6 错误报文

ICMPv6 错误报文用于报告在转发 IPv6 数据包过程中出现的错误。ICMPv6 错误报文可以分为以下 4 种。

（1）目标不可达错误报文。

在 IPv6 节点转发 IPv6 报文过程中，当设备发现目标地址不可达时，就会向发送报文的源节点发送 ICMPv6 目标不可达错误报文，同时报文中会携带引起该错误报文的具体原因。

目标不可达错误报文的 Type 字段值为 1。根据错误具体原因又可以细分为：

1）Code=0：没有到达目标设备的路由。

2）Code=1：与目标设备的通信被管理策略禁止。

3）Code=2：未指定。

4）Code=3：目标 IP 地址不可达。

5）Code=4：目标端口不可达。

（2）数据包过大错误报文。

在 IPv6 节点转发 IPv6 报文过程中，发现报文超过出接口的链路 MTU 时，则向发送报文的源节点发送 ICMPv6 数据包过大错误报文，其中携带出接口的链路 MTU 值。数据包过大错误报文是 Path MTU 发现机制的基础。

数据包过大错误报文的 Type 字段值为 2，Code 字段值为 0。

（3）超时错误报文。

在 IPv6 报文收发过程中，当设备收到 Hop Limit 字段值等于 0 的数据包，或者当设备将

Hop Limit 字段值减为 0 时，会向发送报文的源节点发送 ICMPv6 超时错误报文。对于分段重组报文的操作，如果超过规定时间，也会产生一个 ICMPv6 超时报文。

超时错误报文的 Type 字段值为 3，根据错误具体原因又可以细分为：

Code＝0：在传输中超越了跳数限制。

Code＝1：分片重组超时。

（4）参数错误报文。

当目标节点收到一个 IPv6 报文时，会对报文进行有效性检查，如果发现问题会向报文的源节点回应一个 ICMPv6 参数错误差错报文。

参数错误报文的 Type 字段值为 4，根据错误具体原因又可以细分为：

Code＝0：IPv6 基本头或扩展头的某个字段有错误。

Code＝1：IPv6 基本头或扩展头的 NextHeader 值不可识别。

Code＝2：扩展头中出现未知的选项。

2. ICMPv6 消息报文

ICMPv6 信息报文提供诊断功能和附加的主机功能，比如多播侦听发现和邻居发现。常见的 ICMPv6 信息报文主要包括回送请求报文（Echo Request）和回送应答报文（Echo Reply），这两种报文也就是通常使用的 Ping 报文。

（1）回送请求报文。

回送请求报文用于发送到目标节点，以使目标节点立即发回一个回送应答报文。回送请求求报文的 Type 字段值为 128，Code 字段的值为 0。

（2）回送应答报文。

当收到一个回送请求报文时，ICMPv6 会用回送应答报文响应。回送应答报文的 Type 字段的值为 129，Code 字段的值为 0。

10.2.3 IPv6 无状态地址分配配置

邻居发现协议（NDP）是 IPv6 协议体系中一个重要的基础协议。邻居发现协议替代了 IPv4 的 ARP 和 ICMP 路由器发现，它定义了使用 ICMPv6 报文实现地址解析、邻居不可达性检测、重复地址检测、路由器发现、重定向以及 ND 代理等功能。

路由器发现功能用来发现与本地链路相连的设备，并获取与地址自动配置相关的前缀和其他配置参数。

IPv6 地址可以支持无状态的自动配置，即主机通过某种机制获取 IPv6 网络前缀信息，然后主机自己生成（例如通过 EUI-64 方式）地址的接口标识部分。

路由器发现功能是 IPv6 地址无状态自动配置功能的基础，主要通过以下两种报文实现：

（1）路由器通告 RA（Router Advertisement）报文：每台设备为了让二层网络上的主机和

设备知道自己的存在，定时都会组播发送 RA 报文，RA 报文中会带有网络前缀信息，及其他一些标志位信息。RA 报文的 Type 字段值为 134。

（2）路由器请求 RS（Router Solicitation）报文：很多情况下主机接入网络后希望尽快获取网络前缀进行通信，此时主机可以立刻发送 RS 报文，网络上的设备将回应 RA 报文。RS 报文的 Type 字段值为 133。

当主机启动时，主机会向本地链路范围内所有的路由器发送 RS 报文，触发路由器响应 RA 报文。主机发现本地链路上的路由器后，自动配置缺省路由器，建立缺省路由表、前缀列表和设置其他的配置参数。ICMPv6 报文格式如图 10-14 所示。

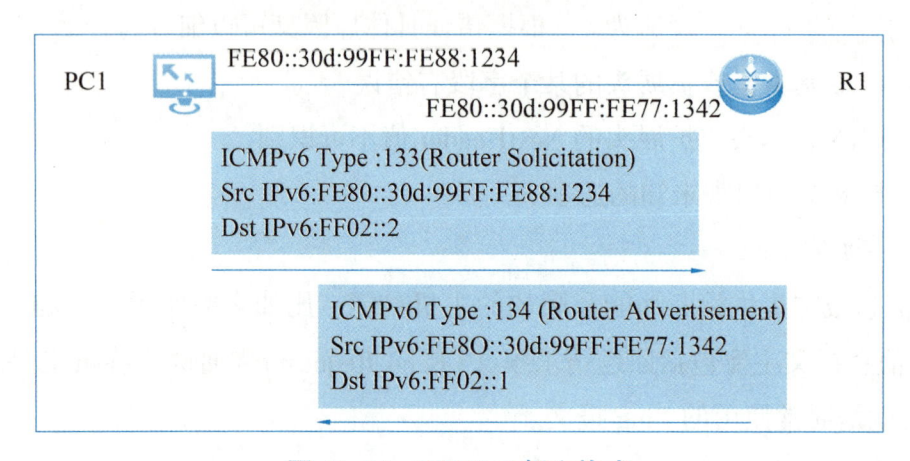

图 10-14 ICMPv6 报文格式

除此之外，路由器也会周期性地发送 RA 报文，RA 发送间隔是一个有范围的随机值，缺省的最大时间间隔是 600 秒，最小时间间隔是 200 秒。无状态自动分配配置，在支持 IPv6 的设备上。

（1）进入接口

【命令格式】interface gi0/0

【参数说明】如果是二层接口，必须执行"no switchport"转换成三层接口。

【命令模式】全局模式。

【使用指导】本命令用来进入某个三层物理接口。

（2）配置 IPv6 地址。

【命令格式】ipv6 address ipv6-prefix/prefix-length ［eui-64］

【参数说明】如果指定参数 eui-64，只需指定前缀，接口标识符是按 EUI-64 格式自动生成，最终生成的 IPv6 地址是把配置的前缀和接口标识组合后形成的。

【命令模式】三层接口模式。

【使用指导】如果在接口上配置 IPv6 地址，那么接口的 IPv6 协议就会自动打开，无须再在接口下使用 ipv6 enable 命令开启 IPv6 功能。

（3）配置开启 ra 通告功能。

【命令格式】 no ipv6 nd suppress-ra

【参数说明】 缺省在该接口上不主动发送路由器公告报文，如果想允许路由器公告报文的发送可以在接口配置模式下进行，可以使用命令 no ipv6 nd suppress-ra。

【命令模式】 三层接口模式

【使用指导】 为了能够使节点无状态地址自动配置并正常工作，路由器公告报文中公告的前缀长度必须为 64 bit。

拓展延伸

地址解析

在 IPv4 中，当主机需要和目标主机通信时，必须先通过 ARP 协议获得目标主机的链路层地址。在 IPv6 中，同样需要从 IP 地址解析到链路层地址的功能。邻居发现协议实现了这个功能。

地址解析过程中使用了两种 ICMPv6 报文：邻居请求报文 NS（Neighbor Solicitation）和邻居通告报文 NA（Neighbor Advertisement）。

（1）NS 报文：Type 字段值为 135，Code 字段值为 0，在地址解析中的作用类似于 IPv4 中的 ARP 请求报文。

（2）NA 报文：Type 字段值为 136，Code 字段值为 0，在地址解析中的作用类似于 IPv4 中的 ARP 应答报文。

ND 协议的邻居发现功能如图 10-15 所示。

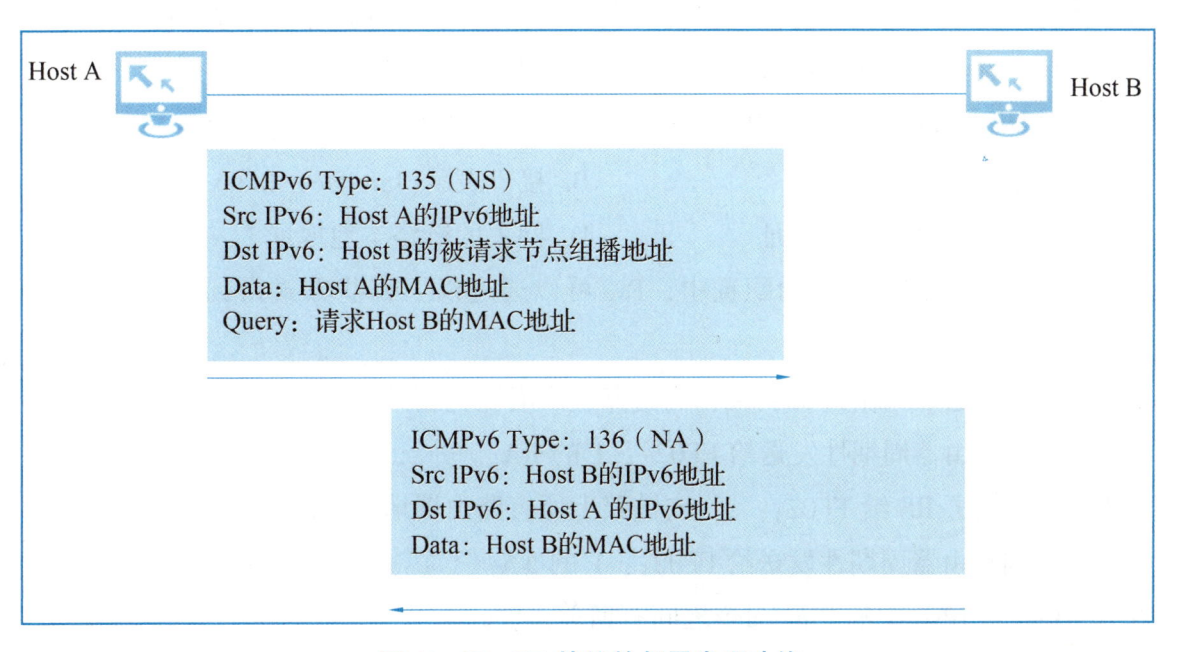

图 10-15　ND 协议的邻居发现功能

Host A 在向 Host B 发送报文之前必须解析出 Host B 的链路层地址，所以首先 Host A 会发送一个 NS 报文，其中源地址为 Host A 的 IPv6 地址，目标地址为 Host B 的被请求节点组播地址，需要解析的目标 IP 为 Host B 的 IPv6 地址，这就表示 Host A 想要知道 Host B 的链路层地址。同时需要指出的是，在 NS 报文的 Options 字段中还携带了 Host A 的链路层地址。

当 Host B 接收到 NS 报文之后，就会回应 NA 报文，其中源地址为 Host B 的 IPv6 地址，目标地址为 Host A 的 IPv6 地址（使用 NS 报文中的 Host A 的链路层地址进行单播），Host B 的链路层地址被放在 Options 字段中。这样就完成了一个地址解析的过程。

练习与思考

1. IPv6 邻居发现（Neighbor Discover）不支持下列哪些功能？（　　）（多选）

    A. Path MTU Discover　　　　　　　　B. 有状态地址自动配置

    C. 链路地址解析　　　　　　　　　　D. 重复地址检测

    E. 路由重定向　　　　　　　　　　　F. 邻居不可达检测

2. ND 协议报文是由（　　）进行封装的。

    A. IPv6　　　　B. IPv4　　　　C. Ethernet　　　　D. ICMPv6

3. 关于 IPv6 邻居发现链路地址解析与 ARP 的异同，以下说法正确的是（　　）。（多选）

    A. ND 解析 IPv6 地址所对应的 MAC 地址，而 ARP 解析 IPv4 地址对应的 MAC 地址

    B. ND 封装在 ICMPv6 报文中，ARP 封装在 ICMPv4 报文中

    C. ND 可以独立于链路层协议工作，而 ARP 则依赖特定的链路层协议工作

    D. ND 协议在请求邻居的链路层地址时以广播方式发送报文

4. IPv6 无状态地址自动配置中，节点可获取的信息有（　　）。（多选）

    A. 网络前级（Prefix）　　　　　　　　B. 接口表示（Interface-Index）

    C. 一个完整的 IPv6 单播地址　　　　　D. 网关的链路本地地址

5. 在 IPv6 无状态地址自动配置中，PC 可以通过以下哪些方式得到路由器 RA 消息？（　　）（多选）

    A. PC 主机发送 NS 给 FF02::2，向链路上所有路由器请求 RA

    B. PC 收到路由器周期性发送给 FF02::1 的 RA

    C. PC 主机发送 RS 给 FF02::2，向链路上所有路由器请求 RA

    D. PC 收到路由器周期性发送给 FF02::1 的 NA

6. ICMPv6 与 IPv6 中的 Ping 命令之间有何关系？

项目十 构建 IPv6 网络

模块三 IPv6 静态路由

学习目标

了解 IPv6 路由协议。

了解 IPv6 静态路由。

配置 IPv6 静态路由。

知识学习

10.3.1 了解 IPv6 路由协议

无论设备运行的是 IPv4 还是 IPv6 协议，都需要计算出路由从而为数据转发提供基础网络架构，因此在 IPv6 中，路由依然是报文从源端到目标端的路径。当报文从路由器到目标网段有多条路由可达时，路由器可以根据路由表中最佳路由进行转发。最佳路由的选取与发现此路由的路由协议的优先级、路由的度量有关。当多条路由的协议优先级与路由度量都相同时，可以实现负载分担，缓解网络压力；当多条路由的协议优先级与路由度量不同时，可以构成路由备份，提高网络的可靠性。

与 IPv4 相同，在 IPv6 协议下，可以分为静态路由和动态路由，其中动态路由根据作用范围不同分为内部网关协议 IGP 和外部网关协议 EGP。其中 IPv6 的 IGP 包括 RIPng、OSPFv3、IS-IS(IPv6)，EGP 则为 MP-BGP。

10.3.2 了解 IPv6 静态路由

在去往非直连的目标网段时，IPv6 报文是根据目标地址查找 IPv6 路由表，从而确定下一跳地址以及发送接口，进而使用邻居缓存得知下一跳三层地址对应的链路地址，完成数据通信。而路由表的路由很重要的一个来源就是 IPv6 静态路由。

在创建 IPv6 静态路由时，可以同时指定出接口和下一跳。对于不同的出接口类型，也可以只指定出接口或只指定下一跳。

和 IPv4 中的静态路由一样，IPv6 静态路由的主要缺点就是在网络拓扑发生更改时不能自动重新配置。对于只有一条路径通往外部网络的小型网络，静态路由非常有用。使用静态路由的主要缺点就是在网络拓扑发生更改时不能自动重新配置。

263

另外，在创建相同目的地址的多条 IPv6 静态路由时，如果指定相同优先级，则可实现负载分担，如果指定不同优先级，则可实现路由备份，即形成浮动路由。

在创建 IPv6 静态路由时，如果将目的地址与掩码配置为全零，则表示配置的是 IPv6 静态缺省路由。

10.3.3 配置 IPv6 静态路由

【命令格式】ipv6 route ipv6-address/prefix-length interface-name/next-hop-address

【参数说明】ipv6-address/prefix-length 为需要去往的目标 IPv6 网段，如果是::/0 则表示为默认路由；可以指定下一跳地址或者出接口，取决于不同使用场景。

（1）对于点到点接口，一般指定出接口。

（2）对于 NBMA（Non Broadcast Multiple Access）接口，一般指定下一跳。

（3）对于广播类型接口，需指定下一跳地址。下一跳地址可以是链路本地地址，当下一跳地址为链路本地地址时，必须同时指定出接口。

【命令模式】全局模式。

【使用指导】可以使用 show ipv6 route 进行路由查看，并使用 ping ipv6 ip-address 进行连通性测试。

练习与思考

1. 如图 10-16 所示，Ra 上应该如何配置 IPv6 静态路由，方可达到 Rb 的 2001::/64？（　　）

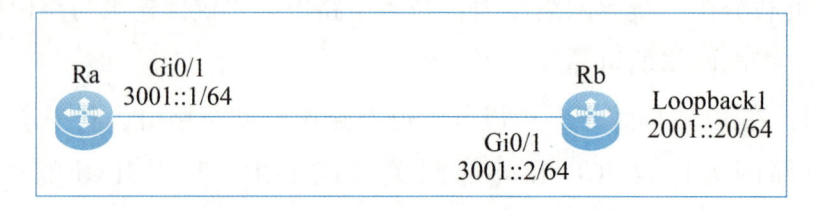

```
Ra   Gi0/1                              Rb
     3001::1/64                              Loopback1
                              Gi0/1          2001::20/64
                              3001::2/64
```

图 10-16 题 1 用图

A. ip route 2001∷20/64 2001∷2

B. ipv6 route 2001∷20/64 2001∷2

C. ipv6 route 2001∷20/64 g0/1

D. ipv6 route 0.0.0.0 0.0.0.0 2001∷2

2. 下列关于 IPv6 静态路由说法正确的是（　　）。

A. IPv6 静态路由和 IPv4 公用一张路由表

B. IPv6 静态路由管理距离默认为 1

C. IPv6 静态路由无法进行等价负载分担

D. IPv6 静态路由去往同一目标网段只能有一个最优的下一跳

3. 必须存在哪两个条件才能将多条 IPv6 路由汇总为单条静态 IPv6 路？（　　）（请选择两项）

A. 目标网络是连续的，并且可以总结成一个网络地址

B. 多条静态路由都使用不同的送出接口或下一跳 IPv6 地址

C. 目标网络不连续

D. 多条静态路由都使用相同的送出接口或下一跳 IPv6 地址

E. 管理距离大于另一条静态路由或动态路由的管理距离

4. 下列关于汇总 IPv6 静态路由描述正确的是(　　)。(选两项)

A. 汇总静态路由可以减少路由条目，提高效率

B. 汇总静态路由可能会造成路由环路

C. 汇总静态路由会增加管理员工作量

D. 汇总静态路由与汇总路由中涵盖的一个目标网段静态路由无法共存

5. 浮动路由提供了路由备份功能，为了让浮动路由生效，下列做法正确的是(　　)。

A. 两条路由必须去往不同的目标网段

B. 两条路由必须去往相同的目标网段，且管理距离需要相同

C. 两条路由必须去往相同的目标网段，且管理距离不能相同

D. 备份路由只有在主用路由出现故障的时候才会生效，主用路由恢复后为了网络稳定，依然使用原先的备用路由

6. 请解释 IPv6 静态路由在网络中的作用。

模块四　实现 IPv6 企业网设计部署

学习目标

完成服务器区 IPv6 地址手动配置。

完成财务部和人资部 IPv6 地址无状态分配。

使用 IPv6 静态路由完成两个部门与服务器区的互联互通。

知识学习

10.4.1　网络规划

1. 主机命名

本项目中设备命名规划表如表 10-4 所示。其中代号 EA 代表公司名，JR 代表接入层设备，S5310 指明设备型号，01 指明设备编号。

表 10-4 设备命名规划表

设备型号	设备主机名	备注
RG-RSR20	EA-HX-RSR20-01	核心路由器
RG-S5310-24GT4XS	EA-FWQJR-S5310-01	服务器区接入交换机
RG-S5310-24GT4XS	EA-JR-S5310-01	用户接入交换机

2. VLAN 规划

根据场地功能进行 VLAN 的划分，分别是财务部、人资部和服务器区，这里规划 3 个 VLAN 编号（VLAN ID），使用对应 SVI 接口作为网关。VLAN 规划表如表 10-5 所示。

表 10-5 VLAN 规划表

序号	功能区	VLAN ID	VLAN Name
1	财务部	10	CW
2	人资部	20	RZ
3	服务器区	50	FWQ

3. 接口规划

网络设备之间的接口互连规划规范为：Con_To_对端设备名称_对端接口名。本项目中只针对网络设备互连接口进行描述，默认交换机采用靠前的接口承担接入工作，靠后的接口负责设备互连，具体规划如表 10-6 所示。

表 10-6 接口互联规划表

本端设备	接口	接口描述	对端设备	接口	VLAN
EA-HX-RSR20-01	Gi0/7	Con_To_EA-JR-S5310-01_G0/24	EA-JR-S5310-01	G0/5	—
	Gi0/8	Con_To_EA-FWQJR-S5310-01_G0/24	EA-FWQJR-S5310-01	G0/5	—
EA-JR-S5310-01	Gi0/1-2	—	PC	—	10
	Gi0/3-4	—	EA-HX-RSR20-01	Gi0/2	20
	Gi0/5	Con_To_EA-HX-RSR20-01	EA-HX-RSR20-01	G0/7	—
EA-FWQJR-S5310-01	G0/5	EA-HX-RSR20-01_Gi0/8	EA-HJ-S5310-01	Gi0/8	—
	Gi0/1	—	Server		50

4. 地址规划

设备互连地址规划表如表 10-7 所示。

项目十 构建 IPv6 网络

表 10-7 设备互连地址规划表

序号	本端设备	接口	本端地址	对端设备	接口	对端地址
1	EA-HX-RSR20-01	G0/7	2001：100：:1/64	EA-JR-S5310-01	G0/5	2001：100：:2/64
2	EA-HX-RSR20-01	G0/8	2001：101：:1/64	EA-FWQJR-S5310-01	G0/5	2001：101：:2/64

另外这里还需要对各个 VLAN 内的网段与网关进行规划，我们选用 SVI 接口作为网关接口，且网关地址为网段中最后一个可用地址，网络地址规划表如表 10-8 所示。

表 10-8 网络地址规划表

序号	VLAN	地址段	网关
1	10	2001：10：:0/64	2001：10：:1
2	20	2001：20：:0/64	2001：20：:1
3	50	2001：50：:0/64	2001：50：:1

10.4.2 网络拓扑

完成规划后得到最终网络拓扑图，如图 10-17 所示。

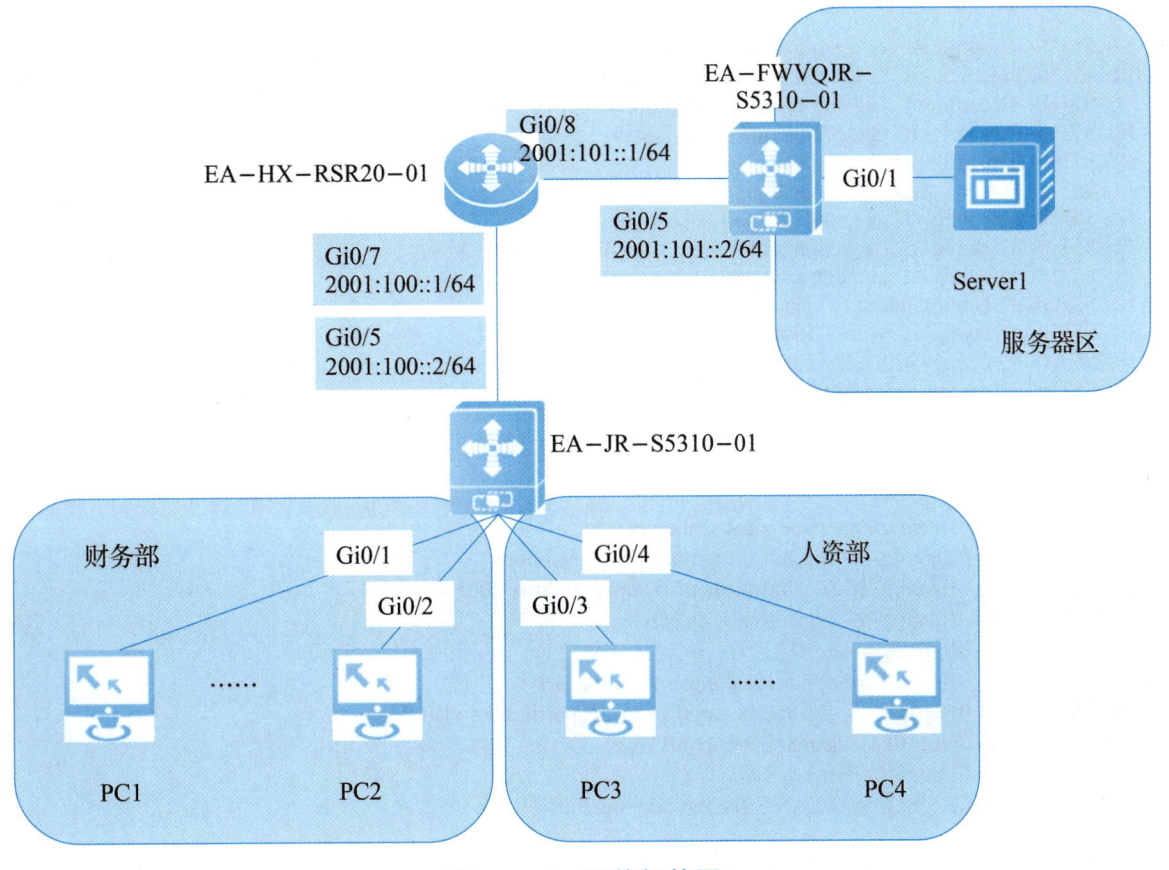

图 10-17 网络拓扑图

10.4.3 基础配置

1. 配置设备基础信息

配置设备的基础信息，包括设备名称和接口描述等内容，因重复性较高，这里使用 EA-HX-RSR20-01 进行演示。

```
Ruijie(config)#hostname EA-HX-RSR20-01
EA-HX-RSR20-01(config)#interface gigabitEthernet 0/7
EA-HX-RSR20-01(config-if-GigabitEthernet 0/7)#description Con_To_EA-JR-S5310-01_Gi0/5
EA-HX-RSR20-01(config-if-GigabitEthernet 0/7)#interface gigabitEthernet 0/8
EA-HX-RSR20-01(config-if-GigabitEthernet 0/8)#description Con_To_EA-FWQJR-S5310-01_Gi0/5
EA-HX-RSR20-01(config-if-GigabitEthernet 0/8)#exit
```

2. 配置接口信息

本步骤为配置设备的接口地址。这里分别为 3 台设备配置相应内容。

EA-HX-RSR20-01

```
EA-HX-RSR20-01(config)#interface gigabitEthernet 0/7
EA-HX-RSR20-01(config-if-GigabitEthernet 0/7)#no switchport
EA-HX-RSR20-01(config-if-GigabitEthernet 0/7)#ipv6 address 2001:100::1/64
EA-HX-RSR20-01(config-if-GigabitEthernet 0/7)#interface gigabitEthernet 0/8
EA-HX-RSR20-01(config-if-GigabitEthernet 0/8)#no switchport
EA-HX-RSR20-01(config-if-GigabitEthernet 0/8)#ipv6 address 2001:101::1/64
```

EA-JR-S5310-01

```
EA-JR-S5310-01(config)#interface gigabitEthernet 0/5
EA-JR-S5310-01(config-if-GigabitEthernet 0/5)#no switchport
EA-JR-S5310-01(config-if-GigabitEthernet 0/5)#ip address 2001:100::2/64
EA-JR-S5310-01(config-if-GigabitEthernet 0/5)#vlan 10
EA-JR-S5310-01(config-vlan)#vlan 20
EA-JR-S5310-01(config)#interface range gigabitEthernet 0/1-2
EA-JR-S5310-01(config-if-range)#switchport access vlan 10
EA-JR-S5310-01(config-if-range)#interface range gigabitEthernet 0/3-4
EA-JR-S5310-01(config-if-range)#switchport access vlan 20
EA-JR-S5310-01(config)#interface vlan 10
EA-JR-S5310-01(config-if-VLAN 10)#ipv6 address 2001:10::1/64
EA-JR-S5310-01(config-if-VLAN 10)#interface vlan 20
EA-JR-S5310-01(config-if-VLAN 20)#ipv6 address 2001:20::1/64
```

EA-FWQJR-S5310-01

```
EA-FWQJR-S5310-01(config)#interface gigabitEthernet 0/5
EA-FWQJR-S5310-01(config-if-GigabitEthernet 0/5)#no switchport
EA-FWQJR-S5310-01(config-if-GigabitEthernet 0/5)#ipv6 address 2001:101::2/64
EA-FWQJR-S5310-01(config-if-GigabitEthernet 0/5)#exit
EA-FWQJR-S5310-01(config)#vlan 30
EA-FWQJR-S5310-01(config-vlan)#interface gigabitEthernet 0/1
EA-FWQJR-S5310-01(config-if-gigabitEthernet 0/1)#switchport access vlan 30
EA-FWQJR-S5310-01(config-if-gigabitEthernet 0/1)#exit
EA-FWQJR-S5310-01(config)#interface vlan 30
EA-FWQJR-S5310-01(config-if-VLAN 30)#ipv6 address 2001:50::1/64
```

小提示：在接口下配置 IPv6 地址则接口自动开启 IPv6 功能，因此接口下 IPv6 enable 命令选配。

10.4.4 完成服务器 IPv6 配置

本步骤完成服务器区服务器 IPv6 地址、掩码和网关的配置。这里以 Windows Server 2019 服务器配置 IPv6 为例。

单击"开始"->"控制面板"->"网络和 Internet"->"网络和共享中心",单击 Ethernet0(不同服务器可能不同),单击"属性"->选择"internet 协议版本 6(TCP/IPv6)"->选择"使用以下 IPv6 地址",如图 10-18 所示。

图 10-18 Windows Server 2019 IPv6 地址路径

输入 IPv6 地址、子网前缀长度以及默认网关,DNS 根据实际需要进行填写,填写完毕后单击"确认"按钮,如图 10-19 所示。

图 10-19 Windows Server 2019 IPv6 地址配置

10.4.5 无状态自动分配配置

本步骤主要针对财务部和人资部的 IPv6 终端进行无状态自动分配配置。需要在 EA-JR-S5310-01 的三层接口上开启 ra 的通告。并且在 PC 上(以 VPC 作为演示)打开无状态自动获取功能。

EA-JR-S5310-01

```
EA- JR- S5310- 01(config)#interface vlan 10
EA- JR- S5310- 01(config- if- VLAN 10)#no ipv6 nd suppress- ra    //针对 VLAN 10,开启邻居发现的 ra 通告功能
EA- JR- S5310- 01(config- if- VLAN 10)#interface vlan 20
EA- JR- S5310- 01(config- if- VLAN 20)#no ipv6 nd suppress- ra    //针对 VLAN 20,开启邻居发现的 ra 通告功能
```

PC1-4

```
PC> ip auto            //开启 IPv6 地址自动获取
```

10.4.6 IPv6 静态路由配置

本步骤需要在 3 台设备上针对网络中非直连的网段配置 IPv6 静态路由。

EA-HX-RSR20-01

```
EA- HX- RSR20- 01(config)#ipv6 route 2001:10::0/64 2001:100::2
EA- HX- RSR20- 01(config)#ipv6 route 2001:20::0/64 2001:100::2
EA- HX- RSR20- 01(config)#ipv6 route 2001:50::0/64 2001:101::2
```

EA-JR-S5310-01

```
EA- JR- S5310- 01(config)#ipv6 route 2001:50::0/64 2001:100::1
```

EA-FWQJR-S5310-01

```
EA- FWQJR- S5310- 01(config)#ipv6 route 2001:10::0/64 2001:101::1
EA- FWQJR- S5310- 01(config)#ipv6 route 2001:20::0/64 2001:101::1
```

10.4.7 任务验证

本步骤在路由器和交换机上查看配置 IPv6 路由是否生效,如图 10-20~图 10-22 所示。

本步骤在 PC1 和 PC3 上使用 show ipv6 查看通过无状态分配获取到的 IPv6 地址以及其 MAC 地址,可以看出是通过 MAC 地址经由 EUI-64 规范形成的 IPv6 地址的接口标识,如图 10-23~图 10-24 所示。

此步骤通过在 PC1 上使用 ping 命令进行 PC3 和 Server 的连通性测试,从而验证静态路由的配置,如图 10-25 所示,连通性正常。

```
EA-HX-RSR20-01#show ipv6   route static
IPv6 routing table name - Default - 12 entries
Codes:  C - Connected, L - Local, S - Static
        R - RIP, O - OSPF, B - BGP, I - IS-IS, V - Overflow route
        N1 - OSPF NSSA external type 1, N2 - OSPF NSSA external type 2
        E1 - OSPF external type 1, E2 - OSPF external type 2
        SU - IS-IS summary, L1 - IS-IS level-1, L2 - IS-IS level-2
        IA - Inter area, EV - BGP EVPN, N - Nd to host

S      2001:10::/64 [1/0] via 2001:100::2
             (recursive via 2001:100::2, GigabitEthernet 0/7)
S      2001:20::/64 [1/0] via 2001:100::2
             (recursive via 2001:100::2, GigabitEthernet 0/7)
S      2001:50::/64 [1/0] via 2001:101::2
             (recursive via 2001:101::2, GigabitEthernet 0/8)
EA-HX-RSR20-01#
EA-HX-RSR20-01#
EA-HX-RSR20-01#
EA-HX-RSR20-01#
EA-HX-RSR20-01#
EA-HX-RSR20-01#
EA-HX-RSR20-01#
EA-HX-RSR20-01#
```

图 10-20　EA-HX-RSR20-01 IPv6 静态路由表

```
EA-FWQJR-S5310-01#
EA-FWQJR-S5310-01#
EA-FWQJR-S5310-01#
EA-FWQJR-S5310-01#
EA-FWQJR-S5310-01#
EA-FWQJR-S5310-01#
EA-FWQJR-S5310-01#
EA-FWQJR-S5310-01#
EA-FWQJR-S5310-01#show ipv6 route static
IPv6 routing table name - Default - 11 entries
Codes:  C - Connected, L - Local, S - Static
        R - RIP, O - OSPF, B - BGP, I - IS-IS, V - Overflow route
        N1 - OSPF NSSA external type 1, N2 - OSPF NSSA external type 2
        E1 - OSPF external type 1, E2 - OSPF external type 2
        SU - IS-IS summary, L1 - IS-IS level-1, L2 - IS-IS level-2
        IA - Inter area, EV - BGP EVPN, N - Nd to host

S      2001:10::/64 [1/0] via 2001:101::1
             (recursive via 2001:101::1, GigabitEthernet 0/5)
S      2001:20::/64 [1/0] via 2001:101::1
             (recursive via 2001:101::1, GigabitEthernet 0/5)
EA-FWQJR-S5310-01#
EA-FWQJR-S5310-01#
EA-FWQJR-S5310-01#
```

图 10-21　EA-FWQJR-S5310-01 IPv6 静态路由表

```
EA-JR-S5310-01#
EA-JR-S5310-01#
EA-JR-S5310-01#
EA-JR-S5310-01#
EA-JR-S5310-01#
EA-JR-S5310-01#show ipv6 route static
IPv6 routing table name - Default - 16 entries
Codes:  C - Connected, L - Local, S - Static
        R - RIP, O - OSPF, B - BGP, I - IS-IS, V - Overflow route
        N1 - OSPF NSSA external type 1, N2 - OSPF NSSA external type 2
        E1 - OSPF external type 1, E2 - OSPF external type 2
        SU - IS-IS summary, L1 - IS-IS level-1, L2 - IS-IS level-2
        IA - Inter area, EV - BGP EVPN, N - Nd to host

S      2001:50::/64 [1/0] via 2001:100::1
             (recursive via 2001:100::1, GigabitEthernet 0/5)
EA-JR-S5310-01#
EA-JR-S5310-01#
EA-JR-S5310-01#
EA-JR-S5310-01#
EA-JR-S5310-01#
EA-JR-S5310-01#
EA-JR-S5310-01#
EA-JR-S5310-01#
```

图 10-22　EA-JR-S5310-01 IPv6 静态路由表

```
PC1>
PC1>
PC1>
PC1>
PC1>
PC1>
PC1>
PC1>
PC1> show ipv6

NAME                : PC1[1]
LINK-LOCAL SCOPE    : fe80::250:79ff:fe66:6804/64
GLOBAL SCOPE        : 2001:10::2050:79ff:fe66:6804/64
DNS                 :
ROUTER LINK-LAYER   : 50:00:00:03:00:02
MAC                 : 00:50:79:66:68:04
LPORT               : 20000
RHOST:PORT          : 127.0.0.1:30000
MTU:                : 1500

PC1>
PC1>
PC1>
PC1>
```

图 10-23 PC1 的 IPv6 地址与 MAC 地址

```
PC3>
PC3>
PC3>
PC3>
PC3>
PC3>
PC3>
PC3>
PC3>
PC3> show ipv6

NAME                : PC3[1]
LINK-LOCAL SCOPE    : fe80::250:79ff:fe66:6805/64
GLOBAL SCOPE        : 2001:20::2050:79ff:fe66:6805/64
DNS                 :
ROUTER LINK-LAYER   : 50:00:00:03:00:02
MAC                 : 00:50:79:66:68:05
LPORT               : 20000
RHOST:PORT          : 127.0.0.1:30000
MTU:                : 1500

PC3>
PC3>
PC3>
PC3>
```

图 10-24 PC3 的 IPv6 地址与 MAC 地址

```
PC1>
PC1>
PC1>
PC1>
PC1>
PC1>
PC1> ping 2001:20::2050:79ff:fe66:6805/64

2001:20::2050:79ff:fe66:6805 icmp6_seq=1 ttl=62 time=29.200 ms
2001:20::2050:79ff:fe66:6805 icmp6_seq=2 ttl=62 time=1.988 ms
2001:20::2050:79ff:fe66:6805 icmp6_seq=3 ttl=62 time=2.529 ms
2001:20::2050:79ff:fe66:6805 icmp6_seq=4 ttl=62 time=2.801 ms
2001:20::2050:79ff:fe66:6805 icmp6_seq=5 ttl=62 time=4.222 ms

PC1>
PC1>
PC1> ping 2001:50::50

2001:50::50 icmp6_seq=1 ttl=125 time=19.970 ms
2001:50::50 icmp6_seq=2 ttl=125 time=11.954 ms
2001:50::50 icmp6_seq=3 ttl=125 time=10.840 ms
2001:50::50 icmp6_seq=4 ttl=125 time=603.539 ms
2001:50::50 icmp6_seq=5 ttl=125 time=273.143 ms

PC1>
```

图 10-25 连通性测试

10.4.8 常见问题

网关设备上的三层接口未开启 RA 通告导致无状态自动分配失败。

静态路由的下一跳指定错误。

Windows Server 2019 的防火墙为放行外部进来的流量导致两个部门无法访问。

练习与思考

1. 关于 IPv6，下面的描述正确的是（　　）。

A. IPv6 可以更好地支持卫星链路

B. IPv6 解决了全局 IP 地址不足的问题

C. IPv6 解决了移动终端接入的问题

D. IPv6 使远程网络游戏更流畅、更快

2. IPv6 链路本地地址属于（　　）地址类型。

A. 单播　　　　　B. 组播　　　　　C. 广播　　　　　D. 任意播

3. 在交换机上还可以使用另外一种静态路由书写方式，也可以实现全网互通，你知道是什么方式吗？

4. 除了无状态自动分配 IPv6 地址的方式，还可以使用有状态自动分配的方式，你知道有状态自动分配 IPv6 地址的方式是什么技术吗？有状态和无状态之间有什么区别呢？